海洋水文环境要素分析方法

左军成　杜　凌　陈美香　徐　青　李　娟　编著

海洋科学浙江省优势专业
海洋科学浙江省一流学科　联合资助

科学出版社
北　京

内 容 简 介

本书分为四章，即资料的预处理和常规分析方法、温盐资料分析与水团分析方法、潮汐潮流分析方法和海流资料分析方法。与以往的同类教材相比，本书在系统介绍海洋水文环境要素分析理论的基础上，介绍了常用的资料预处理方法，对流、潮等海洋要素给出了实际数据分析的步骤，弥补了同类教材中相关内容的缺乏。

本书可作为海洋科学类本科生及相近专业学生的基础课教材，亦可作为相近专业的教学参考用书，对从事相近专业的科技人员有较大参考价值。

图书在版编目（CIP）数据

海洋水文环境要素分析方法 / 左军成等编著. —北京：科学出版社，2018. 6

ISBN 978-7-03-057964-5

Ⅰ. ①海… Ⅱ. ①左… Ⅲ. ①海洋水文-要素分析-分析方法 Ⅳ. ①P731

中国版本图书馆 CIP 数据核字（2018）第 131551 号

责任编辑：黄 海 / 责任校对：张凤琴

责任印制：赵 博 / 封面设计：许 瑞

科学出版社 出版

北京东黄城根北街 16 号

邮政编码：100717

http://www sciencep com

固安县铭成印刷有限公司印刷

科学出版社发行 各地新华书店经销

*

2018 年 6 月第 一 版 开本：B5 （720×1000）

2025 年 1 月第六次印刷 印张：16 3/4

字数：350 000

定价：69.00 元

（如有印装质量问题，我社负责调换）

目 录

第一章　资料的预处理和常规分析方法

海洋科学研究对象的特殊性和复杂性决定了海洋数据分析的目的就是最大限度地利用已有的直接观测数据，依据合理有效的分析方法，透过复杂的物理海洋现象，提炼其本质特征和规律，为开发利用海洋提供必要的科学技术支持。本章旨在介绍目前常用的海洋数据处理和表示方法。

1.1　采样与预处理

1.1.1　采样的基本要求

1. 采样间隔

所选仪器的采样间隔必须足够小以能满足提取研究对象的空间和时间尺度上变化的要求。如，每小时进行一次水位资料的采样，就不足以用来研究海浪的性质。

对于一个给定的采样间隔 Δt，我们能分辨出的最高频率是 Nyquist（或者折叠）频率 f_N

$$f_N = \frac{1}{2\Delta t} \tag{1.1}$$

譬如，如果采样间隔为 10 小时，那么可分辨的最高频率是 f_N=0.05cph（cycles per hour，每小时周）。换言之，式（1.1）表示完成一个周期为 $1/f_N$ 的振动至少需要 $2\Delta t$ 的时间（即获取 3 个采样点，图 1.1）。

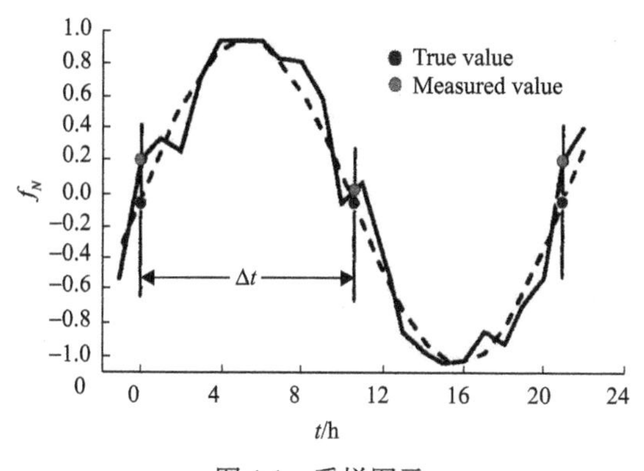

图 1.1　采样图示

上式的一个重要结果是混淆问题。依照该式选取采样间隔而使得 $f < f_N$ 的振动无法分辨出来，$f < f_N$ 频率上（高频部分）的能量将折叠回 $f < f_N$ 的频段上（低频部分）。高频部分的能量并没有消失而是重新分布在我们所研究问题的频段内，从而使得 $f < f_N$ 内的能谱失真。

Nyquist 频率的概念同样适用于时间和空间。Nyquist 波数是确定采样的基本波长的有效方法。

2. 采样长度

第二个问题是样本要足够长以建立研究过程的重要统计特征。例如，时间序列观测过程，要求足够长的采样过程中所研究的现象可以重复几个周期；空间采样则要求采样空间足够大，以分辨研究过程中的多个循环。

考虑时间间隔 Δt 的某样本区间，资料越长则我们就可以越能分辨不同频率的分量。对于 N 个采样点 $T = N\Delta t$，则时间序列中提取的最低频率是

$$f_0 = \frac{1}{N\Delta t} = \frac{1}{T} \tag{1.2}$$

能分离开两个相邻频率 f_1、f_2 之差的最小值是

$$\Delta f = |f_2 - f_1| = \frac{1}{N\Delta t} \tag{1.3}$$

理论上，能够分辨出频率在 $f_0 \leqslant f \leqslant f_N$ 之间的所有频率分量。但实际上能分辨出的相邻谱峰的频率是由 Rayleigh 准则确定的，即两个相邻频率能被分离开的基本条件是其频率差大于式（1.3）中的 Δf。

3. 采样精度

根据前面关于采样间隔和采样长度的讨论，需要资料足够长且时间间隔又足够短。同时，采样还要具有足够高的精度，以使关心的变量的采样精度比背景噪声要大。如果仪器传感器的响应速度和精度不足以分辨观测参量的变化，那么就很难满足测量要求。因此如果条件允许，应尽量快速地采集数据，并可通过平均、平滑和其他处理方法，以提高观测数据的可信度。

1.1.2 预处理

1. 数据插值

人们在使用各种海洋观测仪器记录海洋水文要素的过程中，由于技术手段的限制或是仪器故障等原因，常常会使实际观测到的数据，在空间上是不均匀的（如沿岸验潮站资料），而在时间上也常常不均匀[如观测仪器工作不正常导致某段时间数据不可用（gap）或出现奇异值等]。等时间间隔观测到的数据常常会存在奇异值或缺测值，因此在实际的资料处理过程中就存在如何对时、空非均匀的数据进行处

理的问题。目前，通常的做法是利用其附近（时空域）的观测数据进行适当的插值。

选择什么样的插值方案最合理，要看具体的海洋要素是什么，应该根据要素的特定变化规律来选择能揭示其变化规律的函数进行插值。选择的插补方案应包括：①确定插值的参量（原始资料序列、距平等）；②选取插值函数（线性插值、多项式插值、三次样条插值等）；③选择合理的插值的判据（精确匹配原始数据、最小二乘估计等）；④确定插值后数据。以下介绍几种常用的插值方法。

（1）线性插值

如果要素的变化满足线性变化规律，则可以采取线性插值。对数据序列 $y(x)$ 的线性插值可写成

$$y(x) = y(a) + \frac{x-a}{b-a}(y(b) - y(a)) \tag{1.4}$$

式中：$x = a$ 和 $x = b$ 是插值所采用的数据的起始时刻（位置）和终止时刻（位置）。

式（1.4）也可作为数据的外推（extrapolation）公式。式（1.4）可以看作是多项式插值的一种特例。

（2）多项式插值

如果在多个点之间进行插值，就要将简单的线性插值推广为多项式插值。如果某要素 y 与 $i = 1, 2, \cdots, N+1$ 个时间（空间）点存在 N 阶拉格朗日（Lagrange）多项式关系（图 1.2）

$$\begin{aligned} y(x) &= a_0 + a_1 x + a_2 x^2 + \cdots + a_N x^N = \sum_{k=0}^{N} a_k x^k = y_1 \frac{(x-x_2)(x-x_3)\cdots(x-x_{N+1})}{(x_1-x_2)(x_1-x_3)\cdots(x_1-x_{N+1})} \\ &+ y_2 \frac{(x-x_1)(x-x_3)\cdots(x-x_{N+1})}{(x_2-x_1)(x_2-x_3)\cdots(x_2-x_{N+1})} + \cdots + y_{N+1} \frac{(x-x_1)(x-x_2)\cdots(x-x_N)}{(x_{N+1}-x_2)(x_{N+1}-x_2)\cdots(x_{N+1}-x_N)} \end{aligned} \tag{1.5}$$

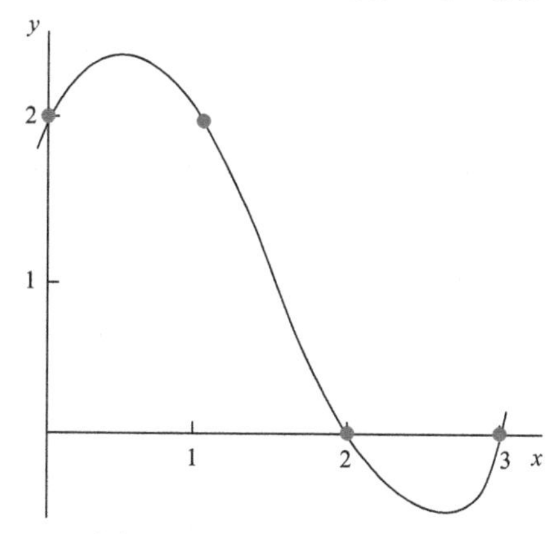

图 1.2　Lagrange 多项式插值

较为常用的三点拉格朗日插值法可以较好地拟合实际曲线，但它的插值曲线

光滑性较差。在资料出现跃层时，拟合曲线也会出现一定程度的摆动，与三次样条插值法相比较，三点拉格朗日插值法的波动幅度稍大一点，不过摆动仅出现在跃层的前拐点处。跃层的强弱、结点步长的大小对其插值的影响均与三次样条插值法相同。由于方法简便，程序短小，目前世界上许多海洋机构仍继续使用这一方法（侍茂崇等，2000）。

（3）样条插值

样条插值在实际工作中得到广泛应用。样条函数可以更为有效地拟合空间分布非解析的原始资料，并且具有收敛性好、高阶微分近似、截断误差稳定性好的优点。最常用的是三次样条插值函数（图 1.3）。

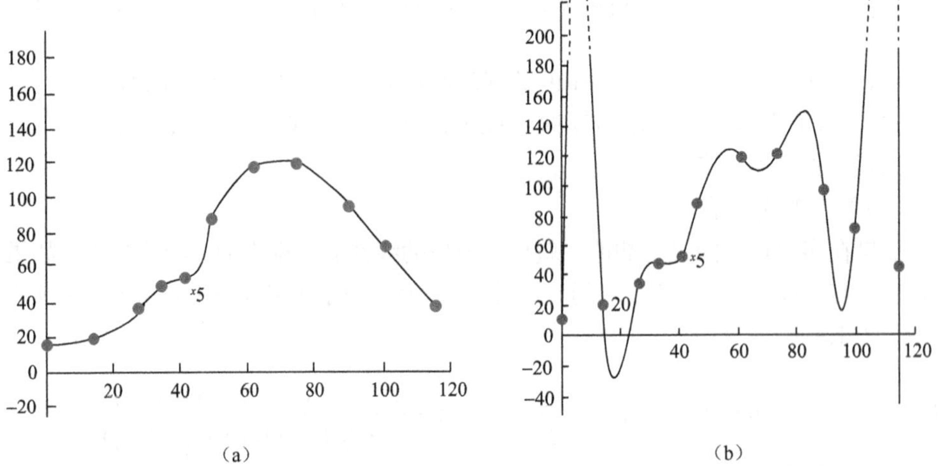

图 1.3　利用 11 点进行三次样条插值（a）和多项式插值（b）得到的拟合曲线

1）三次样条插值表达式

设平面上给定 $n+1$ 个点 $(x_i, y_i)(i=0,1,2,\ldots,n)$ 而且 $a=x_0<x_1<x_2<\cdots<x_n=b$，假设通过这个 $n+1$ 点曲线 $y=f(x)$ 在 (a,b) 区间上有二阶连续导数存在，在区间 (a,b) 上做 $f(x)$ 的样条插值函数 $S(x)$，使它满足如下条件：

i. $S(x_i)=y_i(i=0,1,2,\ldots,n)$；

ii.在区间 (a,b) 上存在一阶及二阶连续导数，以保证连接处曲线是光滑的；

iii.在每一个子区间 $(x_i, x_{i+1})(i=0,1,2,\ldots,n-1)$ 上 $S(x)$ 都是三次多项式，其常用的表达式为

$$
\begin{aligned}
S(x)=&[\frac{3}{h_i^2}(x_{i+1}-x)^2-\frac{2}{h_i^3}(x_{i+1}-x)^3]y_i+[\frac{3}{h_i^2}(x-x_i)^2-\frac{2}{h_i^3}(x-x_i)^3]y_{i+1} \\
&+h_i[\frac{1}{h_i^2}(x_{i+1}-x)^2-\frac{1}{h_i^3}(x_{i+1}-x)^3]m_i-h_i[\frac{1}{h_i^2}(x-x_i)^2-\frac{1}{h_i^3}(x-x_i)^3]m_{i+1}
\end{aligned}
\tag{1.6}
$$

式中，$h_i = x_{i+1} - x_i$，$m_i = S'(x_i)$（$x = x_i$ 处的一阶导数）。

2）边界条件的确定

根据我们手工绘制拟合曲线的经验，将所有的点连接成曲线后还要作适当的延长，而且延长是顺势的，延长部分近似于直线，所以在进行插值计算前，应该在曲线的前端和末端各增加一个点。具体的方法是在原有的样点基础上，在两端先作线性插值，插值的位置是在两端延长一个数量级时间单位，当然，超出坐标范围的点应该剔除。因此我们可以假设曲线中的 x_0 及 x_n 处的斜率是已知的，即

$$S'(x_0) = m_0 = \frac{y_1 - y_0}{x_1 - x_0} \qquad (1.7)$$

$$S'(x_n) = m_n = \frac{y_n - y_{n-1}}{x_n - x_{n-1}} \qquad (1.8)$$

式（1.7）和式（1.8）就是利用拟合试验数据建立样条插值时的边界条件。边界条件确定得恰当与否，可以从曲线的拟合效果进行判断。

3）样条插值的实现

i.样条函数的建立

建立三次样条插值函数有多种办法，下面是参照建立 Lagrange 插值公式方法的推导过程建立的，从表达式（1.6）中可以看出，函数建立的过程实质上是求解 m_i 的过程，具体可分为以下三个步骤：

第一步：由 $a_1 = \frac{\alpha_1}{2}$，$b_1 = \frac{\beta_1}{2}$ 出发，按下式计算 α_i、β_i

$$\begin{cases} \alpha_i = \dfrac{h_{i-1}}{h_{i-1} + h_i} \\ \beta_i = 3\left[\dfrac{1-\alpha_i}{h_{i-1}}(y_i - y_{i-1}) + \dfrac{\alpha_i}{h_i}(y_{i+1} - y_i)\right] \end{cases}, (i = 1, 2, 3, \cdots, n-1) \qquad (1.9)$$

式中：α_i、β_i 是计算的过程变量，无实际意义，以下 a_i、b_i 同；y_i 是第 i 个试验数据的纵坐标值；$h_i = x_{i+1} - x_i$，x_i 是第 i 点的横坐标值。

第二步：利用下式计算 a_i、b_i

$$\begin{cases} a_i = \dfrac{\alpha_i}{2 - (1-\alpha_i)a_{i-1}} \\ b_i = \dfrac{\beta - (1-\alpha_i)b_{i-1}}{2 - (1-\alpha_i)a_{i-1}} \end{cases}, (i = 2, 3, \cdots, n) \qquad (1.10)$$

第三步：按下式计算 m_i

$$m_i = b_i - a_i m_{i+1} \qquad (i = n-1, n-2, \cdots, 1) \tag{1.11}$$

将求得的 m_i 代入式（1.6），即可得出各个子区间的样条插值函数 $S(x)$。

ii.计算步长的确定

由于三次样条函数是分段函数，即在不同的自变量区间有不同的表达式，所以在实际应用中要注意判断自变量所在的子区间。

使用三次样条插值函数求解曲线上非样点的坐标值时，插值的步长通过试算法确定，即确定一个步长后，看其绘制曲线的效果，如光滑度不够，则逐步减小步长的值，直到曲线光滑度达到要求为止。

2. 空间场资料的客观分析法

空间观测数据的精确估计和反演对海洋学的研究与发展具有重要意义。卫星观测数据作为一种空间数据，具有一般空间数据所具有的特点，蕴含着复杂的非线性动力学机制，在时空分布上具有纷杂多变的时空特征。因而要把这种离散的、不规则的观测资料转换成规则的网格点资料，可以作为数值模拟的初始场或是验证场以及诊断分析的背景场。这种通过某种算法将不规则的原始数据换算到规则的经纬网格点上的方法称之为客观分析方法。较为常用的有 Kriging 插值、反距离加权、Delaunay 三角剖分线性插值、双谐样条（biharmonic spline）插值和 Cressman 客观分析等空间内插法。

空间内插对于观测台站稀少或台站分布不合理的地区具有重要的实际意义，并使得利用网格数据进行客观分析成为可能。空间内插法根据研究目的可以有多种分类方法：根据其基本假设可分为几何方法、统计方法、函数方法和物理模型方法等；根据数学本质又可分为局部函数法和逐点内插法。

以下介绍几种常用的空间内插法。

（1）Kriging 插值

Kriging 法被认为是地学统计中最主要的方法之一，是以南非科学家 D. G. Krige 的名字命名的一种空间内插法。从统计意义上讲，Kriging 法是从变量相关性和变异性出发，在有限区域内对空间变量进行无偏、最优估计的一种统计方法；从插值角度上讲，Kriging 法以空间结构分析为基础，充分利用数据空间场的性质，在插值过程中对空间数据求线性最优，可以反映空间场的各向异性。该法的最佳适用条件是空间变量存在着空间相关性。

使用 Kriging 法的主要步骤是：①对空间场进行结构分析。在充分了解空间数据场性质的前提下，建立空间变量的协方差函数，提出变异函数模型（常用的有球面、指数、高斯、阻尼正弦、线性等模型）；②在该模型的基础上进行 Kriging

计算，求得距离相关量。

令$V(\hat{X})$为点$\hat{X}=(x,y,t)$的观测值，其中(x,y)为空间坐标，t为时间。假设每一个测量值由真实值和一个随机量（该样本点的噪声、地球物理和仪器误差）组成：

$$V(\hat{X})=<U>(\hat{X})+\varepsilon(\hat{X}) \tag{1.12}$$

为了估计$\hat{X}_0$点上$<U>(\hat{X}_0)$的值，假设N个点$\hat{X}_1,\hat{X}_2,\cdots,\hat{X}_N$上的观测值$V(\hat{X}_1),V(\hat{X}_2),\cdots,V(\hat{X}_N)$组成一个线性公式：

$$\hat{U}(\hat{X}_0)=\sum_{i=1}^{N}\lambda_i\cdot V(\hat{X}_i) \tag{1.13}$$

其中$\hat{U}$表示为$<U>$的无偏估计。

为了估计系数λ_i，必须知道以上标量准确的统计描述。假设场$<U>$代表一类具有相似统计特性的实体，其平均值、协方差分别为：

$$E(<U>(\hat{X}))=m \tag{1.14}$$

$$E((<U>(\hat{X}+H)-m)(<U>(\hat{X})-m))=C(H) \tag{1.15}$$

其中$E()$和$C()$代表数学期望和协方差。式（1.14）表示标量$<U>(\hat{X})$的期望独立于点$\hat{X}$，式（1.15）的含义是变量$<U>(\hat{X})$和$<U>(\hat{X}+H)$之间的协方差函数不依赖于观测点$\hat{X}$和$\hat{X}+H$，但是依赖于它们之间的“距离”H。同时认为误差$\varepsilon(x_i,y_i,t_i)$与场$<U>$不相关，相互之间也不相关。

$$E(\varepsilon(\hat{X})\cdot\varepsilon(\hat{Y}))=\delta_{XY}\cdot\sigma^2 \tag{1.16}$$

$$E(\varepsilon(\hat{X})\cdot<U>(\hat{Y}))=0 \tag{1.17}$$

式中：δ_{XY}为Kronecker公式。

根据此假设，Gauss-Markov 理论认为$<U>(X)$是最佳的无偏线性估计，也就是此估计具有最小的$E((<U>-\hat{U})^2)$。

由于式（1.15）和（1.16）给出的假设不简明直接，考虑应用标量增长的固有假设，表示如下：

$$E(<U>(\hat{X}+H)-<U>(\hat{X}))=0 \tag{1.18}$$

$$E((<U>(\hat{X}+H)-<U>(\hat{X}))^2)=G(H) \tag{1.19}$$

式中：X 、H 固定，H 代表空间和时间间隔，结构函数 $G(H)$ 对于每一个确定的 H 是恒定的。式（1.18）指出不同间隔 H 的 $<U>$ 平均独立于空间和时间间隔。式（1.19）指出不同间隔 H 的 $<U>$ 的方差只是 H 的函数。$G(H)$ 与协方差函数 C 有关：

$$G(H)=E(((<U>(\hat{X}+H)-m)-(<U>(\hat{X})-m))^2)=2\cdot(C(0)-C(H)) \tag{1.20}$$

实际中令

$$\Gamma(H)=\frac{1}{2}\cdot G(H)=C(0)-C(H) \tag{1.21}$$

式中：Γ 为 H 的函数，称为方差图。

线性估计量 $\widehat{U}$ 的估计等于系数 λ_i 的估计。由公式

$$L=E((\hat{U}-<\hat{U}>)^2)-2\tau(1-\sum_{i=1}^{N}\lambda_i) \tag{1.22}$$

取最小值来确定权重 λ_i 的大小。其中 τ 是 Lagrange 乘数，用于限制

$$\sum_{i=1}^{N}\lambda_i=1 \tag{1.23}$$

这是无偏估计量（1.18）的一个结果。通过式（1.14）和（1.18），式（1.22）中的函数 L 可表示为

$$L=\sum_{i=1}^{N}\sum_{j=1}^{N}\lambda_i\lambda_j C(i,j)-2C(0,i)+C(0,0)+2\tau(\sum_{i=1}^{N}\lambda_i^2-1)+\sum_{j=1}^{N}\lambda_j^2\sigma^2 \tag{1.24}$$

$$C(i,j)=E(<U>(\hat{X}_i)\cdot<U>(\hat{X}_j))$$

其中，令函数 L 对 λ_1，$\lambda_2,\cdots,\lambda_N$ 的一阶导数等于 0，则这些系数 λ_1，$\lambda_2,\cdots,\lambda_N$ 是 $N+1$ 个线性公式组的解

$$
\sum_{i=1}^{N}\lambda_i\cdot C(i,j)-C(j,0)-\tau+\lambda_j\cdot\sigma^2=0,\ j=1,\cdots,N
$$
$$
\sum_{i=1}^{N}\lambda_i=1 \tag{1.25}
$$

当把固有假设考虑进去，得到下面线性系统

$$
-\sum_{i=1}^{N}\lambda_i\cdot\Gamma(j,0)-\tau+\lambda_j\cdot\sigma^2=0
$$
$$
\sum_{i=1}^{N}\lambda_i=1 \tag{1.26}
$$

上式描述的线性系统称为 Kriging 系统。式（1.26）是表征真实值和估计量程之间变化的指标

$$
E((\hat{U}-<U>)^2=C(0,0)+\tau-\sum_{i=1}^{N}\lambda_i\cdot C(i,0) \tag{1.27}
$$

这些变化值用来确定估计量的质量好坏，表示估计量与数据的符合程度。Kriging 系统的分辨率表达了式（1.21）中方差图 Γ 的最为全面的信息。

为了求解 Kriging 公式，必须获得尽可能多的方差图 Γ 的信息。根据变量的时空分布，Γ 可表示为

$$
\Gamma(x,y)=\varepsilon+a\left(1-\exp(-\frac{(x+cy)}{b})\right) \tag{1.28}
$$

式中：a 对应于当变量间不相关时的方差图值；b 是空间滞后系数；c 用来表示变量间的时间相关；ε 对应于估计散射计风矢量时产生的空间噪声。

Kriging 方法的优点在于它基于一些可验证的统计假设，具有坚实的理论基础。因此，Kriging 方法产生的格点变量的估计量是最佳的，所有的估计量都依赖于可获得的观测值，这些估计量的平均误差最小。另外，Kriging 方法提供的方差误差分析的表达式可以表示每一个格点上变量的估计精度，而且也不会产生回归分析的边界效应。缺点是复杂，计算量大，另外变异函数需要根据经验人为选定。

（2）其他空间插值法

1）反距离加权法

反距离加权法是最常用的空间插值方法之一，幂次参数控制着权重系数如何随着离开一个网格点距离的增加而下降。对于较大的方次，较近的数据点赋以一

个较高的权重份额；对于较小的方次，权重比较均匀地分配给各数据点。可以用下式来表示：

$$Z=\frac{\sum_{i=1}^{n}\frac{1}{(D_i)^P}Z_i}{\sum_{i=1}^{n}\frac{1}{(D_i)^P}} \tag{1.29}$$

式中：Z 是估计值；Z_i 是第 i 个样本；D_i 是距离；P 是幂次，它显著影响内插的结果，其选择标准是使平均绝对误差最小。当采样点与网格点重合时，该网格点被赋予和观测点一致的值，因此这是一个准确插值。它的特征之一是会在网格区域内产生围绕观测点位置的“靶心”。

2）Delaunay 三角化线性内插法

这种方法是通过在数据点之间连线以建立起一个三角形网来进行工作。原始数据点的 Delaunay 三角剖分插值的方法是：所有三角形的边都不能与另外的三角形相交，并且任何一个由这种三角形的 3 个顶点所确定的圆不能包含其他任何一个三角形的顶点。每一个三角形定义了一个覆盖该三角形内网格点的面，三角形的倾斜和标高由定义这个三角形的 3 个原始数据点确定，给定三角形内的全部网格点都要受到该三角形表面的限制。Delaunay 三角化线性内插就是在这种三角剖分的基础上进一步利用线性插值方法来进行插值计算。

3）Cressman 客观分析方法

Cressman 客观分析方法采用的是逐步订正的方法，已被广泛应用于各种诊断分析和数值模拟研究中。逐步订正法最主要的根据是 Cressman 客观分析函数，这种方法是 Cressman 在 1959 年提出的。先给定第一猜测场，然后用实际观测场逐步修正第一猜测场，直到订正后的场逼近观测记录为止。

$$\alpha'=\alpha_0+\Delta\alpha_{ij} \tag{1.30}$$

其中

$$\Delta\alpha_{ij}=\frac{\sum_{k=1}^{K}(W_{ijk}^2\Delta\alpha_k)}{\sum_{k=1}^{K}W_{ijk}} \tag{1.31}$$

式中：α 为任一气象要素；α_0 是变量 α 在格点 (i,j) 上的第一猜测值；α' 是变量 α 在格点 (i,j) 上的订正值；$\Delta\alpha_k$ 是观测点 k 上的观测值与第一猜测值之差；W_{ijk} 是权重因子，在 0.0~1.0 之间变化；K 是影响半径 R 内的资料站点数。Cressman 客

观分析方法中最重要的是权重函数 W_{ijk} 的确定，它的一般形式为

$$W_{ijk}=\begin{cases}\dfrac{R^2-d_{ijk}^2}{R^2+d_{ijk}^2}, & (d_{ijk}\leqslant R)\\ 0, & (d_{ijk}>R)\end{cases} \tag{1.32}$$

其中，影响半径 R 的选取具有一定的人为因素，一般取常数。R 选取的原则是由近及远进行扫描，常用的几个影响半径是 1、2、4、7 和 10。d_{ijk} 是格点 (i,j) 到观测点 k 的距离。

Cressman 客观分析方法的缺点主要是统计平滑功能差，在采样点稀疏、观测资料贫乏的区域进行空间数据内插时，会出现很多的“空值”斑点（冯锦明等，2004）。

（3）客观分析法

从数学的角度出发，客观分析可以看成是一个插值问题，但又不能视为完全纯粹的数学插值问题来处理，原因为：

1）插值不仅要求数据量足够大，而且测站分布要较均匀，一般的插值方法在数据稀少的条件下应用是不可能的；

2）插值方法对数据的反应很敏感，个别错误数据会造成较大范围的偏差；

3）客观分析要以一定的物理依据为出发点。

常用的客观分析方法有如下几种。

1）改进的多项式法：利用最小二乘法求得插值多项式的系数，这种方法要求数据量较多且均匀，同时计算量也较大；

2）多元最优插值法：这是一种用统计方法在均方误差最小意义下的最优线性插值，适用于三维多因素的客观分析；

3）逐步订正法：这是以观测数据间的统计特性为依据的一种方法，计算量很小，数据量和分布状态对方法本身没有什么影响，可以适用于海洋数据的现状。

下面主要介绍一下逐步订正法。逐步订正法要求有一个预备场（或背景场），在预备场的基础上逐步进行订正，直到得出满意的结果，比直接插值效果好。

物理依据：一个站点的物理量变化值与其附近站点的物理量变化值相关较好，距离越远，二者相关越差，到一定距离处相关为 0。

这提示我们，如果一个站点上没有观测资料，它的物理量变化值也应该由附近站点已知的变化值反映出来。由于二者的相关与距离有关，所以没有观测资料站点上的物理量变化值应由观测的物理量变化值和与距离有关的权重来决定。

设 $A_{i,0}$ 为第 i 站的观测值，A_j 为任一网格点的第 j 次订正值，ΔA_j 为任一网格

点的第 j 次订正量，W_i 为第 i 站对任一网格点的权。则有

$$\Delta A_{j+1} = \sum_{i=0}^{N} W_i (A_{i0} - A_j) \Big/ \sum_{i=0}^{N} W_i \text{，} (N > 1) \tag{1.33}$$

$$A_{j+1} = A_j + \Delta A_{j+1} \tag{1.34}$$

其中，$W_i = \begin{cases} (R^2 - r_i^2)/(R^2 + r_i^2), & r_i \leqslant R \\ 0 & r_i > R \end{cases}$。

权函数 W_i 体现了物理量变化值之间的相关特性，距离观测点较近的网格点，r_i 较小，则权函数 W_i 较大；距离观测点较远的网格点，r_i 较大，则权函数 W_i 较小。当距离观测点超过某一距离 R 时，数据间的相关远小于 1，W_i 取 0。

当每完成一次订正后，获得一个物理量 A 的场，检验在观测点上的观测值与订正后的值之间的误差是否满足要求，满足则表明客观分析完成；否则，将 R 缩小，修正权函数后，再进行下一次订正。

经过 n 次反复订正后，观测点上的观测值与订正后的值满足精度要求，即可认为没有观测资料的网格点的订正值也大致符合实际的物理量场。因而逐步订正结束，给出最后的客观场。

3. 数据的标准化处理

在实际情况中，海洋要素观测数据的单位、量纲以及变化幅度往往差别很大。如，考虑径流和气温对水温的影响时，如果选择它们的单位分别是 m^3/年和℃，那么实际的各参量数值以及它们的变化幅度会有很大量级上的差别。这样不便于对比分析，因而分析时常需要对变量进行标准化处理。

对于某参量的时间序列 $X_k (k = 1,2,\cdots,n)$，其平均值为

$$\bar{X} = \frac{1}{n} \sum_{k=1}^{n} X_k \tag{1.35}$$

离差平方和为

$$D_{xx} = \sum_{k=1}^{n} (X_k - \bar{X})^2 \tag{1.36}$$

则其标准化变量为

$$Y_k = \frac{X_k - \bar{X}}{\sqrt{D_{xx}}} \tag{1.37}$$

标准化变量有许多特点，这些特点可以大大简化回归分析的过程：①新变量之和为 0，新变量的平均值也为 0；②新变量之间具有很好的可比性质，这是因为

预报量和因子的新变量均为无量纲量，平均值为 0，每个时刻的值在 0 上下振动且和为 0；③新变量的平方和为 1，从而新变量的离差平方和亦为 1，从而各变化的协方差矩阵的对角线元素均为 1，这为求解协方差矩阵带来很多方便，如在经验正交函数分解中就是如此；④两个标准化新变量序列，其对应变量乘积之和等于原二变量的单相关系数，即

$$\sum_{k=1}^{n} X_k \cdot Z_k = \gamma_{xz} \tag{1.38}$$

除标准化处理外，还有一些其他的变量变化形式，如

距平变换

$$Y_k = X_k - \bar{X} \tag{1.39}$$

极差变换

$$X_k = \frac{X_k - \min\limits_{1\leqslant k\leqslant n}(X_k)}{\max\limits_{1\leqslant k\leqslant n}(X_k) - \min\limits_{1\leqslant k\leqslant n}(X_k)} \tag{1.40}$$

极差变换可将新变量的变化范围控制在 0~1 之间，如此可将等级、强度等非数值变量实现数量化，从而能对这些非数量化的变量进行分析和建模。

1.2　数 据 表 示

不同的数据需要不同的显示方法，最典型的是卫星图片的显示与传统资料（如表面温度）的显示方法完全不同。

下面将从海洋水文要素的时空变化特征、变化的概率分布及投影方法的角度，分别介绍利用现有的海洋观测数据刻画和描述海洋特征时常用的数据表示（图示）。关于描述海洋要素的统计特征的参量，如均值、距平、平均绝对偏差、方差、（自）协方差、概率分布等，可参照概率论和数理统计方面的参考文献，这里就不再赘述。

1.2.1　空间变化

由于海洋要素的分布很难用确定的函数形式来精确描述，所以常采用绘制其空间分布图的方法来描述海洋水文要素的分布状况。

1. 垂直剖面（vertical profile）

随着观测资料的复杂化，海水垂直剖面的观测成为可能，随之而来的就是如何表征这些垂直剖面的分布和时间变化。由观测船只、浮标、飞机以及其他平台

提供的观测数据通常采用垂直剖面的形式来表征海洋要素的垂直结构。

垂直剖面图是一种简单的一维空间分布图，它的垂直轴在不同层上的比例尺可以是不同的，通过与较为均匀一致变化的深层比较，达到突出上层海洋变化的目的。一个简单的例子是温度和盐度的垂直剖面（图 1.4），可以用来研究垂直跃层的变化。

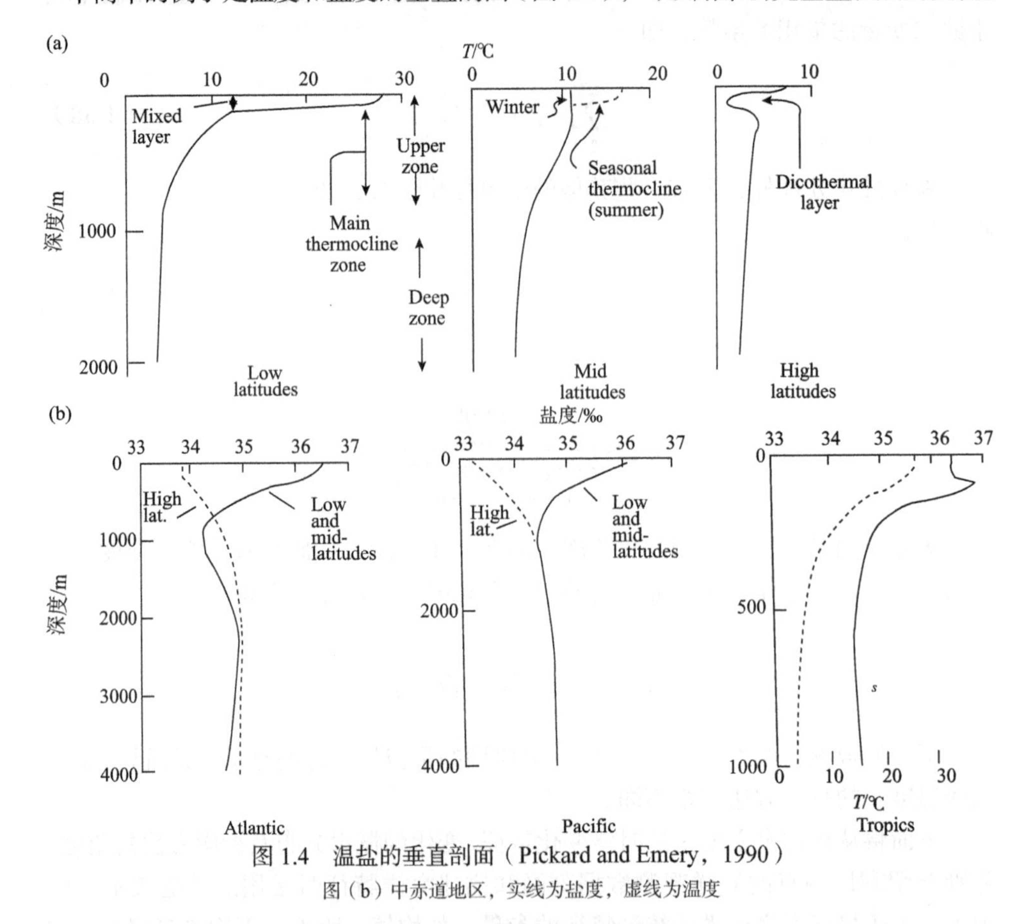

图 1.4　温盐的垂直剖面（Pickard and Emery，1990）

图（b）中赤道地区，实线为盐度，虚线为温度

目前的 CTD 可以给出垂直方向非常精细的分辨率（如 0.01m），因此在实际资料处理中，为了减少数据容量，常在一定深度间隔里进行平均或重新取样，得到垂向分辨率为 1m 或更大的观测数据。

2. 垂直断面（vertical section）

调查船在垂直水文断面上观测的一系列数据（即，不同深层上的离散的数据）可以绘制某一要素的等值线分布图，即垂直断面图（图 1.5）。用这种方式表示断面分布时需要注意的是：第一，洋深相对于水平尺度很小，这需要把垂直方向适当拉伸用以刻画海洋断面；第二，可以由两个近乎均匀的层粗略地将跃层分隔出来，即跃层间存在很强的密度梯度（pycnocline）。为了清楚地刻画垂直方向的结构和梯度变化，垂直方向上常常采用两种比例尺，在较浅的上层把垂直坐标拉伸，而较深的下层上取用坐标压缩的比例尺。

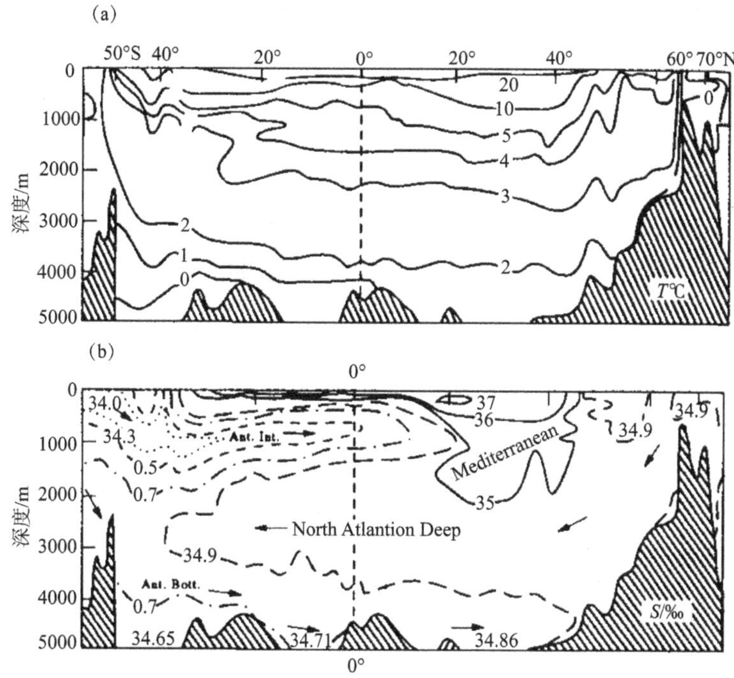

图 1.5　大西洋经向断面的温盐分布（Pickard and Emery，1990）

3. 水平分布（horizontal map）

利用水平分布图可以给出某一层上海洋要素的分布，如图 1.6 是全球大洋 3 月的海表温度距平值。水平分布图大多也是绘制某要素的等值线。

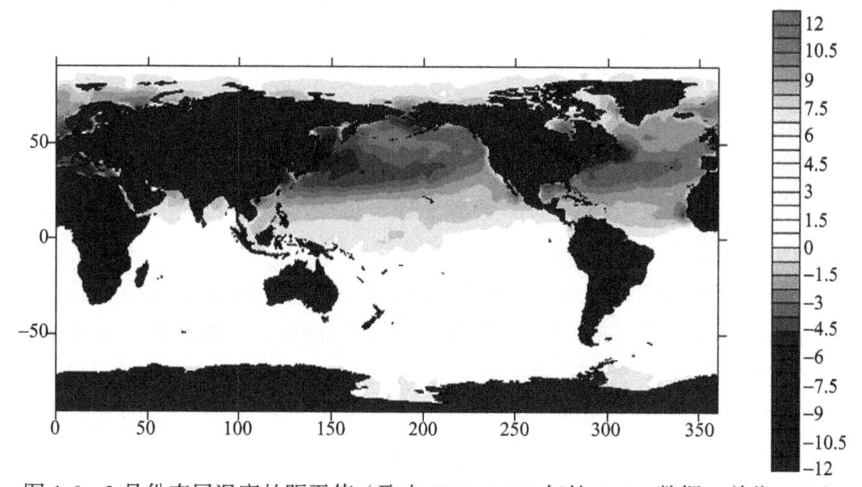

图 1.6　3 月份表层温度的距平值（取自 1982~2001 年的 WOA 数据，单位：℃）

4. 投影图（map projection）

物理海洋研究中，尤其是极地研究工作，大部分都使用投影图。常用的投影图有圆锥形投影（图 1.7）或其他的极向投影（如气象上常采用的极向立体投影），以避免极地区域的纬向变形。常用的圆锥体投影是 Lambert（兰勃特）保角投影。

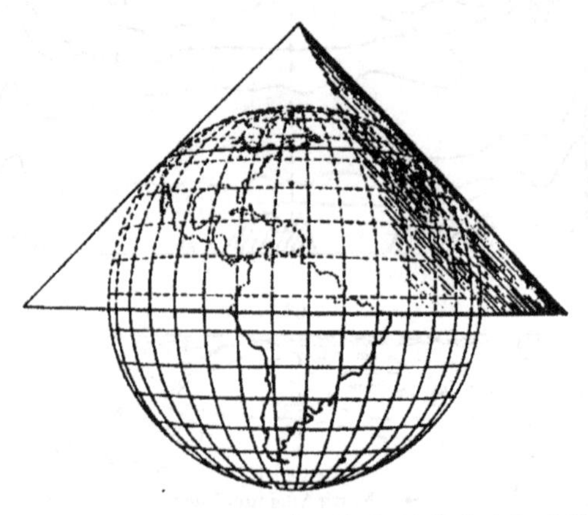

图 1.7 北半球圆锥形投影图例（相切的纬度为标准纬度）

在中、低纬度，得到广泛使用的是柱面投影——Mercator（墨卡托）投影法。顾名思义，Mercator 投影就是将代表地球表面的球面投影到一个与地球赤道相切的圆柱面上，然后把该圆柱面展开成平面，这种赤道 Mercator 投影无法涵盖地球两极。Mercator 投影是一种在所有方向都会维持相同变形规律的保角投影法；其经向（子午线方向）和纬向的变形系数相同，子午线与纬向线间的角度保持不变。Mercator 投影的变形系数比例于投影纬度的正割值（其值需经地球椭率修正），因此无法涵盖地球的南、北两极（纬度 90°的正割值是无限大）。图 1.8 给出的是一种倾斜的 Mercator 投影后得到的西半球图，这种倾斜的柱面投影可以涵盖地球的两极。

Mercator 图投影的各纬度平行圈（parallel of latitude）不仅可由计算来逐一导出，亦可藉几何投影来建立。在 Mercator 图投影当中，所有子午线（meridian）都是垂直线，所有纬度平行圈则都是水平线，这些纬度平行圈与子午线都会以同等比率随纬度增加作逐步扩张（expansion）。

由于 Mercator 图投影是属于一种扩张趋势在所有方向都会维持一致的正角图投影（conformal map projection），因此各个角（angle）才能够被以正确的角度显现出来。前述扩张系等于纬度的正割（secant of the latitude），但这项数值还必须经过小幅的地球椭率（ellipticity）修正。Mercator 图投影无法把地球的南、北两极（pole）涵盖在内，这是因为在纬度 90°处的正割值是无限（infinity）。

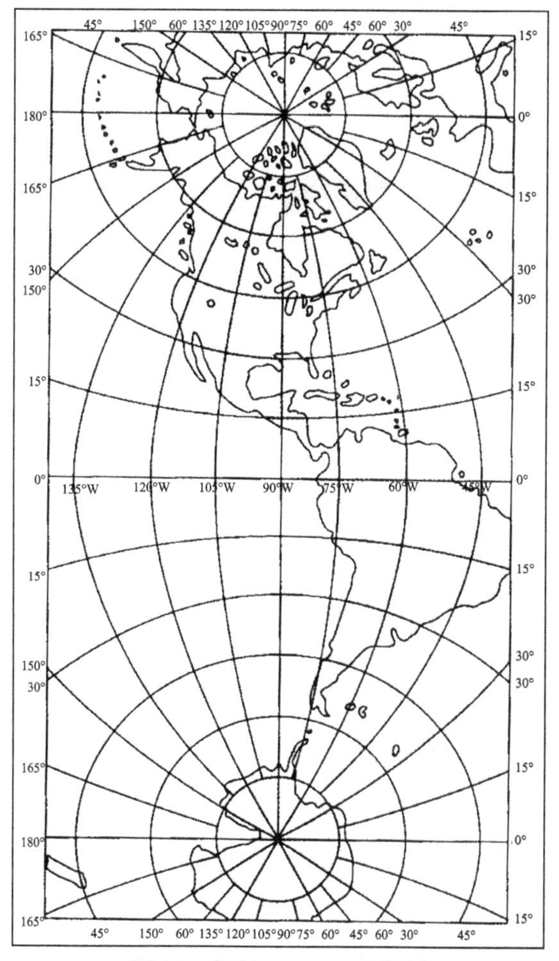

图 1.8　倾斜 Mercator 投影图

Mercator 图投影能让恒向线（rhumb line）以直线呈现出来，如果恒向线所经过的纬度度数不多的话（5°以内），甚至亦可直接在恒向线上量取距离。基于前述便利性，Mercator 图投影才会被广泛用来绘制海图（nautical chart）。此外，在 Mercator 海图上，赤道与所有子午线都是一条直线，但其他所有大圆都会是一条凹面朝向赤道的曲线。

1.2.2　时间序列

时间序列是海洋学研究中最常见的一种资料，其表示图也比较简单而明了。

1. 标量和矢量时间序列

时间序列的最简单表现形式就是标量随时间的变化图。过程曲线常用来描述某一要素（多为标量，如海面高度资料、定点的温度和盐度资料、混合层深度等）

随时间的变化（图 1.9）。

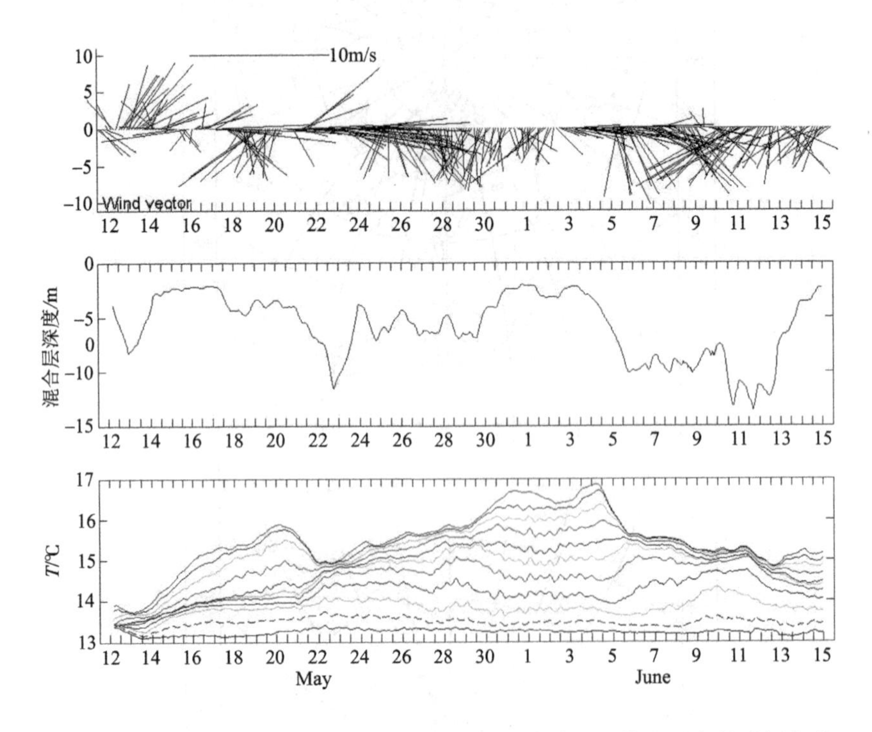

图 1.9　自上至下依次为低通滤波的风矢量、混合层深度和温度的时间序列

用以描绘固定点的某一矢量要素的时间序列（如海流或风等），目前通常采用的是时空坐标系里的矢量棒图法（stick-plot，图 1.9 的上图）和连续矢量图（progressive vector diagram，PVD，图 1.10）。矢量棒图中的每一条矢量棒都表征着某一时刻的速度大小和方向。绘制连续矢量图时，水平方向时间积分的位移可以通过两个方向（通常取东、北方向）上的速度分量乘上时间间隔，然后矢量累加；这样可以得到水质点由起始时刻所在位置在一定时间后所发生的假想位移。

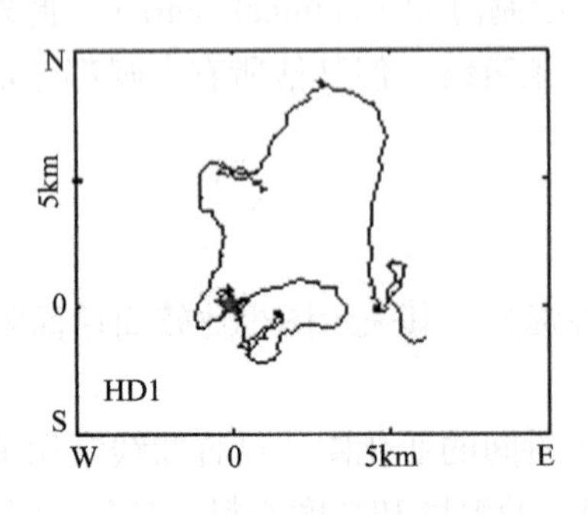

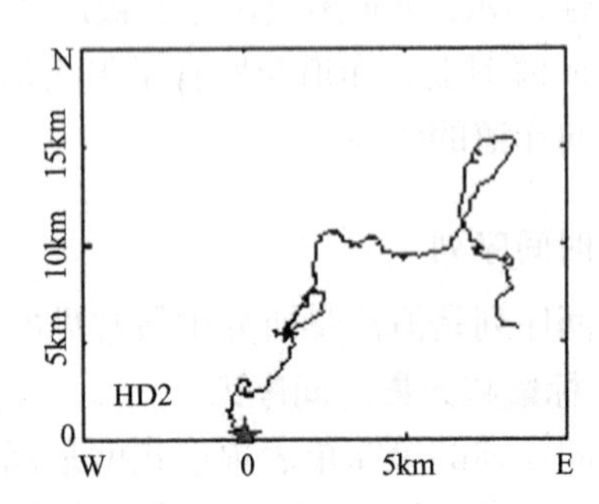

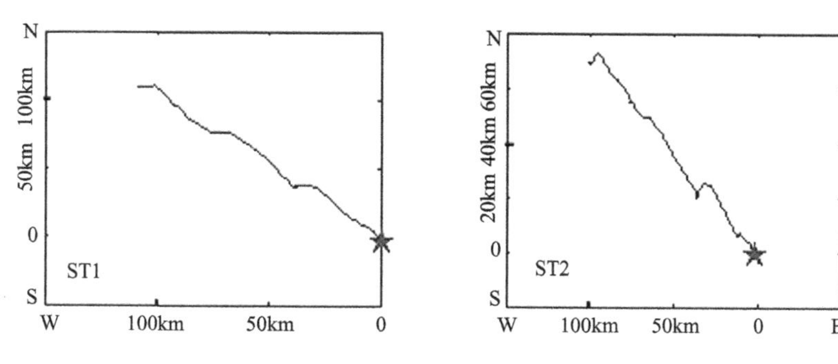

图 1.10　不同层上的连续矢量图

2. 垂直剖面和水平断面的时间序列

另一种时间序列表示法是绘制同一地点垂直剖面的时间序列 (z,t) 的等值线图（图 1.11）。这种图很像断面图，只是垂直轴仍是水深，而水平轴换成了时间。如果把垂直方向换成水平坐标，则就变成了水平断面时间序列 (x,t) 的等值线图（图 1.12）。这种图既能表征某一要素随时间的变化，又能描述其垂直分布特征（如季节加热或冷却、径流羽状锋引起的垂直层化的变化等）。为了便于寻找不同要素之间的相互关系，在一幅图上可以同时绘多个要素的等值线。

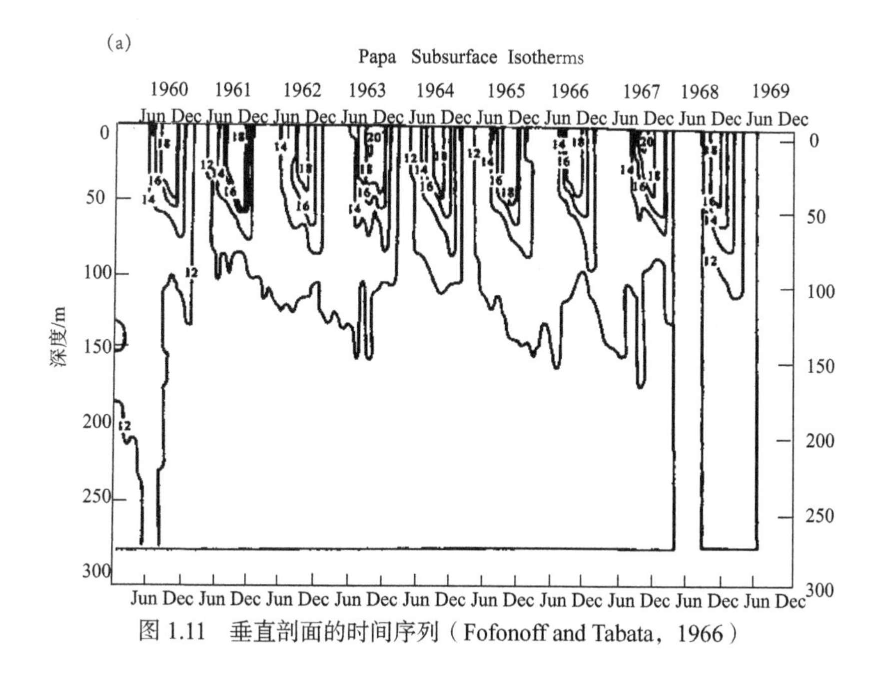

图 1.11　垂直剖面的时间序列（Fofonoff and Tabata，1966）

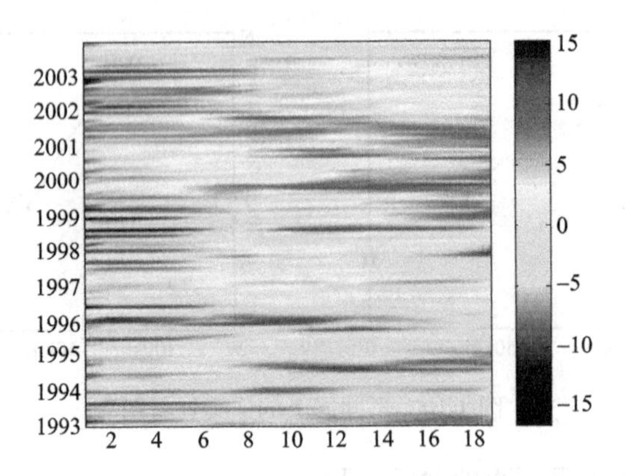

图 1.12　水平断面的时间序列（南海海面高度异常，1993～2003 年，19 个格点）

1.2.3　海洋要素特征图

1. 两参量特征

在海洋学应用中，常采用将两个同步（或准同步）观测的要素值关联起来。这种描述两种海洋特性之间的关系的曲线，称为特征图，最常用的是温盐图（$T-S$ 图）。$T-S$ 关系常用来描述海洋水团的构成以及演变(图 1.13)。位温与盐度$(\theta-S)$或位密$(\theta-\sigma_\theta)$的关系用以定义由通风作用引起大洋中脊热水羽状锋上升的最大高度时非常有效（图 1.14）。Helland-Hansen（1918）第一次给出$T-S$图，并发现在大范围海域里$T-S$特征是相似的，具有时间保守性（图 1.14）。类似的图还有，如温度和盐度对密度（σ_t）或热比容距平（$\Delta_{S,T}$）的特征图。同样，可以绘制三个参量的特征图，如$T-S-V$和$T-S-t$图。

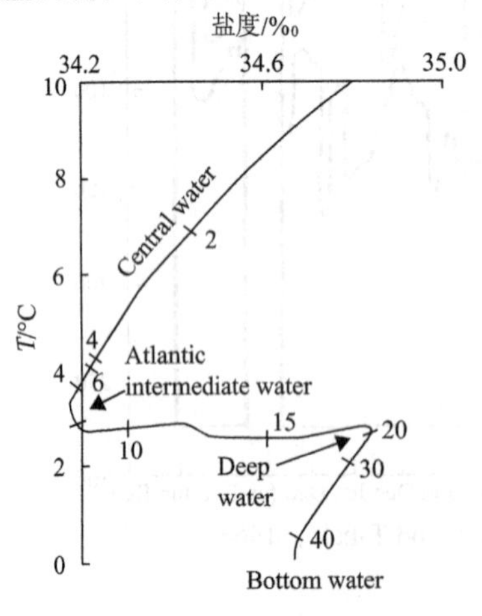

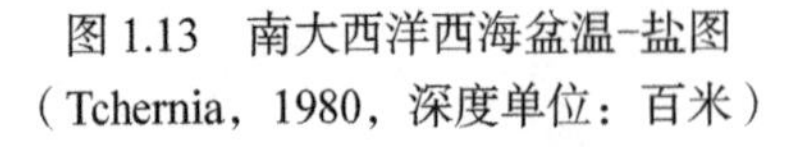

图 1.13　南大西洋西海盆温-盐图（Tchernia，1980，深度单位：百米）

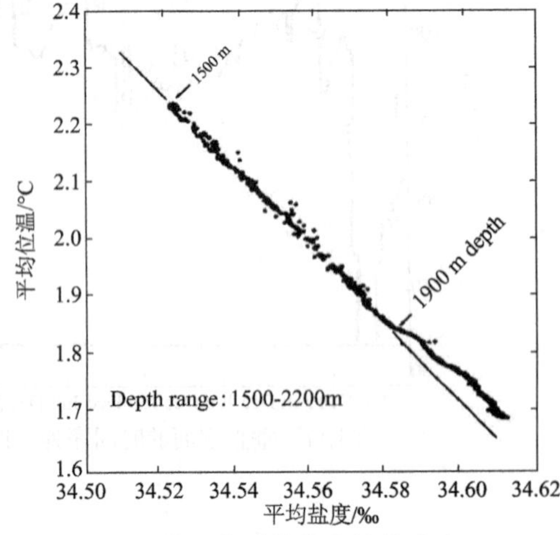

图 1.14　平均位温与平均盐度的关系（Thomson 等，1992）

2. 核心（core）法

垂直平面上海水特征的舌状分布在表征海水的运动方向上很有用。Wüst（1935）提出用核心法描述水团的水平变化。其中，核心定义为这样一种区域，其海水某种特征达到极值（极大值或极小值），并由这一极值来定义其范围大小的区域（如南极中层水的盐度极小值，或北大西洋的深层水的盐度和溶解氧的极大值等）。由于核心区不一定是水平分布，因此首先要确定的是核心区的深度。海水某种特征的垂直断面可用来确定核位置。随着与周围海水的混合，核心的海水特征将发生变化，趋于正常值。

3. 柱状图

随着海洋学观测的日渐成熟，变化的海洋这一概念取代了稳定海洋的概念，成为海洋学家研究的主流，换言之，同一问题需要多次观测才能获得真实的物理现象的规律和特征。数据表示也就逐渐由纯粹的图示发展成统计图示。柱状图（直方图）反映的是某一参量的某些特定采样值出现频率的大小；其横轴为某参量的量值，纵轴为对应值出现的频次（图 1.15）。

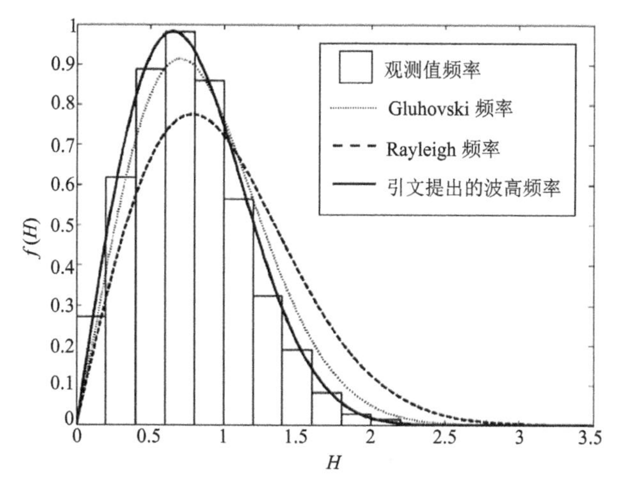

图 1.15　柱状图示例：浅水中波高分布图（侯一筠等，2009）

1.3　时间序列的常规处理方法

1.3.1　功率谱分析

功率谱分析用来把时间序列分成若干频率分量的合成。常用的有单因子的自谱分析、两个变量之间的谱分析即交叉谱分析和矢量谱分析如海流的谱分析等。

1. 自谱分析

海洋中的时间序列总是离散的而且长度是有限的，即$T = N\Delta t$。离散的功率谱值可由 Fourier 变换的形式给出

$$\begin{cases} Y_k = \Delta t \sum_{n=1}^{N} y_n \mathrm{e}^{-i2\pi f_k n\Delta t} = \Delta t \sum_{n=1}^{N} y_n \mathrm{e}^{-i2\pi kn/N} \\ f_k = \dfrac{k}{N\Delta t}, \qquad k = 0, \cdots, N \end{cases} \tag{1.41}$$

其中，频率f_k被限定在 Nyquist 频率间隔之间，即$-f_N < f_k < f_N$。$f_N = \dfrac{1}{2\Delta t}$是 Nyquist 频率。实际计算中，由于$Y_k = Y_{N-k}$，因此在进行 Fourier 转换时总是局限于正的频率范围内。

Fourier 逆变换定义为

$$y_n = \frac{1}{N\Delta t} \sum_{k=0}^{N-1} Y_k \mathrm{e}^{i2\pi kn/N}, \qquad n = 1, \cdots, N \tag{1.42}$$

式（1.41）中对应频率f_k的 Fourier 转换是Y_k，这里的$f_k = kf_1$和$f_1 = \dfrac{1}{N\Delta t} = \dfrac{1}{T}$既表征了基本频率又表征了频率间隔$\Delta f$。因此有限长度的离散时间序列的能谱密度为

$$S_E(f_k) = |Y_k|^2, \qquad k = 0, 1, \cdots, N-1 \tag{1.43}$$

下面介绍自相关方法计算功率谱的方法。时间序列的 Fourier 转换的自协方差函数$C_{yy}(\tau)$等于自相关函数$R_{yy}(\tau)$。自协方差函数$C_{yy}(\tau)$的无偏估计为

$$C_{yy}(\tau_m; N-m) = \frac{1}{N-m} \sum_{n=1}^{N-m} y_n y_{n+m} \tag{1.44}$$

其中$n = 0, \cdots, M$是延迟数，$\tau_m = m\Delta t$，且$M < N$。有些作者以

$$C_{yy}(\tau_m; N) = \frac{1}{N} \sum_{n=1}^{N-m} y_n y_{n+m} \tag{1.45}$$

作为式（1.44）的无偏估计，此式为自协方差函数的有偏估计。由式（1.45）可以直接得到功率谱密度函数。

最大延迟为M的单侧功率谱密度G_k可以由自协方差函数的 Fourier 变换得到

$$G_k = 2\Delta t \sum_{m=0}^{M} C_{yy}(\tau_m) \mathrm{e}^{-i2\pi km/M}, \qquad k = 0, \cdots, N/2 \tag{1.46}$$

其中，$\tau_m = m\Delta t$，$2\Delta t = \dfrac{1}{f_N}$。由于$C_{yy}(\tau_m)$是偶函数，上式可写为

$$G_k = 2\Delta t\left[C_{yy}(0) + 2\sum_{m=1}^{M} C_{yy}(\tau_m)\cos\left(\frac{2\pi km}{N}\right)\right], \qquad k = 0,\cdots,N/2 \quad (1.47)$$

2. 交叉相关系数

交叉相关函数是计算交叉谱的基础。这里不再介绍交叉谱的相关内容，而只是给出交叉相关函数。交叉相关函数给出的是时间域里两个序列的相关程度，而交叉谱给出的则是两个振动在特定频率下的相关程度。

两个序列x和y的交叉协方差函数$C_{xy}(\tau)$定义为

$$C_{xy}(\tau) = \frac{1}{N-m}\sum_{n=1}^{N-m} x(n\Delta t)y(n\Delta t + m) \quad (1.48a)$$

其中，$\tau = m\Delta t$为滞后时间，$m = 0,1,\cdots,M$，$M \ll N$。而交叉相关系数$R_{xy}(\tau)$为

$$R_{xy}(\tau) = \frac{C_{xy}(\tau)}{\sqrt{C_{xx}(0)}\sqrt{C_{yy}(0)}} \quad (1.48b)$$

Kundu 和 Allen（1976）曾利用交叉相关系数研究两个地点$\vec{x}_1$和$\vec{x}_2$沿岸方向流分量的特征。如果$\tau_{\max}$是最大相关时的滞后时间，则在$\vec{d} = \vec{x}_1 - \vec{x}_2$方向上相干信号的传播速度为$c = \dfrac{|\vec{d}|}{\tau_{\max}}$，传播的方向是由$\tau_{\max}$的符号决定的。图 1.16 是沿大陆架几个站点间的低通平行于岸方向的流分量交叉相关系数，目的是用来研究沿岸低频陷波的传播。图中的符号如 C 代表的是站位。

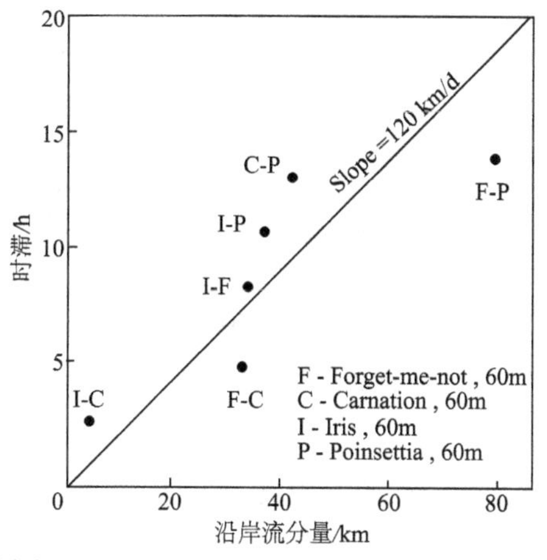

图 1.16 沿岸流最大相关的时间滞后（Kundu 和 Allen，1976）

3. 旋转矢量谱分析

计算流或风矢量时间序列的矢量谱，首先要将流或风矢量分解成两个垂直方向上的分量，如东分量 u 和北分量 v ［或称为纬向（zonal）和经向（meridional）分量］。

流的旋转谱分析包括把特定频率 ω 的流矢量分解成这样两个分量：顺时针旋转的振幅为 A^-、相对相角为 θ^- 的分量和逆时针旋转的振幅为 A^+、相对相角为 θ^+ 的分量。因此，这里不再是处理矢量的笛卡儿分量（u,v），而是（$A^-,\theta^-;A^+,\theta^+$）。这种处理方式有以下优点：

1）速度矢量分解成相反方向旋转的分量可以揭示特定频率上波动场的重要特征。这种方法在处理一些诸如地形剧烈变化处的海流、风生的大洋内区运动、全日周期的陆架波以及其他一些区域范围较小的振荡流动；

2）许多情况下，旋转分量的某个分量（通常，北半球的顺时针分量，南半球的逆时针分量）占优，因此我们只需要处理其中一个分量即可，而不是对两个分量都要处理。如，北半球的惯性运动几乎都是顺时针旋转，因此在多数应用中逆时针分量可以忽略。

两个相反方向旋转的圆矢量的矢量和会导致合成矢量的倾斜，构成一个封闭的椭圆（图 1.17）。椭圆的偏心率是由两个分量的相对振幅决定的。某个分量为零时，频率 ω 的运动将退化成一个方向的运动，如果两个极向分量幅度相同，那么运动将变成往复式运动。

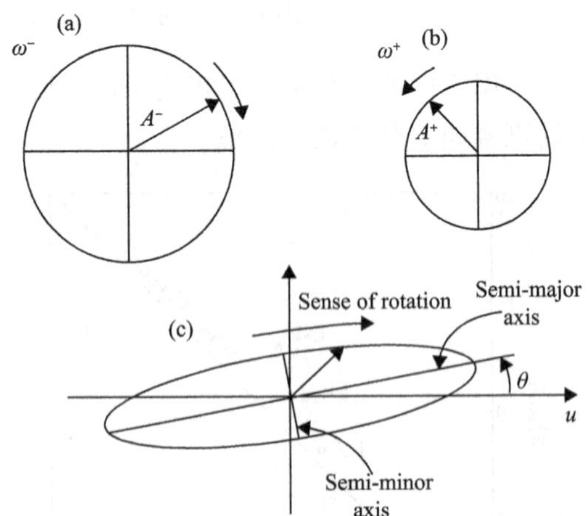

图 1.17　两个旋转方向相反的旋转矢量（a、b）合成的流椭圆

主轴方向为正东向逆时针旋转 θ

旋转谱形式中，流矢量 $w(t)$ 可以写成 Fourier 序列

$$
\begin{aligned}
w(t) &= \overline{u(t)} + \sum_{k=1}^{N} U_k \cos(\omega_k t - \varphi_k) + i[\overline{v(t)} + \sum_{k=1}^{N} V_k \cos(\omega_k t - \theta_k)] \\
&= [\overline{u(t)} + i\overline{v(t)}] + \sum_{k=1}^{N} U_k \cos(\omega_k t - \varphi_k) + iV_k \cos(\omega_k t - \theta_k)
\end{aligned} \tag{1.49}
$$

式中：$\overline{u(t)} + i\overline{v(t)}$ 是平均流速；$\omega_k = 2\pi f_k = \dfrac{2\pi k}{N\Delta t}$ 是角频率；$t = n\Delta t$ 是时间；U_k、φ_k 是频率 ω_k 的 Fourier 分量实部的振幅和位相；V_k、θ_k 是频率 ω_k 的 Fourier 分量虚部的振幅和位相。式（1.49）减去平均流速并展为三角函数

$$
\begin{aligned}
w'(t) &= w(t) - [\overline{u(t)} + i\overline{v(t)}] \\
&= \sum_{k=1}^{N} \{U_{1k} \cos(\omega_k t) + U_{2k} \sin(\omega_k t) + i[V_{1k} \cos(\omega_k t) + V_{2k} \sin(\omega_k t)]\}
\end{aligned} \tag{1.50}
$$

其中，偶函数 (U_{1k}, V_{1k}) 和奇函数 (U_{2k}, V_{2k}) 分别定义为

$$
U_{1k} = U_k \cos\varphi_k, \qquad U_{2k} = U_k \sin\varphi_k \tag{1.51a}
$$

$$
V_{1k} = V_k \cos\theta_k, \qquad V_{2k} = V_k \sin\theta_k \tag{1.51b}
$$

第 k 个频率分量整理为逆时针（+）和顺时针（−）分量的和的形式，即

$$
\begin{aligned}
w_k(t) &= w_k^+(t) + w_k^-(t) = A_k^+ \exp(i\varepsilon_k^+) \exp(i\omega_k t) + A_k^- \exp(i\varepsilon_k^-) \exp(-i\omega_k t) \\
&= \exp\left[\frac{i(\varepsilon_k^+ + \varepsilon_k^-)}{2}\right] \left\{ [A_k^+ + A_k^-] \cos\left[\frac{\varepsilon_k^+ - \varepsilon_k^-}{2} + \omega_k t\right] \right. \\
&\quad \left. + i[A_k^+ - A_k^-] \sin\left[\frac{\varepsilon_k^+ - \varepsilon_k^-}{2} + \omega_k t\right] \right\}
\end{aligned} \tag{1.52}
$$

其中逆时针和顺时针旋转分量的振幅分别为

$$
A_k^+ = \frac{1}{2}[(U_{1k} + V_{2k})^2 + (U_{2k} - V_{1k})^2]^{1/2} \tag{1.53a}
$$

$$
A_k^- = \frac{1}{2}[(U_{1k} - V_{2k})^2 + (U_{2k} + V_{1k})^2]^{1/2} \tag{1.53b}
$$

$t = 0$ 时相应的初始相角分别为

$$
\varepsilon_k^+ = \arctan[(V_{1k} - U_{2k}) / (U_{1k} + V_{2k})] \tag{1.54a}
$$

$$
\varepsilon_k^- = \arctan[(U_{2k} + V_{1k}) / (U_{1k} - V_{2k})] \tag{1.54b}
$$

式（1.49）中每一个频率分量都是椭圆形式：长半轴为 $L_M=(A_k^+ + A_k^-)$，短半轴为 $L_m=\left|A_k^+ + A_k^-\right|$。椭圆相对于 u 轴的倾角为 $\theta=\frac{1}{2}(\varepsilon_k^+ + \varepsilon_k^-)$，矢量出现最大值(即沿椭圆长轴）的时刻为 $t=\frac{\varepsilon_k^+ - \varepsilon_k^-}{4\pi f_k}$。频率 $f_k=\frac{\omega_k}{2\pi}$ 的两个相反方向旋转分量的单侧谱 (G_k^+,G_k^-) 分别为

$$S(f_k^+)=S_k^+=G_k^+=\frac{(A_k^+)^2}{N\Delta t}, \qquad f_k=0,\cdots,1/(2\Delta t) \tag{1.55a}$$

$$S(f_k^-)=S_k^-=G_k^-=\frac{(A_k^-)^2}{N\Delta t}, \qquad f_k=1/(2\Delta t),\cdots,0 \tag{1.55b}$$

旋转谱的表示有两种方法。图 1.18a 绘出了频率绝对值 $|f|\geqslant 0$ 对应的谱值，其中实线和虚线分别对应着顺时针和逆时针旋转的谱值。而另一种方法是顺时针旋转谱对应着负频率，逆时针旋转谱对应着正频率，这样可以绘出正负频率的旋转谱（图 1.18b）。该旋转谱在全日和半日处有两个谱峰。半日周期处顺时针旋转运动占优。

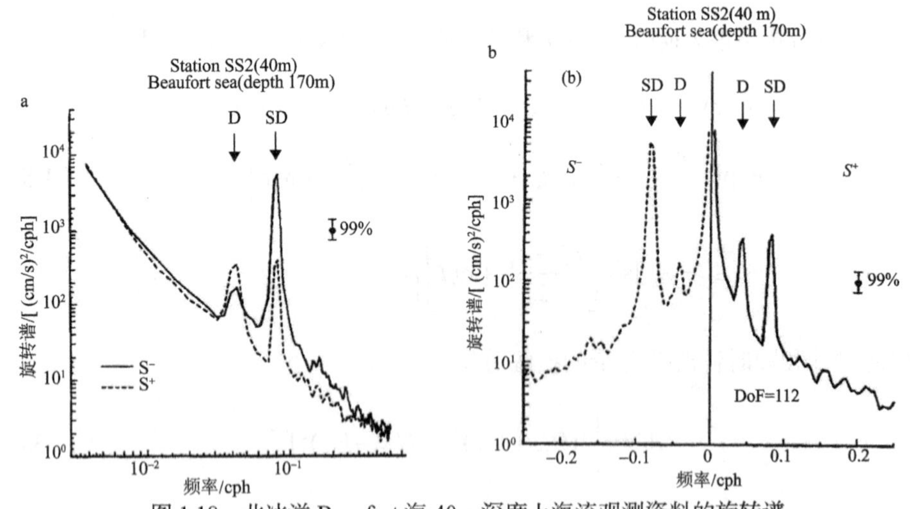

图 1.18 北冰洋 Beaufort 海 40m 深度上海流观测资料的旋转谱

（a）单侧谱；（b）双侧谱

D，全日潮频段；SD，半日潮频段

另一个参数是旋转系数

$$r(\omega)=\frac{S_k^+ - S_k^-}{S_k^+ + S_k^-} \tag{1.56}$$

$r=-1$ 对应着顺时针旋转，$r=0$ 为不旋转，以及 $r=1$ 为逆时针旋转等。流动的旋转特性随着位置、深度和时间而变化（图 1.19）。

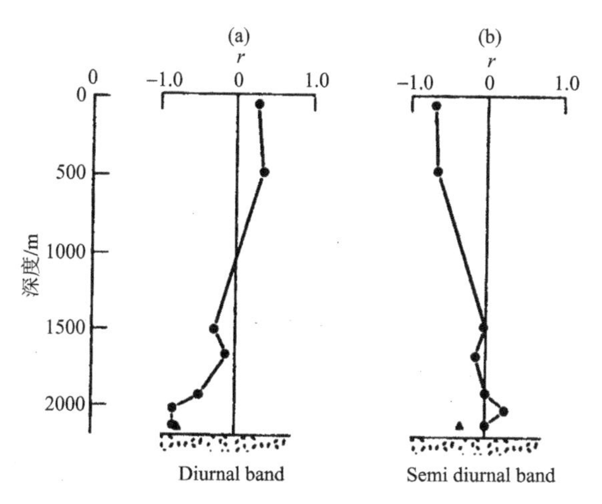

图 1.19　旋转系数（Allen 和 Thomson，1993）

（a）全日分潮段；（b）半日分潮频段

1.3.2　小波分析

小波分析产生于 20 世纪 80 年代末，是一种新兴的数学分析方法。这种方法能够同时展现数据信号在不同时间尺度的频率变化情况，因此，小波分析理论在短短几十年时间里，迅速发展壮大起来。小波分析是时频分析的一种，与 Fourier 变换相比，小波变换不仅弥补了 Fourier 变换在时间分析上的不足，并且时间窗和频率窗都可以适应信号分析的要求，在低频处获得较高的频率分辨率，在高频处实现较高的时间分辨率。20 世纪 90 年代，小波分析方法在海洋气象分析领域得以应用，它作为一种分析海洋气候资料中所包含的周期性及不均匀性的有效工具，将海洋气象因子的变化情况同时在不同的时间尺度上表现出来，给海洋气象因子结构和周期变化的研究提供了新的方法，达到了传统方法所不能的效果。

1. 小波变换的概念

设 $\psi(t)\in L^2(R)$，其 Fourier 变换为 $\hat{\psi}(\omega)$，当 $\hat{\psi}(\omega)$ 满足允许条件（完全重构条件或恒等分辨条件）

$$C_\psi=\int_R\frac{|\hat{\psi}(\omega)|^2}{|\omega|}\mathrm{d}\omega<\infty \tag{1.57}$$

时，我们称 $\psi(t)$ 为一个基本小波或母小波（mother wavelet）。将母函数 $\psi(t)$ 经伸缩（dilation）和平移（translation）后得：

$$\psi_{a,b}(t)=\frac{1}{\sqrt{|a|}}\psi\left(\frac{t-b}{a}\right) \quad a,b\in R;\quad a\neq 0 \tag{1.58}$$

称为一个小波序列。其中，a 为伸缩因子；b 为平移因子。

对于任意的函数 $f(t)\in L^2(R)$ 的连续小波变换为

$$W_f(a,b)=\langle f,\psi_{a,b}\rangle=|a|^{-1/2}\int_R f(t)\overline{\psi\left(\frac{t-b}{a}\right)}\mathrm{d}t \tag{1.59}$$

其重构公式（逆变换）为

$$f(t)=\frac{1}{C_\psi}\int_{-\infty}^{\infty}\int_{-\infty}^{\infty}\frac{1}{a^2}W_f(a,b)\psi(\frac{t-b}{a})\mathrm{d}a\mathrm{d}b \tag{1.60}$$

由于基小波 $\psi(t)$ 生成的小波 $\psi_{a,b}(t)$ 在小波变换中对被分析的信号起着观测窗的作用，因此 $\psi(t)$ 还应该满足一般函数的约束条件

$$\int_{-\infty}^{\infty}|\psi(t)|\mathrm{d}t<\infty \tag{1.61}$$

故 $\hat{\psi}(\omega)$ 是一个连续函数。这意味着，为了满足完全重构条件（1.57），$\hat{\psi}(\omega)$ 在原点必须等于 0，即

$$\hat{\psi}(0)=\int_{-\infty}^{\infty}\psi(t)\mathrm{d}t=0 \tag{1.62}$$

为了使信号重构的实现在数值上是稳定的，除了完全重构条件外，还要求小波 $\psi(t)$ 的 Fourier 变换满足下面的稳定性条件：

$$A\leqslant\sum_{-\infty}^{\infty}\left|\hat{\psi}(2^{-i}\omega)\right|^2\leqslant B \tag{1.63}$$

式中，$0<A\leqslant B<\infty$。

2. 常用小波函数介绍

（1）Haar 小波

Haar 小波函数（图 1.20）是在小波分析中最早用到的一个具有紧支撑的正交小波函数，同时也是最简单的一个函数，它是非连续的，类似一个阶梯函数。Haar 小波函数的定义为

$$\psi_H = \begin{cases} 1 & 0 \leqslant x \leqslant 1/2 \\ -1 & \frac{1}{2} \leqslant x < 1 \\ 0 & 其他 \end{cases} \quad (1.64)$$

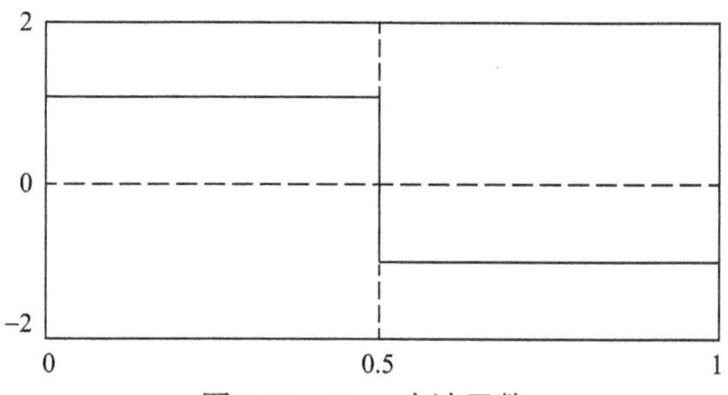

图 1.20　Haar 小波函数

尺度函数为

$$\varphi(x) = \begin{cases} 1 & 0 \leqslant x \leqslant 1 \\ 0 & 其他 \end{cases} \quad (1.65)$$

（2）Daubechies（dbN）小波系

Daubechies 函数是由世界著名的小波分析学者 Ingrid Daubechies 构造的小波函数，除了 Haar 小波外，其他小波没有明确的表达式，但转换函数 h 的平方模是很明确的。dbN 函数是紧支撑标准正交小波，它的出现使离散小波分析成为可能。假设

$$P(y) = \sum_{k=0}^{N-1} C_k^{N-1+k} y^k \quad (1.66)$$

其中，C_k^{N-1+k} 为二项式的系数，则有

$$\left|m_0(\omega)\right|^2 = (\cos^2 \frac{\omega}{2})^N P(\sin^2(\frac{\omega}{2})) \quad (1.67)$$

其中

$$m_0(\omega) = \frac{1}{\sqrt{2}} \sum_{k=0}^{2N-1} h_k \mathrm{e}^{-jk\omega} \quad (1.68)$$

它的特点：①小波函数 ψ 和尺度函数 φ 的有效支撑长度为 $2N-1$（N 是小波的阶数），小波函数 ψ 的消失矩阶数为 N。②大多数 dbN 不具有对称性，对于有

些小波函数，不对称性是非常明显的。③正则性随着序号 N 的增加而增加。④函数具有正交性。

3. 一维离散小波变换

在实际运用中，尤其是在计算机上实现，连续小波必须加以离散化。因此，有必要讨论一下连续小波 $\psi_{a,b}(t)$ 和连续小波变换 $W_f(a,b)$ 的离散化。需要强调指出的是，这一离散化都是针对连续的尺度参数 a 和连续平移参数 b 的，而不是针对时间变量 t 的。

在连续小波中，考虑函数

$$\psi_{a,b}(t)=|a|^{-1/2}\psi(\frac{t-b}{a}) \tag{1.69}$$

这里，$b\in R$，$a\in R^+$，且 $a\neq 0$，y 是容许的，为方便起见，在离散化中，总限制 a 只取正值，这样相容性条件就变为

$$C_\psi=\int_0^\infty \frac{|\hat{\psi}(\omega)|}{|\omega|}\mathrm{d}\omega<\infty \tag{1.70}$$

通常，把连续小波变换中尺度参数 a 和平移参数 b 的离散化公式分别取作 $a=a_0^{\ j}$，$b=ka_0^jb_0$，这里 $j\in Z$，扩展步长 $a_0\neq 1$ 是固定值，为方便起见，总是假定 $a_0>1$。所以对应的离散小波函数 $\psi_{j,k}(t)$ 即可写作

$$\psi_{j,k}(t)=a_0^{\ -j/2}\psi(\frac{t-ka_0^jb_0}{a_0^{\ j}})=a_0^{\ -j/2}\psi(a_0^{\ -j}t-kb_0) \tag{1.71}$$

而离散化小波变换系数则可表示为

$$c_{j,k}=\int_{-\infty}^{\infty}f(t)\psi_{j,k}^*(t)\mathrm{d}t=\langle f,\psi_{j,k}\rangle \tag{1.72}$$

其重构公式为

$$f(t)=c\sum_{-\infty}^{\infty}\sum_{-\infty}^{\infty}c_{j,k}\psi_{j,k}(t) \tag{1.73}$$

式中：c 是一个与信号无关的常数。

然而，怎样选择 a_0 和 b_0 才能够保证重构信号的精度呢？显然，网格点应尽可能密（即 a_0 和 b_0 尽可能小），因为如果网格点越稀疏，使用的小波函数 $\psi_{j,k}(t)$ 和离散小波系数 $c_{j,k}$ 就越少，信号重构的精确度也就会越低。

1.3.3　随机动态分析方法

对某一参量的时间序列 $Y_i(t), i=1,\cdots,N$（简记为 $Y(t)$），将其分解为下面的形式：

$$Y(t)=T(t)+P(t)+X(t)+\alpha(t) \tag{1.74}$$

式中：$T(t)$ 为确定性趋势项；$P(t)$ 为确定性的周期项；$X(t)$ 为一剩余随机序列；$\alpha(t)$ 为白噪声序列。

只要找出序列中确定性部分和随机性部分的具体表达形式及系数，即可对原始数据进行拟合。

1. 确定性部分模型

对于确定性的 $T(t)$，综合一些文献和资料可取为线性趋势形式

$$T(t)=A_0+B_0 t \tag{1.75}$$

式中：A_0 为 $t=0$ 的初始值；B_0 为待定的线性变化速率。假设在序列中找到了 K 个周期，则周期项为

$$P(t)=\sum_{i=1}^{K}[a_i\cos(\frac{2\pi}{T_i}t)+b_i\sin(\frac{2\pi}{T_i}t)] \tag{1.76}$$

式中：a_i、b_i 为与周期 T_i 相对应的待定系数，它们与该周期运动的振幅 A_i 和初相 ϕ_i 的关系为

$$A_i=(a_i^2+b_i^2)^{1/2}$$

$$\phi_i=\arctan(b_i/a_i)$$

从而不包含随机序列和白噪声序列的初步模型可写为

$$Y(t)=A_0+B_0 t+\sum_{i=1}^{K}[a_i\cos(\frac{2\pi}{T_i}t)+b_i\sin(\frac{2\pi}{T_i}t)] \tag{1.77}$$

序列中的隐含周期可用最大熵谱方法寻找。理论上，欲求得精确的趋势项，就要求数据中的周期项尽可能地消除，而想求出真实的周期，就必须将数据平稳化，因而就要去掉趋势项。为解决此矛盾可作如下处理：经过上面的步骤将线性趋势和周期求出后，将原始数据中的周期部分去掉，求出剩余数据中的趋势项，将这一趋势项代回原始数据中，从中去掉该趋势项，这样得到的数据将比上一次的数据更接近平稳的要求，对这一序列进行周期分析，从而可以得到较上次更理

想的周期。这种过程可以继续下去，直到求周期时的序列通过平稳性检验。

2. 寻找周期

在此方法中周期的寻找极为重要，找出的周期准确与否与拟合误差大小有很大的关系。可采用功率谱分析、周期图、最大熵谱分析和方差分析等方法寻找显著周期。由于通常的功率谱估计与样本容量有关，从而带来真正谱估计的误差，最大熵谱估计克服了这个困难，可分辨出较精细的主要周期，且突出主要周期的谱值；尤其是对寻找短序列的周期，最大熵谱方法更能显示出优越性，这就为寻找短时间序列的周期带来了方便；另外，在低频段的周期分辨上，最大熵谱方法也较一般的谱方法更为准确。

3. 显著性检验

对最大熵谱方法找出的周期无直接的检验方法，而当阶数较高时熵谱找出的周期中可能有伪周期；可采用方差的 F 检验法对所有找到的周期进行显著性检验。对初始模型

$$Y(t) = A_0 + B_0 t + B_1 t^2 + \sum_{i=1}^{K}[a_i \cos(\frac{2\pi}{T_i}t) + b_i \sin(\frac{2\pi}{T_i}t)]$$

中的第 K 个周期进行显著性检验，相当于检验假设 $a_i = b_i = 0$ 是否成立，令

$$\begin{aligned} S_0 &= \sum_{t=1}^{N}\left\{Y(t) - \left[A_0 + B_0 t + B_1 t^2 + \sum_{i=1}^{K}\left(a_i \cos(\frac{2\pi}{T_i}t) + b_i \sin(\frac{2\pi}{T_i}t)\right)\right]\right\}^2 \\ S_1 &= \sum_{t=1}^{N}\left\{Y(t) - \left[A_0 + B_0 t + B_1 t^2 + \sum_{i=1}^{K-1}\left(a_i \cos(\frac{2\pi}{T_i}t) + b_i \sin(\frac{2\pi}{T_i}t)\right)\right]\right\}^2 \end{aligned} \tag{1.78}$$

则

$$F = \frac{S_1 - S_0}{2} \Big/ \frac{S_0}{N-(2K+2)} \tag{1.79}$$

服从自由度为(2，$N-2K-2$)的 F 分布，对给定置信度 α ，若 $F > F_\alpha$ 则拒绝原假设，即第 K 个周期显著；反之，则认为第 K 个周期不显著。线性速率可类似地进行 F 检验。

如果共找到了 K 个显著周期，则 N 个观测资料 $Y(t)$ 可确定 N 个公式

$$Y(t) = A_0 + B_0 t + \sum_{i=1}^{K}[a_i \cos(\frac{2\pi}{T_i}t) + b_i \sin(\frac{2\pi}{T_i}t)] \qquad i = 1,2,\cdots,N \tag{1.80}$$

在最小二乘的意义下解此方程组，即可得到待定系数 A_0，B_0，a_i 和 b_i，$i = 1,\cdots,K$。

4. 残差序列性质的检验

确定性部分求得后，从原始数据中去掉它，便得到残差序列

$$Y'(t) = Y(t) - \left\{ A_0 + B_0 t + B_1 t^2 + \sum_{i=1}^{K} [a_i \cos(\frac{2\pi}{T_i} t) + b_i \sin(\frac{2\pi}{T_i} t)] \right\} \quad (1.81)$$

此残差序列已去掉确定性部分，可认为是一随机序列。对此序列进行 ARMA 建模之前，需先进行平稳性、正态性和独立性检验。

（1）平稳性检验

随机序列分两大类：平稳和非平稳的。这里介绍的是宽平稳序列。实际上，真正的平稳序列很难找到，但许多序列可用平稳序列近似地描述。由平稳序列定义知，检验时间序列的平稳性即是检验其均值和方差是否为常数以及其协方差函数是否与时间间隔有关。

将序列 $Y'(t)$ 按时间截成 K 段，每段长为 M，即 $N = K \times M$（M 应取一较大的整数）。这样便得到 K 个等长序列

$$Y'_{ij} = Y'_{(i-1)M+j} \quad (i = 1,2,\cdots,K; j = 1,2,\cdots,M) \quad (1.82)$$

令 $\overline{Y'}_i = \frac{1}{M}\sum_{j=1}^{M} Y'_{ij}$，得到统计量 $\overline{Y'}_1, \overline{Y'}_2, \cdots, \overline{Y'}_K$。定义随机变量

$$a_{ij} = \begin{cases} 1 & \text{当} \ j > 1 \ \text{时}, \overline{Y'}_i > \overline{Y'}_j \\ 0 & \text{其他} \end{cases}$$

则统计量 $A = \sum_{i=1}^{k-1} \sum_{j=i+1}^{k} a_{ij}$ 给出了 $\overline{Y'}_j$ 中依照大小排列成逆序的总次数。当 K 足够大时（$K > 10$），统计量

$$u = \frac{A + \frac{1}{2} - \frac{1}{4}K(K-1)}{\sqrt{(2K^3 + 3K^2 - 5K)/72}} \quad (1.83)$$

渐近地服从 $N(0,1)$ 分布。对给定的 α，若 $u < N_\alpha$ 则序列平稳，反之不平稳。

（2）正态性检验

通常只有正态序列才能用时间序列的线性模型去拟合，而要建立 ARMA 模型必须以正态性为前提。这里介绍峰度、偏度检验法。

定义偏度系数和峰度系数：

$$g_1 = \mu_3 / (\mu_2)^{3/2} \tag{1.84}$$

$$g_2 = \mu_4 / (\mu_2^2) - 3 \tag{1.85}$$

$\mu_k = \frac{1}{N}\sum_{t=1}^{N} Y'_t \ (k = 2,3,4)$ 在正态白噪声假定下，当 N 充分大时 $(N > 100)$，根据中心极限定理，可推出统计量

$$\bar{g}_1 = \sqrt{\frac{N}{6}} g_1 , \qquad \bar{g}_2 = \sqrt{\frac{N}{24}} g_2 \tag{1.86}$$

渐近服从 $N(0,1)$ 分布，若取信度 α，则当 $|\bar{g}_1| > N_\alpha$ 或 $|\bar{g}_2| > N_\alpha$ 时拒绝序列为正态的假定。

（3）独立性检验

对时间序列进行分析是建立在序列具有相关性的基础上，若序列已是相互独立的白噪声就不必对它进行 ARMA 建模。这里介绍模型残量的自相关检验法，令

$$R(K) = \frac{1}{N}\sum_{t=1}^{N-K} Y'(t)Y'(t+k) \tag{1.87}$$

$$\rho(k) = R(k) / R(0) \tag{1.88}$$

可以证明，当 $N \to \infty$ 时 $\sqrt{N}\rho(k)$ 对于 $k = 1,2,\cdots,K$，依概率收敛于 K 个独立正态 $N(0,1)$ 分布的随机变量。当 $N \gg K$ 时，$Q_k = N\sum_{k=1}^{K}\rho^2(k)$ 为自由度为 K 的中心 χ^2 分布。取信度 α，当 $Q_k > \chi_{k\alpha}^2$ 时拒绝独立的假设，反之接受。

5. 随机序列模型初步识别

如果经上述检验，建立随机序列 ARMA 模型的基本条件都已满足，即可根据 ARMA 序列自相关函数和偏相关函数的拖尾和截尾的性质来进行判断（表 1.1）。

表 1.1 统计模型的识别标准

模　型	AR（P）	MA（q）	ARMA（p，q）
自相关函数	拖尾	截尾	拖尾
偏相关函数	截尾	拖尾	拖尾

由于自回归模型参数与样本之间呈线性关系，模型的参数估计具有简单的解析表达式，而且当样本长度 N 充分大时，参数的估计就可以作为参数的精确估计，高阶 AR（P）序列能近似描述 ARMA 序列。

6. AR（*P*）模型阶数及系数的确定

对去掉确定性部分后的随机序列进行初步识模发现其模型为 AR（*P*）模型，故可对 $Y'(t)$ 建立如下模型：

$$Y'(t)=\sum_{j=1}^{Q}\phi_j Y'(t-j) \tag{1.89}$$

阶数 *P* 用模型定阶的最小信息准则来确定。即

$$AIC=N\ln\sigma_s^2+2(P+1) \tag{1.90}$$

为最小来确定 *P* 。其中

$$\begin{cases}\sigma_s^2=r(0)-\sum_{j=1}^{P}\phi_j r(j)\\ S^2=\dfrac{1}{N}\sum_{t=1}^{N}Y'(t)^2\\ r(k)=\dfrac{1}{N-k}\sum_{t=1}^{N-k}\left[\dfrac{Y'(t)Y'(t+k)}{S^2}\right] \qquad k=0,1,\cdots,P\end{cases}$$

而 $\phi_j, j=1,2,\cdots,P$ 由下面的递推公式计算：

$$\begin{cases}\phi_1^1=\dfrac{r(1)}{r(1)},\\ \phi_P^P=\dfrac{r(P)-\sum_{j=1}^{P-1}\phi_j^{P-1}r(P-j)}{r(0)-\sum_{j=1}^{P-1}\phi_j^{P-1}r(j)},\\ \phi_j^P=\phi_j^{P-1}-\phi_P^P\phi_{P-j}^{P-j},(j=1,2,\cdots,P-1)\end{cases} \tag{1.91}$$

至此，我们对原始序列进行了最大熵谱分析，以线性最小二乘法拟合了各确定性部分的系数并对残差序列建立了 AR 模型。将此二模型叠加，形成了最终叠合模型：

$$Y(t)=A_0+B_0t+\sum_{i=1}^{M}[a_i\cos(\frac{2\pi}{T_i}t)+b_i\sin(\frac{2\pi}{T_i}t)]+\sum_{j=1}^{p}\phi_j Y'(t-j)+a(t) \tag{1.92}$$

其中，$Y'(t)=Y(t)-\left\{A_0+B_0t+\sum_{i=1}^{M}\left[a_i\cos(\frac{2\pi}{T_i}t)+b_i\sin(\frac{2\pi}{T_i}t)\right]\right\}$。

对此叠合非线性模型，前面计算出的参数值已不再适用，但这些参数值可作为初值，进行非线性最小二乘迭代法（如带阻尼因子的高斯-牛顿法）来求得叠合模型的参数值。其中初始阻尼因子 p_0 取作矩阵 ϕ 全体元素平方的算术平均，阻尼因子放大率可取 1.5，缩小率可取为 0.7。

非线性最小二乘法的计算步骤是从被估计参数的一组初值出发，使参数依某种规律沿平方和减小的方向变化，得到参数空间中使平方和值较小的一点，再以此点为新出发点进行下一步迭代，迭代一直进行到在预先给定计算精度下平方和不再下降为止（田晖和陈宗镛，1998）。

第二章　温盐资料分析与水团分析方法

2.1　温盐分析的意义

2.1.1　温盐分析概况

世界大洋中的海水温度、盐度和密度是海洋学中最重要的三个基本物理要素，也是海洋学研究的最基本内容之一。海洋中的一切现象几乎都与它们有密切关系。海洋密度场的分布在很大程度上取决于温度场和盐度场，而密度场与流场又密切相关。大洋环流的热盐环流观点认为，热盐结构是大洋环流的驱动力。温盐是水团划分的主要示踪指标。从海水物性学的观点看，温盐与海水的其他物理性质，都有着很密切的关系。因而，温盐的分析预报常是海水其他物理量预报的基本前提。

温盐密分析是划分不同海洋水体重要物理特征的重要依据，从而可以弄清大洋或某海域中水体的来龙去脉。温盐密分析也是研究跃层、海洋锋，以及研究它们的分布及环流系统的重要基础。

2.1.1.1　温盐分析的意义

1. 国民经济建设

随着现代工业的发展，陆地资源的枯竭，人们越来越把海洋作为开发的对象，其中渔业和水产养殖业备受重视，但渔场的分布和渔获量的多少与温盐等理化特征分布有着密切的关系。掌握了温盐分布变化的规律，就可掌握渔场的形成和变动规律，易于发现中心渔场，进行渔期的预测预报，为海洋捕捞提供科学支撑。在水产养殖和海洋渔牧化开发方面，由于水温对鱼、虾、贝、藻等都有显著的影响，因而这方面也迫切需要海洋环境要素的信息支持。

2. 国防建设

水温、盐度以及密度的垂向分布（跃层）以及侧向变化（海洋锋），不仅影响鱼类的聚散和洄游路线，而且对航运、交通，特别是对水面和水下军事活动影响很大。海洋中的声道分布与水下通信、侦察、潜艇和战舰的活动以及水雷等武器的布设等，都与海水温度、密度的垂向分布有关。

2.1.1.2　温盐密分析方法概况

1. 定性分析预报

根据经验并结合初步的机制分析，在综合分析的基础上，对温盐变化的未来趋势进行估计和预测，这类定性预报在水产、气象部门有着广泛应用，其经验性强，无通用程序，精度较低，只能作趋势估计和预测。在水团和海洋温盐资料分析的早期，由于这一分析方法实用性强，成为水团分析中常用的方法之一。

1）定性分析预报的特点

定性分析是根据海水的物理、化学或者生物等特征的空间分布和时间变化，定性地分析海水温盐分布和变化特征，讨论环流结构等因素与温盐变化的关系等。

定性分析方法具有明显的特点：

（1）在分析中要使用大量的图表，以海水温、盐等要素的空间分布图、时间变化图和各种关系图，作为基本的分析工具；

（2）分析的经验性，即是在根据绘制的图表进行分析时，要求具有广泛的海洋学知识，以便从各个方面进行综合对比及分析。这就决定了定性分析法没有固定的分析程序可循，分析结果的可靠性将与分析者的经验有很大的关系；

（3）分析方法和分析结果的定性特点，通常也只能得到定性的结果，即使有量的描述，也比较粗糙。

总的说来，定性分析方法具有不够严谨、定性的缺点，但因其简便易行、见效快且精度要求低的情况下具备相当强的实用性，这也使得它至今仍具有旺盛的生命力和使用价值（李凤岐和苏育嵩，2000）。正是由于这种分析方法是建立在综合分析的基础之上，也可称为定性综合分析法。

2）定性分析法的基本原则

在定性分析法中，虽无严格的分析程序，但类似于天气分析，仍需遵循某些基本原则。

（1）温盐分布的三维特点：温盐分布是个三维空间的概念，因此分析中常用的平面图和断面图等所揭示的现象都只是温盐三维空间变化的一个“侧面”，要善于将各个“侧面”提供的信息，综合形成立体空间的概念。若忽略了这一点，不仅易陷入片面的认识，甚至可能得出错误的结论。

（2）温盐分布的时间变化：温盐除空间上的不均匀性，还随时间而变化，而且由于引起的原因不同，存在着不同时间尺度的变化，如日变化、季节变化和年际变化等。温盐分布的现实不仅与前一时刻的结构和因素有关，又关乎着下一时刻的变化，要用历史和发展的观点，自觉运用对比分析等方法，揭示其变化规律。

（3）分析推理要以物理机制为基础：利用综合分析法分析因果关系时应符合物理规律，就要求分析者广泛熟悉海洋学的基础理论和专业知识，并能融会贯通、灵活运用。例如讨论温度特征变化时，应考虑太阳辐射、径流、潮汐等因素；而分析盐度特征变化时，就应考虑蒸发、降水、盐通量等过程的作用，而波浪的影响则可忽略。其原因在于，蒸发可以使海水浓缩而致水团增盐，降水稀释可导致减盐。至于表层以下盐度的变化，平流及扩散所形成的正、负盐通量的影响则更大。

（4）观测资料的代表性：在分析温盐的分布和变化规律时，所能搜集到的资料总是有限的，而且往往空间和时间上都是不连续的，因此样本的代表性如何就显得很重要。实际分析中将主要从空间和时间两个方面来判断资料的代表性问题。由于调查的站位不均匀、层次也不等深，再加上地形变化等因素，所选取的点一定要有空间代表性。其次是时间上的代表性。例如对温盐多年变异规律的分析，就要求有多年连续的资料，这样可以分析其逐月、各季以至年际的变化，如果只有一年资料，就很难讨论年际变化；如果有冬季和夏季资料，可粗略讨论冬、夏季的温盐变化特征和年变化幅度。

回顾海洋学的发展史，在海洋研究的早期，由于调查资料很少，海洋研究主要是根据少量测站的平面分布图和铅直分布图，分析推断大洋的温盐结构和环流状况。当今的海洋学研究，调查资料在时空的分布上都改善了很多，但传统的定性分析方法的思想仍然在采用，尤其是在业务化预报部门。

2. 定量预报

定性分析和估测一般不能满足生产实践中对海洋要素具体量值的要求，这就要求对海洋要素给出定量的分析和预报，从大的门类上这可分为统计预报和动力数值预报。统计预报只是试图寻找海洋要素的变化规律进而进行预报，而数值预报则是根据动力学方程从物理机制上寻找海洋要素的变化规律并进行预报。

1）浓度混合分析方法

浓度混合问题实质上是浓度的扩散问题。严格说来，温度和盐度本身并不符合浓度的定义，但它们与单位体积内海水的热量或盐量成比例，可以作为浓度来处理。根据浓度混合理论，导出水团分析的 *T-S* 图解几何学方法，比较定量地确定出水团边界的位置及水团之间的混合区。即依混合组成百分比等于 50%处为水团的边界，小于 50%者为混合区。

浓度混合分析方法的理论推导较为严格，具有一定的规则、公式和流程，对大洋水团分析较为适合，但其仍在理论简化和应用局限方面存在明显的不足。

2）统计分析预报

该方法是发展最早、最快，而且使用最广泛且精度较高的预报方法，一般可按图 2.1 的流程进行分析预报。

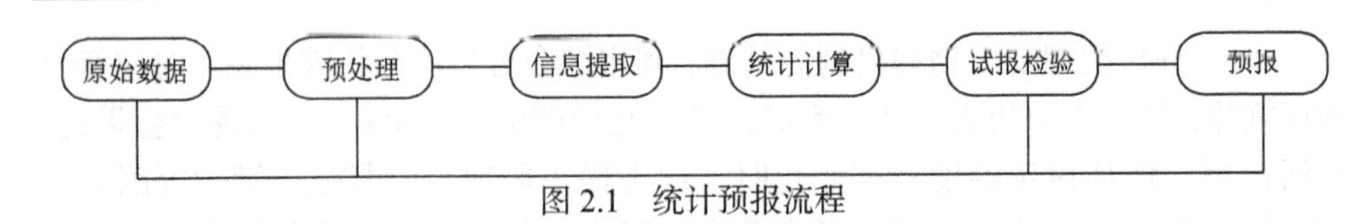

图 2.1 统计预报流程

目前已被应用的主要有海水特征频率分析法、判别分析法、聚类分析法、对应分析法、场分解分析法等。

在进行分析预报之前，需要先对原始观测数据进行预处理，这是一个很繁琐、细致而又不可缺少的过程。统计分析预报是要建立不同的分析预报数学模型，是要从大量的原始数据中提取对预报有效的信息，这就要求首先要进行有效因子的筛选。已建立的预报公式实用效果如何，要进行试报检验，从而可以返回检查和改进前面几个步骤的工作，进一步完善模型。具体内容将在各章节中陆续介绍。

统计预报方法最大的弱点是所谓“黑箱”问题，由于只能看到输入和输出，因此过程中的物理机制无法得知。数值预报则是从海洋的动力、热力学方程出发，从物理机制上解决温盐预报的问题。

3）动力数值计算和预报

基于物理机制的分析，建立流体动力学和热力学的封闭方程组，通过数值计算求解海洋温盐的分布和变化。

这种方法的优点在于能从物理机制上解决问题，有严格的理论根据。但它的计算非常复杂，且传导系量、参数、边界条件、初始场（如云量、表层以下各层场）等较难解决。

4）模糊数学分析方法

现实生活乃至科学研究中，模糊概念的存在是客观的，几乎是难以回避的。随着模糊数学在各个领域的应用，用模糊集合理论对水团的有关概念进行了讨论与定义，并将数学的多种方法应用于海洋水团的分析。

3. 统计-动力预报

又称为物理-统计预报。数值计算和预报虽然可以从物理机制上解决海洋中的某些热力动力问题，但因为海洋中的热盐过程极为复杂，而现有的海洋水文气象资料又相当缺乏，控制方程中很多参量、系数含混不清，使得理论模型的求解以及所求解的精度遇到了很大困难。因此将统计和动力数值方法结合起来，可以取长补短。在建立理论数值模型时，在初始场的处理上或者在方程参量和系数的处理上，可以使用统计分析所取得的结果。

2.1.2 跃层和锋面

海洋跃层和锋面的研究与海水温盐分析的关系密切，很多情况下关乎着海洋水团的划分与界定。

2.1.2.1　海洋中的跃层

在垂直方向上，由于受重力作用，各种混合受到限制，海洋环境参数的垂直梯度很大，在某些特定层次上环境参数会出现剧变，即跃层。

跃层的形成与存在可以阻碍其上、下层间的热、盐等物理参量的交换。在环流研究中，它影响着层结模式；对水下通信和监测影响显著，影响着潜艇的浮升与沉降。因此国内外对跃层的研究是物理海洋研究的核心问题之一，这既包括大洋温跃层的理论研究，也包括浅海跃层的分析与诊断。

1. 跃层的示性特征

通常用三项特征来描述跃层的属性，即跃层的深度、厚度和强度（GB/T 12763.7—2007），有时还用差度来描述跃层。差度是指：在跃层顶界和底界处的要素值之差，并规定差度的方向满足正分布时差度为正，逆分布时差度为负。即是说水温的差度是上界水温减下界水温，而盐度的差度则为下界盐度减上界盐度，这样差度的正、负便对应着正、逆跃层。

2. 跃层上界和下界的确定

跃层分布变化规律的分析，首先要示性特征确定出跃层的范围，即确定出跃层的上界和下界。因此，确定跃层上、下界是描述跃层示性特征的重要前提。确定跃层上界点和下界点的传统方法，是在海洋要素的单站垂向分布曲线上找出它的“拐点”。这样难免有些人为因素。为此应该从数学上给出跃层边界的确定方法。最常用的是梯度边界法。

所谓梯度边界法，就是根据温度和盐度分布的梯度而确定其跃层边界的方法，这也是跃层边界划分的主要方法，在实际资料分析中应用非常广泛。这是出于水团的内同性和外异性原则。同一水团内部梯度变化小，而在边界上梯度则出现异常变化。

实际分析中可根据

$$\frac{\partial T}{\partial z} > \alpha$$

来判断是否是跃层的边界，其中 α 是某临界值。中国的海洋调查规范给出了跃层强度的最低标准（GB/T 12763.7—2007，表 2.1）。但这种标准只是就一般情况而言的。在具体分析中或对个别海区分析时，跃层强度的标准是要根据实际情况调整的，这在不同海区，或同一海区的不同层次上都可能有差别，经验性比较强。但是要注意，跃层强度标准的临界值 α 不可取得过小，不然的话，会导致“跃层”比比皆是，而且在随机扰动下生消无常，反而掩盖了跃层分布变化的规律。

表 2.1 跃层强度的最低标准（据 GB/T 12763.7—2007）

水深 z	水深 $z < 200$m	水深 $z > 200$m
温跃层强度/（℃/m）	0.2	0.05
盐跃层强度/m	0.1	0.01
密跃层强度/（kg/m^4）	0.1	0.015

当然，依据温、盐或密度的垂直剖面不计算垂向梯度也可以直接给出跃层位置，如夏季黄海表层水团和底层冷水团，上层由于涡动混合温度相当均匀，下层由于底摩擦和潮汐混合也相当均匀，中间海水温度与表底层的梯度很大，无需计算垂向梯度，仅凭目测也可找出极大值所在的深度，因此而确定跃层边界的方法同样简单易行。

3. 跃层的形成

根据海洋环境参数的不同，有温跃层、盐跃层、密度跃层、声速跃层等，它们的形成原因不尽相同，但各要素的跃层形成之间却有密切联系。

温跃层的研究是所有跃层研究中较深入的。主要是因为温度的观测资料质量最高而且也是最多的。温跃层的形成从其机制上主要可归为两类：热力-动力原因和不同水团叠置。

进入海洋的太阳辐射主要使上层海水增温，混合作用使得上层一定深度的水温趋于均匀。随着太阳辐射的加强上层继续升温，与下层的温度梯度增加，并最终在上均匀层的下界附近形成温度梯度跃变。浅海区域的潮流和海底的摩擦混合作用也可促成和加强温跃层。但一般说来这类跃层的形成，还是取决于海面的热支出。春、夏季，太阳辐射强，在表层之下很容易形成这类跃层，即季节性跃层。这类跃层在条件合适的季节是普遍存在的，春夏季在浅海或大洋上层的很多地方都能出现这类跃层。进入秋季后，海面的热支出大于热收入，这类跃层便开始减弱、下沉，直到冬季趋于消失。

热性质不同的水团叠置后界面处形成较大的温度梯度，当垂向温度梯度足够大时便形成跃层，即全年性跃层，这种跃层一般出现在较深的海区。大洋中，前两种跃层可以同时存在，季节性跃层较浅，全年性跃层较深。

4. 跃层的作用

通常情况下海水在垂向的混合比水平方向要小很多，在温、盐、密跃层形成后，海水在垂向更加稳定，从而跃层上下水体之间的交换受到更大限制，这即是跃层的“屏障作用”。

从春季开始到夏季，太阳辐射增强，降水增多，使上层增温、降盐、减密，跃层形成并逐渐强化，由于“屏障作用”，上层水的高温低盐低密的特征得到发展，而跃层下的状况得以保持，如黄海冷水团。

2.1.2.2 世界大洋中的锋面

最早是美国海洋学家 Maury 在 1858 年发现了海洋锋。海洋锋的定义很多，通常认为“特性明显不同的两种或几种水体之间的狭窄过渡带便是海洋锋，可用温度、盐度、密度、速度、颜色、叶绿素等要素的水平梯度，或它们的更高阶微商来描述；即一个锋带的位置可以用一个或几个上述要素的特征量强度来确定它”（中国大百科全书·海洋科学卷，1987）。海洋锋是个很广义的概念，一般以某种海洋环境参数的“急剧变化”梯度来定义，但这种梯度达到何种程度才算是锋面，并没有定量的标准。事实上，不同的参数应有不同的标准，即使同一参数，在不同海域或不同季节，也不能强求统一。由于在锋带附近具有强烈的水平辐合或辐散以及垂向运动，因而水体很不稳定，存在着逐渐变性的过程和各种尺度的弯曲，伴随着不同尺度涡的存在。

海洋锋对海洋科学和大气科学，对国民经济建设和国防都有重要影响。大气环流、气候带与大尺度海洋锋有密切关系。由于中、小尺度海洋锋附近水文要素变化剧烈，导致海-气之间各种物理要素的交换异常活跃，所以海上风暴容易在海洋锋附近形成。大尺度海洋锋与大洋水团环流关系密切，中、小尺度海洋锋与区域水团、水系和环流关系密切。

海洋锋区常伴随不同水体携运营养盐类，浮游生物大量繁殖，是浮游动物和鱼类的重要索饵区，因而与大型渔场密切相关。海洋锋的时空变化对中心渔场、渔期和渔获量的影响很大（林传兰，1986）。海洋锋区的海洋环境参数急剧变化，海水声学等特性变化剧烈，这对于水声通信监测、潜艇活动、水雷布设等军事活动的影响很大。对于航运交通和海上搜救工作，海洋锋的影响既有利也有弊。一方面海洋锋区往往多雾，不利航行；另一方面海难失事的物体残件及罹难者遗体，容易被携到辐合带中，所以持久性锋带的位置，可为海难救助打捞提供作业海域信息（李凤岐和苏育嵩，2000）。

1. 海洋锋的特性

海洋锋有些是短暂的几小时，甚至是瞬时的，有些是长期的几个月甚至更长。平行于锋面的流分量在垂直于锋的方向上切变很强。对大尺度的锋而言，这种切变可能是处于地转平衡，而浅海小尺度锋面附近的流则主要受局地加速度应力及边界摩擦力的影响。

2. 海洋锋的强度

在探究海洋锋的空间分布或是时间变化时，不可避免地要用到海洋锋的强度这一概念。然而，与海洋锋的定义广泛一样，关于其强度的定义依据不同的参数也有不同的标准，即使同一参数在不同海域和不同季节的标准也不尽相同，因此难以强求统一，这里列出了部分作者提出的海洋锋标准（表 2.2，据李凤岐和苏育嵩，2000）。

表 2.2　部分作者提出的海洋锋标准

来源			Shpaykher，Moretskiy 1964			Johannessen 1973	Colton 1974	Foster 1974
海区			极地海域	格陵兰海	挪威海	马耳他海	马尾藻海	白令海
在锋的横断面上每 10 海里的环境参数的改变量	温度/℃	强锋	5.4	5.6	3.0			
		弱锋	0.11	0.1	0.4			
		均值	1.10	1.0	1.3	0.5～1.0	1.33	1.3～3.0
	盐度（S）	强锋	10.9	1.5				
		弱锋	0.2	0.3				
		均值	2.2	0.6		0.25	0.03	0.2
锋的铅直尺度（z）/m	强锋		125	1000	1500			
	弱锋		7	150	100			
	均值		21	531	745	100	200～400	100
倾角或倾斜率	强锋		6′	1°6′	1°3′			
	弱锋		0′	18′	12′			
	均值		1′17″	22′	11′	0.25～0.5	0.4～1.0	0.1～0.5
厚度（Δz）/m						5～10	5	5～10
持续时间						数月	数月	长期

如果只考虑风混合，那么由太阳辐射产生的季节性温跃层大体将呈水平分布。然而由于海洋中存在着海流与潮流，且由于底摩擦的作用，潮流（或海流）平均运动的动能将转化成潮流而消耗。当海面受太阳辐射而使海水发生层化时，湍流应力将克服海水浮力做功。浅水区海水上下层密度将趋于一致，破坏了季节性温跃层，使近岸浅水区的水温低于外海层化区上混合层水温，而高于层化区的底层水温。这时等温线的走向不再呈水平扩展，变成台式结构。因此，在潮混合发达的近岸浅水区和潮混合较弱的远岸层化区间，形成了等温线密集的过渡区，这就是潮混合所产生的浅水海洋锋（图 2.2）。

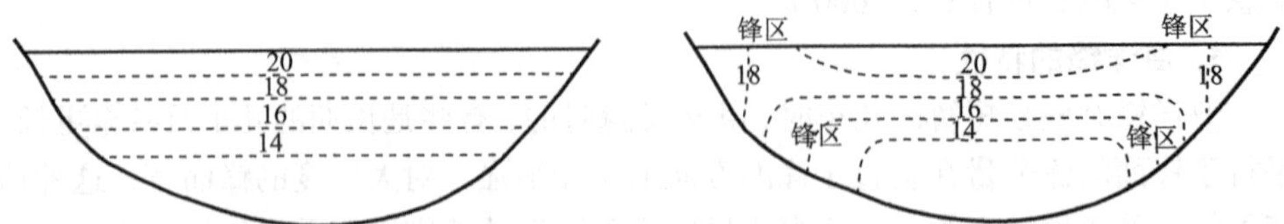

图 2.2　潮混合形成的浅水锋面的温度分布示意图（据赵保仁，1987 改绘）

左，不考虑潮混合；右，考虑潮混合

Simpson 和 Hunter（1974）首次提出夏季爱尔兰海中的浅水海洋锋是由潮混合形成，增温季节因潮混合引起的浅水海洋锋的位置是由垂向充分混合所增加的势能与潮流动能的消耗率之比的特定值而确定的。如单位海水的热量输入率为 Q，水深为 H，则完成垂直混合所产生的势能增长率为

$$B=\frac{1}{2}g\alpha QH/c_p$$

其中 α 为海水的热膨胀系数，c_p 为比热。关于潮能消耗问题，由于潮汐是由许多分潮组成的，精确计算较为困难，为简便计，通常只考虑特征潮流速度时的能量消耗率。对振幅为 U 的正弦潮波，其动能消耗率

$$E=(4/3\pi)\gamma\rho U^3$$

其中 γ 为底摩擦系数，ρ 为海水密度。势能增长率 B 和动能消耗率 E 的比值为

$$B/E=(3\pi/8)\cdot(g\alpha QH)/c_p\gamma\rho U^3$$

对某特定海区，α，Q，ρ，c_p，γ 均可视作常数，则锋面位置由 H/U^3 的特定值（临界值）所确定，则

$$K=\log_{10}\left(H/U^3\right)$$

通常被称作层化参量或混合参量。

赵保仁（1987）将这一潮锋理论引入对黄海和东海北部潮锋分布研究，发现层化参量 K=1.8～2.0 的等值线走向同整个底层黄海冷水团的边界基本一致，表明海面增温和沿岸区域的强潮混合作用是黄海冷水团形成的基本热力-动力因素。采用这一层化参量，刻画近海海洋锋的相关工作在全球很多海域都有开展，如英格兰周围海域和芬地湾（Garrett and Maas，1993）、凯尔特海（Simpson，1976）等。同时需要指出的是，不同作者在计算层化参量时，对 U 的取法有所不同，如表层大潮流速，大潮垂直平均流速，M_2 分潮流的振幅；还由于各海区上混合层的厚度不同，决定潮生浅水锋的位置的临界值亦不尽相同。

3. 海洋锋的分类

关于海洋锋的分类也不尽统一，根据不同的判别标准大体可分为不同的海洋锋：

（1）根据海洋环境参数的不同，可有温度锋、盐度锋、密度锋、声速锋、水色锋等。

（2）根据锋所处的不同水层，有海面锋、浅层锋、深层锋等。

（3）根据锋的尺度，可分为行星尺度锋（如南极锋、北极锋、马尾藻海锋）、中尺度锋（中尺度涡的锋、陆架坡折锋）和小尺度锋（在局部海域出现的锋）。

（4）根据锋所处的海域差别，可分为强西边界流边缘锋（如湾流锋、黑潮锋）、浅海锋和河口锋等。

（5）根据产生锋的原因不同，可分为海流锋、上升流锋、辐合或辐散带锋、

河口羽状锋、陆架坡折锋（在高温陆架水和低温陆坡水的边界处形成）等。

（6）根据水平梯度的强度差异，可分为强锋、中强锋和弱锋。

4. 海洋锋的形成

大气环流、海洋环流、海-气之间的相互作用，诸如动量、水量、热量的大尺度垂直输送和季节变化，淡水的注入，潮流混合，海底地形及摩擦引起的湍流混合，由内波和内潮切变引起的混合等，都可以成为海洋锋生成的诱因。

大尺度海洋锋，通常与全球气候带的分布及大洋环流关系密切，如大西洋亚热带辐合带，太平洋赤道无风带盐度锋，以及南极锋和南极辐合带等。南极锋位置与海底地形也有一定关系（Kort，1967）。在浅海区海洋锋的形成中潮汐混合起着重要作用，如黄海冷水团边界锋面（赵保仁，1987；万邦君等，1990；戚建华和苏育嵩，1998）。近岸较强的上升流也形成沿岸锋面（刘先炳和苏纪兰，1991）。

5. 中国海洋锋的分布

中国海具有广阔的陆架海域，地形复杂多变，且季风性特征显著，表现为丰富的海洋锋类型及其变化特征（图 2.3）。从类型上看中国近海的海洋锋主要有五类：潮生陆架锋（浅海锋）、河口锋、沿岸流锋、上升流锋和强西边界流锋。第一类主要是在渤海和黄海区（赵保仁，1987），第二、三类在各海区都有，最后两类则主要分布于东海和南海。

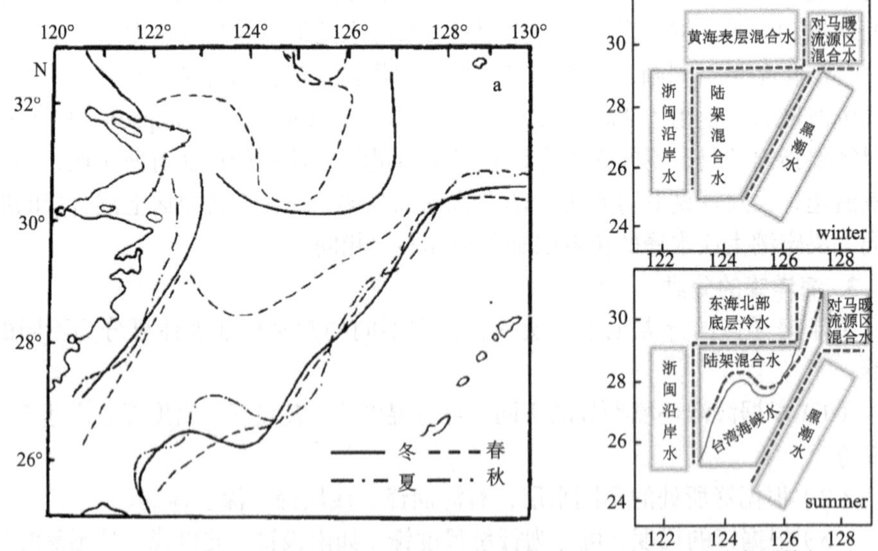

图 2.3　利用东海水文观测资料得到的表层海洋锋分布及其冬、夏季水团特征（据汤毓祥，1996 改绘）

东中国海夏季与冬季的海洋锋有所不同，如大河入海口附近海域的河口锋（也有相应的盐度、水色锋）强度增强且明显外推，上升流锋更显著，台湾暖流下层水及黄海底层冷水团边缘的水温锋，也更加令人注目，黑潮锋的位置则比冬季明显偏东，而且在50m以深水温锋更强（汤毓祥，1996）。近年来也有利用AVHRR卫星的海表面温度数据，分析锋面分布状况的季节变化的研究（刘传玉，2009）。

2.1.2.3 中国浅海温盐变化的主要影响因素

中国浅海海域非常广阔，南海和东海东南部水比较深，与大洋沟通方便，温盐特征、水团结构和环流状况受大洋影响显著，而渤海、黄海和东海的大部分海域都属浅海，受东亚大陆和季风影响显著。中国浅海的温盐预报具有许多不同的特点，深度变化大、陆架宽广、径流强、暖流强、季风区等是影响中国浅海温盐特征的主要因素（苏纪兰，2005）。

1. 黑潮暖流

这是著名的西边界强化流，它所携带的水量与热量非常巨大，把太平洋热带海域的气候及海洋热状况变化带到中国海，进而影响我国近海温盐状况。东海黑潮主轴的摇摆对我国东海水文状况影响很大。黑潮暖流的主要分支——台湾暖流、对马暖流以及黄海暖流所携带的是典型的高温高盐水，它们的盛衰消长对渤、黄、东海的温盐分布变化、水团消长均具有重要影响。黑潮水系的各层水团也是我国东海东南海区温盐垂直分布的重要影响因素。

2. 大陆径流

我国入海江河众多，径流量巨大，河口海域的温盐特征受径流和外海水的共同制约。黄河平均径流量$423\times10^8 m^3$/年，可使渤海海峡水位增高1m；长江平均径流量$9240\times10^8 m^3$/年，可使东海水位增高1m，长江水在夏季环流的作用下可达济州岛附近，而秋、冬季节在偏北风作用下形成沿岸环流从而使冲淡水团沿岸南下，一直影响到台湾海峡。此外，还有众多河流也对区域海水的温盐特征产生一定影响，如珠江、鸭绿江、钱塘江、闽江等。

3. 海底地形、岸线

浅海中海水的温度分布与变化与海底地形以及岸线分布有着密切关系。冬季，由于陆地的影响水温的经向梯度很大，尤其是在东海大陆架区域和南海北部沿岸区域；东海东部和黄海中央有明显的高温水舌，其走向大致与海槽走向一致。夏季，出现在黄海底层的冷水团也主要是由地形引起的。复杂的岸线可以显著地影响局地温盐结构，这使得在数值预报此类海区的温盐时困难较大。此外，岛屿影响环流结构和温盐场，在数值预报时它又是多联通域，给数值预报造成很大困难。

4. 强风

大风引起强烈涡动混合，在冬季强风伴随剧烈降温而致的对流混合共同作用，在浅海可以直接影响到海底，如渤海的冬季寒潮时期。冬季盛行的强北风，对鲁北沿岸流的形成和闽浙沿岸流的变动等都有显著影响。台风的艾克曼抽吸使局地深层冷水上升，台风过境后表层可留下明显的冷水尾迹。

5. 潮汐、潮流

短周期的潮波可诱发内波的生成，从而形成水温和盐度的剧烈日变化（水温日变差可达十几度）。潮流引起的海水水平方向流动也使水温、盐度产生日变化。这些因素都给温度和盐度的短期预报带来困难。此外，底层的潮混合对水温的分布和变化都有显著影响，如辽东、山东、苏北沿岸及近海，夏季经常会出现冷水区。

6. 冷水团

黄海中部和渤海中部的地形凹陷处，夏季都有相当稳定的冷水团存在，尤其在黄海中部。冷水团与其上的高温低盐水之间有很强的跃层，潮汐、风浪的扰动可在跃层上诱发内波，进而使该海区的夏季温盐预报更加困难。

2.2　定点时间序列分析方法

海洋要素温盐资料（尤其是水温资料）的获取，比气象资料困难得多。数量少、序列短，站位、层次、观测的时间间隔等都不符合统计预报的要求。空间上连不成片，时间上不连续。时空上不是同步大面资料，大部分是走航调查资料。这给水温预报构成极大困难。针对定点的时间序列方法，本章从统计分析的影响因子选取和组合入手，着重介绍了常用的多元线性回归方法以及处理非平稳、非线性数据有明显优势的经验模态分解法。

2.2.1　多元统计分析

随着海洋观测手段的逐渐丰富，以及计算条件的不断升级，我们获取了越来越多的海洋水文观测数据，并得以迅速而有效的处理。而近代统计分析方法的迅速发展，相继引入海洋学中，使用它们及时处理和分析来自潜标、浮标、船舶、航空、甚至是卫星等观测手段得到的大量资料，使得海洋资料分析和预报也得到了很快的发展。

2.2.1.1　影响因子及组合

1）影响因子的概念

为了改善单纯由水温资料进行自回归分析预报的弊端，需要考虑外界因子对水温变化的影响，把这些其他因子引入多元回归分析预报方程，这些外界因子即为水温预报的影响因子。这些因子可以是直接观测得到的物理量如风速，也可以是经过统计或组合的物理量如风应力等。

2）影响因子的挑选

影响水温变化的因子很多，但所起的作用不一样，因此必须从众多的影响因子中把主要影响因子挑选出来。挑选的一般原则是：

（1）从物理机制上选配因子。首先应从物理机制上选取对水温分布变化影响大的因子来进行组合。

（2）选取资料质量优良的因子。要仔细分析各相关因子的资料质量，资料质量不好的因子不应选取进来。

（3）选取资料提供及时的因子。为了保证能尽快地提前把预报量的预报结果向社会发布传送，各影响因子的资料获取应比预报量资料有一定的提前时间，保证在规定的一定时间之前及时提供给预报单位。

（4）选取资料来源可靠的因子。选取的影响因子资料来源必须可靠，不能中断。例如无论从机制上还是从统计学意义上，黑潮区前期水温对东海水温预报都是很有用的，但黑潮区某地点某具体时刻的水温实况资料却不宜选作影响因子。因为就目前的技术手段而言，某地点某时刻的水温实况值只能靠卫星遥感图片反演获得，而卫星遥感图片获取的水温值对云很敏感，因此遥感获取的云遮蔽区的水温是不可靠的。如果选取前期某段时间的水温平均值作为影响因子，虽然从资料质量上有所下降，但能保证资料的及时提供，美国、欧盟、日本等发达国家和组织都能定期发布这些资料。

3）影响因子的组合

物理海洋中直接能观测到的因子数量较少，同时预报量对这些直接观测到的因子的响应也不一定很显著，但如果对这些影响因子进行某些组合，其显著性可能会有明显提高。例如，黑潮区某单站的水温变化对黄东海的水温变化是有影响的，但该站的水温观测值与东海水温的预报值的相关性并不一定显著，如果把水温资料组合为某时段的温度差，或者是某两个观测站的温度差，则显著性可大为提高。从物理机制上讲，这是由于温度差值直接反映了热量的传输，因而相关性应该更好。

一种因子或几种因子通过简单代数组合或函数形式组合出另一种参量，前者在水温预报中最为常使用，常用的形式有：

平均值 $\bar{X}=\frac{1}{m}\sum_{i=1}^{m}X_i$　　变差值 $\delta X_i=X_{i+1}-X_i$

距平值 $\Delta X_i=X_i-\bar{X}$　　累加值 $X_k'=\sum_{i=1}^{k}X_i$

前后期差值 $\delta X=X-X_0$　　差值累加值 $Y_k'=\sum_{j=1}^{i}\left(Y_j-X_j\right)$

每种组合因子都具有一定的物理意义，如平均值代表了该参量的平均状况，距平值反映了该参量的变异强度，前后期的气温差代表了海水的热收支强度等。通过函数计算得到组合因子的例子有，如根据平衡方程计算出的热平流量、海面热通量以及通过分析计算分离出来的因子等。实际工作中通常是从其物理意义出发，对函数关系进行简化，使组合既具有某种某些物理意义而又方便于计算。如前期平均水温 T_0 代表海水热含量；气压时变率 $\partial p/\partial t$ 代表气压系统活动；垂直梯度 $\Delta T/\Delta z$ 代表垂直稳定度等。

2.2.1.2 回归分析

回归分析在温盐统计分析与预报中应用非常广泛。回归分析预报的出发点是利用水温（或盐度）与水文、气象条件的历史资料，建立它们之间的统计经验关系，并假定这一统计关系可以外推，从而利用影响因子的未来数据，就可对未来时刻的水温（或盐度）做出预报或预测。

从方法本身和计算技巧来看，已发展得相当成熟，形成了多元线性回归、阶段回归、逐步回归、正交化回归、非线性逐步回归和稳健回归等具体算法。本节重点介绍多元线性回归方法。

1）回归方程的建立

设某观测点的水温或盐度的时间序列为 Z_k（k=1，2，…，n），如果预报因子有 m 个，$X_{i,k}$（i=1，2，…，m；k=1，2，…，n），且满足统计学理论要求的 n 远大于 m，则有多元线性回归方程，

$$\hat{Z}_k = a_0 + a_1 X_{1k} + a_2 X_{2k} + \cdots + a_m X_{mk} \tag{2.1}$$

把数据变为标准化变量，式（2.1）变为

$$\hat{Z}_k = b_1 X_{1k} + b_2 X_{2k} + \cdots + b_m X_{mk} \tag{2.2}$$

由最小二乘准则可知，要求得式（2.2）中各系数的值，应使残差平方和 Q 达到最小，即

$$Q = \sum_{k=1}^{n} (Z_k - \hat{Z}_k)^2 \tag{2.3}$$

$$\frac{\partial Q}{\partial b_i} = 0,\ i = 1, 2, \cdots, m \tag{2.4}$$

将式（2.2）、（2.3）代入式（2.4）得

$$\begin{cases}\sum_{k=1}^{n}\left(Z_k-b_1X_{1k}-b_2X_{2k}-\cdots-b_mX_{mk}\right)X_{1k}=0\\ \sum_{k=1}^{n}\left(Z_k-b_1X_{1k}-b_2X_{2k}-\cdots-b_mX_{mk}\right)X_{2k}=0\\ \cdots\\ \sum_{k=1}^{n}\left(Z_k-b_1X_{1k}-b_2X_{2k}-\cdots-b_mX_{mk}\right)X_{mk}=0\end{cases}\tag{2.5}$$

对于标准化变量，有法方程

$$\begin{cases}r_{11}b_1+r_{12}b_2+\cdots+r_{1m}b_m=r_{1z}\\ r_{21}b_1+r_{22}b_2+\cdots+r_{2m}b_m=r_{2z}\\ \cdots\\ r_{m1}b_1+r_{m2}b_2+\cdots+r_{mm}b_m=r_{mz}\end{cases}\tag{2.6}$$

相关系数 r_{ij}（i，j=1，2，…，m）及 r_{iz} 可由预报量和预报因子的观测资料计算出来，于是问题变为如何准确地求解法方程（2.6），下面给出高斯迭代求解方法和高斯-若尔当消去法。

2）回归系数的求解

（1）高斯迭代法

以 i、j 分别表示法方程系数矩阵的行和列，s 表示施行迭代消去的次数，则有

$$r_{ij}^{(s)}=\begin{cases}r_{ij}^{(s-1)}-r_{is}^{(s-1)}-r_{sj}^{(s-1)}/r_{ss}^{(s-1)} & j\neq s\\ 0 & j=s\end{cases}\tag{2.7}$$

$$s=1,2,\cdots,m-1$$
$$i=s+1,s+2,\cdots,m$$
$$j=s+1,s+2,\cdots,m,m+1$$

其中 $j=m+1$ 对应式（2.6）方程右侧的那一列。取 s=1，进行第一次消元，如果 $r_{11}\neq 0$，

$$\begin{cases}r_{11}b_1+r_{12}b_2+r_{13}b_3+\cdots+r_{1m}b_m=r_{1,m+1}\\ r_{22}^{(1)}b_2+r_{23}^{(1)}b_3+\cdots+r_{2m}^{(1)}b_m=r_{2,m+1}^{(1)}\\ r_{32}^{(1)}b_2+r_{33}^{(1)}b_3+\cdots+r_{3m}^{(1)}b_m=r_{3,m+1}^{(1)}\\ \cdots\\ r_{m2}^{(1)}b_2+r_{m3}^{(1)}b_3+\cdots+r_{mm}^{(1)}b_m=r_{m,m+1}^{(1)}\end{cases}\tag{2.8}$$

由式（2.7）取 s=2 进行第二次消元，如果 $r_{22}^{(1)}\neq 0$，有

$$\begin{cases} r_{11}b_1 + r_{12}b_2 + r_{13}b_3 + \cdots + r_{1m}b_m = r_{1,m+1} \\ \quad r_{22}^{(1)}b_2 + r_{23}^{(1)}b_3 + \cdots + r_{2m}^{(1)}b_m = r_{2,m+1}^{(1)} \\ \quad\quad r_{33}^{(2)}b_3 + \cdots + r_{3m}^{(2)}b_m = r_{3,m+1}^{(2)} \\ \quad\quad\quad \cdots \\ \quad\quad r_{m3}^{(2)}b_3 + \cdots + r_{mm}^{(2)}b_m = r_{m,m+1}^{(2)} \end{cases} \tag{2.9}$$

如此再取 s=3，4，…，m-1，得到最终方程，

$$\begin{cases} r_{11}b_1 + r_{12}b_2 + r_{13}b_3 + \cdots + r_{1m}b_m = r_{1,m+1} \\ \quad r_{22}^{(1)}b_2 + r_{23}^{(1)}b_3 + \cdots + r_{2m}^{(1)}b_m = r_{2,m+1}^{(1)} \\ \quad\quad r_{33}^{(2)}b_3 + \cdots + r_{3m}^{(2)}b_m = r_{3,m+1}^{(2)} \\ \quad\quad\quad \cdots \\ \quad\quad\quad\quad r_{mm}^{(m-1)}b_m = r_{m,m+1}^{(m-1)} \end{cases} \tag{2.10}$$

由上式的最后一式得

$$b_m = r_{m,m+1}^{(m-1)} \Big/ r_{m,m}^{(m-1)} \tag{2.11}$$

将它代入倒数第二个方程，可得 b_{m-1}，再代入倒数第三个方程可得 b_{m-2}，如此进行下去，直到第一个方程可得 b_1，从而可解出 m 个回归系数 b_i。回代过程可写成

$$b_s = (r_{s,m+1}^{(s-1)} - \sum_{j=m}^{s+1} r_{sj}^{(s-1)} b_j) \Big/ r_{ss}^{(s-1)} \text{，} s=1\text{，}2\text{，}\cdots\text{，}m-1 \tag{2.12}$$

这种方法有时会因 r_{ss} 过小而导致计算溢出，可采用全主元消去法或列主元消去法等。

（2）高斯-若尔当消去法

把方程组（2.6）的系数和右端项写成矩阵

$$_mR_z = \begin{bmatrix} r_{11} & r_{12} \cdots & r_{1m} & r_{1z} \\ r_{21} & r_{22} \cdots & r_{2m} & r_{2z} \\ \vdots & \vdots & \vdots & \vdots \\ r_{m1} & r_{m2} \cdots & r_{mm} & r_{mz} \end{bmatrix} \tag{2.13}$$

通过矩阵变换可以直接求解方程而不需要像高斯法那样需要回代，消去过程也不一定按行列的原顺序。把未消去前的矩阵 $_mR_z$ 记作 $_mR_z^{(0)}$，那么矩阵第 s 次消去的迭代形式为

$$r_{ij}^{(s)}=\begin{cases}r_{kj}^{(s-1)}\Big/r_{kk}^{(s-1)}, & (i=k,j\neq k)\\ r_{ij}^{(s-1)}-r_{ik}^{(s-1)}r_{kj}^{(s-1)}\Big/r_{kk}^{(s-1)}, & (i\neq k,j\neq k)\end{cases}\tag{2.14}$$

式中 i 表示行，j 表示列，k 为要消去的那一行（列）。对于按顺序消去，消去次数 s 等于主消行 k。下面以二个变量为例给出具体的消去过程。

$$_{2}R_{z}=\begin{bmatrix}r_{11}^{(0)} & r_{12}^{(0)} & r_{1z}^{(0)}\\ r_{21}^{(0)} & r_{22}^{(0)} & r_{2z}^{(0)}\end{bmatrix}$$

①顺序消去法

假设第一次消去 s=1 第 k=1 行，由公式（2.14）可得

$$_{2}R_{z}^{(1)}=\begin{bmatrix}1 & r_{12}^{(1)}\Big/r_{11}^{(1)} & r_{1z}^{(0)}\Big/r_{11}^{(0)}\\ 0 & r_{22}^{(0)}-r_{21}^{(0)}r_{12}^{(0)}\Big/r_{11}^{(0)} & r_{22}^{(0)}-r_{21}^{(0)}r_{1z}^{(0)}\Big/r_{11}^{(0)}\end{bmatrix}=\begin{bmatrix}1 & r_{12}^{(1)} & r_{1z}^{(1)}\\ 0 & r_{22}^{(1)} & r_{2z}^{(1)}\end{bmatrix}$$

即第一列被消去，除主对角线元素为 1 外其余元素全为 0，因而在以后的消去运算中，此列不再起作用，而右端项的当前值

$$r_{1z}^{(1)}=r_{1z}^{(0)}\Big/r_{11}^{(0)}$$

恰为只含第一个变量的回归方程 $Z_k=b_i^{(1)}X_{1k}$ 的回归系数 $b_1^{(1)}=r_{1z}/\ r_{11}$。

第二次消去 s=2，令主消行 k=2，得

$$_{2}R_{z}^{(2)}=\begin{bmatrix}1 & 0 & r_{1z}^{(1)}-r_{12}^{(1)}r_{2z}^{(1)}\Big/r_{22}^{(1)}\\ 0 & 1 & r_{2z}^{(1)}\Big/r_{22}^{(1)}\end{bmatrix}=\begin{bmatrix}-1 & 0 & r_{1z}^{(2)}\\ 0 & 1 & r_{2z}^{(2)}\end{bmatrix}$$

第 2 列被消去。而前二行右端项的当前值，为二个变量的回归方程 $Z_k=b_1X_{1k}+b_2X_{2k}$ 所对应的回归系数 $b_1^{(2)}$ 和 $b_2^{(2)}$

$$b_1^{(2)}=\left(r_{1z}-r_{12}r_{2z}/r_{22}\right)\Big/\left(r_{11}-r_{21}r_{12}/r_{22}\right)$$

$$b_2^{(2)}=\left(r_{2z}-r_{21}r_{1z}/r_{11}\right)\Big/\left(r_{22}-r_{21}r_{12}/r_{11}\right)$$

因而，对系数矩阵每消去一列，就等价于在回归方程中引入一个变量。

②非顺序消去法

第一次消去 s=1，主消行 k=2，等价于引入第二个变量的回归方程 $Z_k=b_2^{(1)}X_{2k}$。第二次消去 s=2，主消行 k=1，等价于引入第二个变量 $Z_k=b_1^{(2)}X_{1k}+b_2^{(2)}X_{2k}$，其结果与顺序消去是一样的，这里不再证明。

3）回归效果检验

所建立的回归方程是否反映了真实情况，预报精度如何，应该给出客观地估计，如：①各因子和预报量 Z 的线性相关性如何，②总相关系数 $R^{(m)}$ 有多大以及③用该回归方程对预报量 Z 进行预报时的误差有多大等。

（1）回归预报的显著性 F 检验

序列 Z_k 的总离差平方和

$$D=\sum_{k=1}^{n}\left(Z_k-\bar{Z}\right)^2 \tag{2.15}$$

可分解为

$$\begin{aligned}D&=\sum_{k=1}^{n}\left(Z_k-\bar{Z}\right)^2=\sum_{k=1}^{n}\left[\left(Z_k-\hat{Z}\right)+\left(\hat{Z}_k-\bar{Z}\right)\right]^2\\&=\sum_{k=1}^{n}\left(Z_k-\hat{Z}_k\right)^2+\sum_{k=1}^{n}\left(\hat{Z}_k-\bar{Z}\right)^2+2\sum_{k=1}^{n}\left(Z_k-\hat{Z}_k\right)\left(\hat{Z}_k-\bar{Z}\right)\\&=\sum_{k=1}^{n}\left(Z_k-\hat{Z}_k\right)^2+\sum_{k=1}^{n}\left(\hat{Z}_k-\bar{Z}\right)^2=Q+V\end{aligned} \tag{2.16}$$

其中 $\hat{Z}_k$ 为回报值，$Q=\sum_{k=1}^{n}(Z_k-\hat{Z}_k)^2$ 是残差平方和，而 $V=\sum_{k=1}^{n}(\hat{Z}_k-\bar{Z})^2$ 称为回归平方和。残差平方和 Q 小则回归效果好，由于总离差平方和是一定的，这就要求 V 大，因此实际分析中是 $\frac{V}{Q}$ 越大回归效果越好。则判断 m 个因子与预报量之间的线性关系显著的 F-检验参量为

$$F=\frac{V^{(m)}/m}{Q^{(m)}/(n-m-1)} \tag{2.17}$$

式中，$V^{(m)}$ 是 m 个因子的回归平方和，m 是其第一自由度 f_1；$Q^{(m)}$ 为对应的残差平方和，（$n-m-1$）是第二自由度 f_2。由给定的置信水平 α 和自由度 f_1、f_2 查 F 分布表，可得 F 的理论临界值，如果算出的 F 值大于理论值，则说明 m 个预报因子对预报量的回归在 α 的置信水平上显著。

（2）总相关系数和剩余标准差

m 个因子和预报量的总相关系数 $R^{(m)}$ 为

$$R^{(m)}=\sqrt{\frac{V^{(m)}}{D}}=\sqrt{1-\frac{Q^{(m)}}{D}} \tag{2.18}$$

残差平方和除以自由度为剩余方差

$$S_z^2 = \frac{Q^{(m)}}{n-m-1} \tag{2.19}$$

其平方根为剩余标准差

$$S_z = \sqrt{\frac{Q^{(m)}}{n-m-1}} \tag{2.20}$$

它考虑了残差平方和的自由度，且与预报量的量纲一致，是检验回报效果的重要参量。剩余方差表示除 m 个因子的线性影响之外，其他随机因素对 y 的方差贡献。剩余方差越小，回归效果越好，反之则回归效果越差。

（3）计算结果的复原

分析过程中的标准化数据已不是原来的物理量本身，因此对标准化变量建立起的分析预报方程，在进行预报时需要还原成原始的真实值关系，这样可以直接由相关因子的观测值预报出预报量的未来值。

4）曲线回归

海洋水温和盐度的变化极为复杂，因此它们与相关因子的关系一般也就不是线性这么简单，而往往是一种非线性关系，这对资料的分析预报带来很多困难。由于线性关系的处理方法已比较成熟，因而总是把非线性关系首先转化为线性关系，再利用现有的线性回归方法来解决非线性问题。

多元非线性回归方程的一般形式可写为

$$Z = f\left(X_1, X_2, \cdots, X_m\right) \tag{2.21}$$

m=1 对应着单因子的回归，此时可根据各相关因子的变化情况，选取已知的函数去拟合它，再通过一些变换变化成线性形式，这里只简单地介绍一下这种单因子情况下的几个典型个例。m>1 时的多因子回归比较复杂，要视具体问题寻求不同的办法解决，这里不作介绍。

（1）幂函数 $Z=aX^b$

两边取对数，得

$$\ln Z = \ln a + b \ln X$$

取 $u=\ln Z$，$v=\ln X$，用 u，v 作为新变量，则有新预报因子与预报量之间的线性关系式

$$u = \ln a + bv$$

（2）指数函数 $Z = ae^{bX}$

两边取对数，得

$$\ln Z = \ln a + bX$$

令 $u = \ln Z$，从而可得新预报因子与预报量之间的线性关系式

$$u = \ln a + bX$$

（3）多项式函数

预报量与预报因子的 r 阶多项式关系的一般形式为

$$Z = a_0 + a_1X + a_2X^2 + \cdots + a_rX^r$$

令 $X_1=X^1$，$X_2=X^2$，…，$X_r=X^r$，则上式变为多元线性回归关系

$$Z = a_0 + a_1X_1 + a_2X_2 + \cdots + a_rX_r$$

2.2.2 经验模态分解法

经验模态分解（empirical mode decomposition，EMD）方法是由 Huang 等（1998）提出的用以分析时间序列的有效方法，此后该方法得到了一些改进和发展。它可以将复杂的数据，甚至是一些脉冲信号，分解成为有限的几个本征模态。此方法建立在数据所蕴含的特征时间尺度的基础上，对数据中各种不同特征时间尺度有关的能量进行直接提取，这与建立在先验性基函数上的 Fourier 分解与小波分解方法具有本质性的差别。经验模态分解在理论上可以应用于任何类型的时间序列分解，尤其是在处理非平稳、非线性数据上具有非常明显的优势，被广泛应用于非平稳海洋和大气数据分析、地震信号和结构、桥梁和建筑物状况监测、生物医学信号、机械故障诊断和太阳辐射变化等领域。

2.2.2.1 经验模态分解法简介

经验模态分解方法的基本思想是认为序列的非平稳特性是由不同尺度波动叠加而成的，该方法的目的就是将这些不同的尺度分离。从本质上讲是对一个信号进行平稳化处理，其结果是将信号中真实存在的不同尺度波动或趋势逐级分解开来，产生一系列具有不同特征尺度的数据序列，每一个序列称之为一个本征模态函数（intrinsic mode function，IMF）。

本征模态函数代表了蕴含在数据中固有的振荡模态，尤为重要的是，本征模态函数并不是限制在某一个窄波段信号，而是一种振幅和频率调制的成分，在这里，振幅和频率是时间的渐变函数。一个本征模态函数中可能含有不止一种时间

尺度的振动，而且在相邻的本征模态函数中可能包含有相同时间尺度的振动，但是它们绝不会发生在相同的时间点上。

本征模态函数的产生是建立在以物理时间尺度为振动现象特征的基础上，得到的本征模态函数可以看作是广泛意义上的 Fourier 展开的基底，且具有完整性和正交性，更重要的是它的适应性，即对应于不同的物理现象有不同的基底。

本征模态函数应是满足以下两个条件的数据集（Huang et al.，1998）：

①在整个数据集上，其局部极值点的个数和跨零点的个数相同或至多相差为1，即在相邻的两个上跨零点之间只有一个极大值点和一个极小值点。

②由极大值点所定义的上包络与由极小值点所定义的下包络的平均值为零。

2.2.2.2　分析步骤

经验模态分解法是通过数据的特征时间尺度来分解，获得时间序列的本征模态，这种分解过程可以形象地称之为“筛选（sifting）”过程。

具体分析步骤为：

1）第一个 IMF 成分提取

找出原始序列的极大值和极小值，形成两个新的序列，然后分别对这两个序列作 3 次样条拟合，得到极大值和极小值的包络，如图 2.4a 所示，然后将极值包络平均得到 m_1，再从原数据 $x(t)$中减去（图 2.4b）

$$x(t)-m_1=h_1$$

重复上述过滤过程（图 2.4c），得到

$$h_1-m_{11}=h_{11}$$

$$\cdots\cdots$$

$$h_{1(k-1)}-m_{1k}=h_{1k}$$

式中，m_{1k}、h_{1k} 这两个向量分别代表第 k 次过滤过程中极值包络的平均和去掉极值包络平均的部分，在经过 k 次过滤后，我们得到 h_{1k}（图 2.4d）。在实际操作中利用限制标准差 sd 的值作为本征模态函数的判据，即 h_{1k} 应满足 $0.2<sd<0.3$，其中

$$sd=\sum_{t=0}^{T}\left[\frac{\left|h_{1(k-1)}(t)-h_{1k}(t)\right|^2}{h_{1(k-1)}^2(t)}\right]$$

则可认为，h_{1k} 就是我们所要找的第一个 IMF 成分，设 $c_1 = h_{1k}$，而 c_1 中包含了 $x(t)$中的高频波动成分。

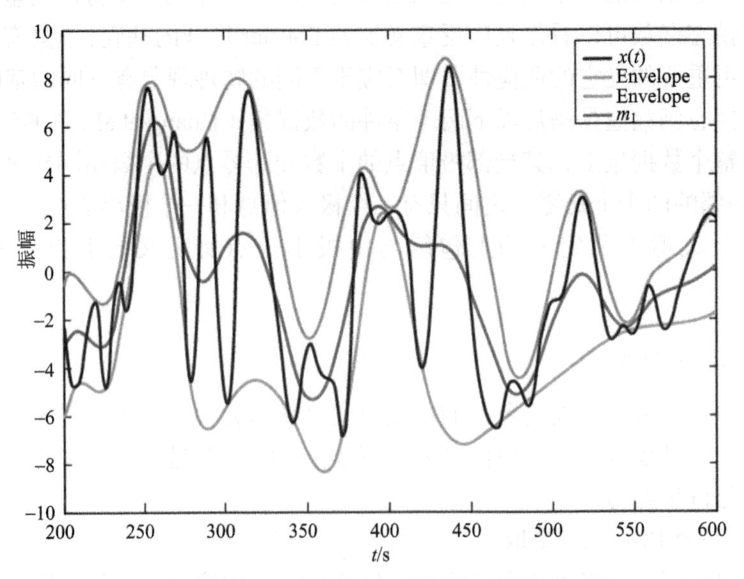

a. 原始数据 $x(t)$、极大值和极小值包络、平均包络 m_1

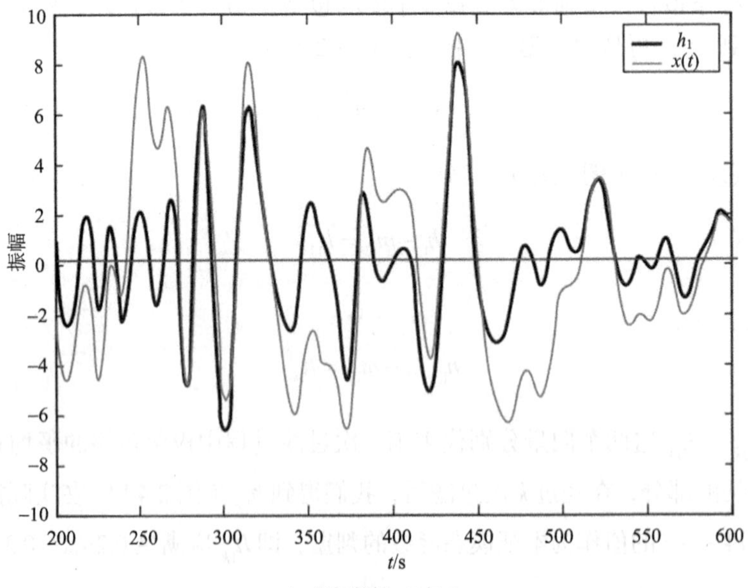

b. 原始数据 $x(t)$与 h_1

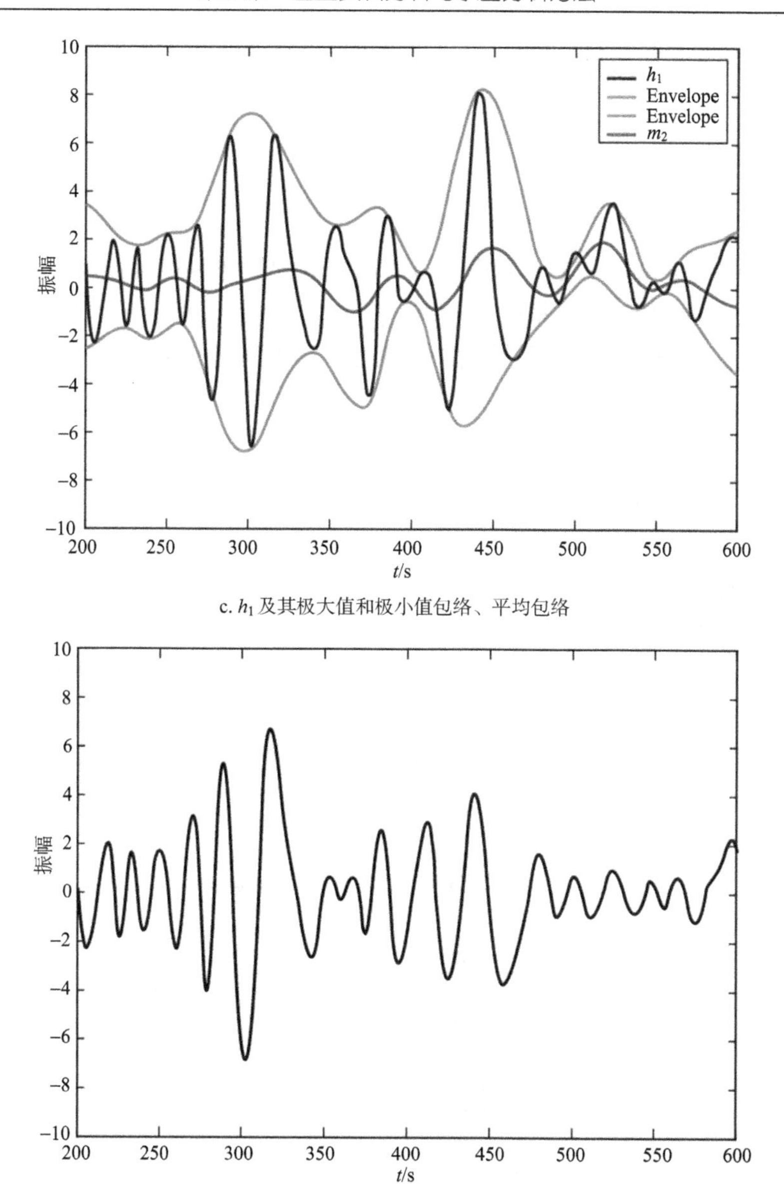

c. h_1 及其极大值和极小值包络、平均包络

d. 第 12 次过滤得到的第一个本征模态函数

图 2.4　经验模态分解法分析步骤（Huang and Shen，2005）

2）n 个模态的提取和剩余部分的分离

将 c_1 从原始数据中剔除

$$x(t) - c_r = r_1$$

r_1 中还包含有更长周期成分的信息，将 r_1 作为一个新的原始数据，重复步骤 1），会

得到c_2，然后再将c_2从r_1中剔除后的数据作为r_2，就这样将过滤过程一直重复下去，

$$r_1 - c_2 = r_2$$
$$\cdots$$
$$r_{n-1} - c_n = r_n$$

直至r_n成为一个单调的函数，其内部没有固有的周期成分可供提取（事实上，有时候仍有较长的周期成分存在，但是由于资料序列短，显示不出足够长度的周期，因而无法提取出这样的长周期振动成分，影响所求出的趋势的精度）。这样便得到

$$x(t) = \sum_{t=1}^{n} c_t + r_n$$

式中，c_1、c_2、…、c_n分别包含了$x(t)$中的高频、次高频、低频波动成分，直到线性或非线性趋势项，最后得到n个经验模态和一个剩余部分r_n，r_n是趋势变化项或常数。从滤波的角度看，EMD 的筛选过程是将局部的高频、低频、较低频分量依次提取出来的，实现在整个时间域内频率相互混叠能够在局部频率进行分离。滤波的结果保留了非线性和非稳态特性，得到的 IMF 具有波内调制特性（intra-wave modulation），能把本身只能由 Fourier 频率表达的同一成分的信息浓缩到一个成分内部（孙晖，2005）。当n>1 时，经验模态分解法的“筛选”流程如图 2.5 所示。

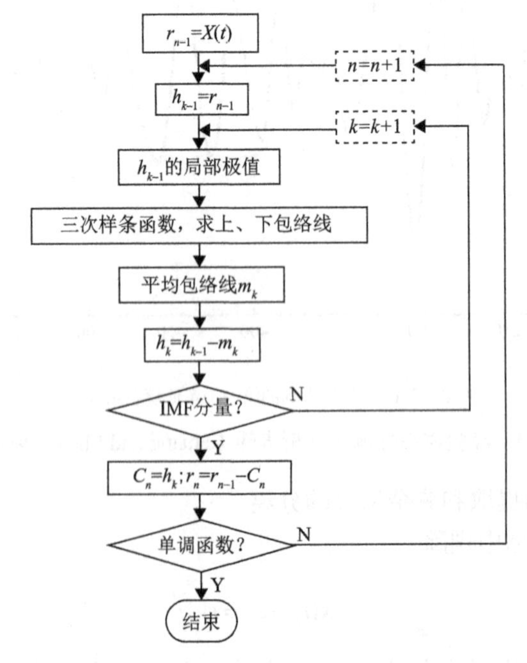

图 2.5　经验模态分解法流程图（Huang and Shen，2005）

每一个 IMF 函数可以是线性的，也可以是非线性的，关于其完备性和正交性讨论，参见 Huang 等（1998），在此不作详细介绍。

3）瞬时频率

将得到的 IMF 作希尔伯特转换，获取资料的瞬时频率，就可得到有物理意义的频率，EMD 方法又被称之为希尔伯特-黄变换（Hilbert-Huang Transform，HHT）。

在平稳信号的分析和处理中，我们提到的频率指的是 Fourier 变换的参数 f:

$$X(f)=\int_{-\infty}^{+\infty} x(t)\mathrm{e}^{-j2\pi ft}\mathrm{d}t$$

并将 f 称为 Fourier 频率，它与时间无关。

对于非平稳信号而言，Fourier 频率不再是合适的物理量，因为非平稳信号的频率是随时间变化的，如线性调频信号。瞬时频率最早由 Carson 与 Fry 和 Gabor 分别定义，而两种定义不同，后来 Ville 统一了这两种不同的定义，将信号 $s(t)=a(t)\cos\varphi(t)$ 的瞬时频率定义为

$$f(t)=\frac{1}{2\pi}\frac{\mathrm{d}}{\mathrm{d}t}[\arg z(t)]$$

其中，下标 i 代表瞬时，$z(t)$ 为信号 $s(t)$ 对应的解析信号，由 Hilbert 变换得到。Ville 进一步注意到：由于瞬时频率是时变的，所以应该存在有与瞬时频率相对应的瞬时谱，并且该瞬时谱的平均频率即为瞬时频率（Boashash，1992），即 $<f>=<f_i>$，其中：

$$<f>=\frac{\int_{-\infty}^{+\infty} f\left|Z(f)\right|^2\mathrm{d}f}{\int_{-\infty}^{+\infty}\left|Z(f)\right|^2\mathrm{d}f}$$

$$<f_i>=\frac{\int_{-\infty}^{+\infty} f_i\left|Z(f)\right|^2\mathrm{d}f}{\int_{-\infty}^{+\infty}\left|Z(f)\right|^2\mathrm{d}f}$$

这就是瞬时频率的传统定义——解析信号相位求导定义。根据其定义可知，瞬时频率可以表示为相位的导数。相位导数能否满足我们对瞬时频率的直观概念，这是一个重要问题；此外如果瞬时频率是相位的导数，那么要使用什么样的相位？根据这个定义，实际信号的瞬时频率是零，这显然是个悖论。克服这一困难的方法是引入解析信号的概念（黄永平，2007）。

2.2.2.3 经验模态分解法的几个问题

在现有的信号处理方法中，Fourier 变换能够在频域内得到非常高的分辨率，但在时域内却失去了分辨能力。小波变换能够在时域和频域内同时得到较高的分辨率，但仍存在一定局限（Farge，1992）。这种限制在通常情况下会造成很多虚假的谐波，而因此进行的分析存在物理意义的代表性差的可能。在线性框架下基于 EMD 分解的希尔伯特谱与小波谱具有相同的表现特性；希尔伯特谱在时域和频域内的分辨率远远高于小波谱，以此得到的分析结果能够准确地反映出系统原有的物理特性，而 EMD 方法比小波方法有更强的局部特性，因此针对强间歇性信号，EMD 方法是很好的分析方法。此外，EMD 方法的平稳化处理过程简单，快速有效；得到的 IMF 是完备和正交的且通常个数有限，基于局部特征具有自适应性；三次样条插值具备相当稳定性与收敛性的同时，尤为重要的是其在观测点上具有充分光滑性（黄大吉等，2003；刘慧婷等，2004）。必须指出的是，EMD 方法还存在端点效应和异常事件影响等问题。

1）端点效应

由于信号长度的限制，在对信号进行分解时，信号的两端不能确定是否为极值，采用三次样条函数拟合信号极值时，必定会使上、下包络线在信号的两端产生较为严重的波动或者扭曲，而且这种波动还会进一步"污染"本征模态函数，造成 IMF 在端点附近可能出现发散现象，进而影响希尔伯特谱，这就是经验模态分解的端点问题。以左端点为例，如果该点为极大值点，则上包络线可以把它作为左端终点，不会发生大幅度的摆动；对于下包络线由于左端点不是极小值点，则无法确定它的左端终点，产生大幅度的摆动，给筛选过程引入误差。

对于较长的时间序列，可以根据极值点的情况，舍弃两端的数据来保证所得到的包络失真度最小；对于短时间序列则不可行。若信号只存在 3 个极大值点和 4 个极小值点（图 2.6），因此所得到的上下包络线都出现了失真，尤其是上包络线在数据的两端出现了巨大的失真。同时，由于信号序列短，由端点处造成的包络误差已经"污染"到整个数据序列，这种偏差如果得不到有效的抑制，所得结果的真实性就无从谈起。另一方面，利用三次样条进行曲线拟合出现这样的问题也是很自然的，由于三次样条插值时需要用到前后各两个邻近点，解决问题的有效途径是在数据序列的两端各增加两个极大值点和两个极小值点。

针对端点效应，已有相关的方法研究，如利用特征波对原始信号进行延拓（Huang et al.，1998；杜爱明等，2007），正交多项式拟合法（朱金龙和邱晓晖，2006），神经网络法（邓拥军等，2001），包络镜像闭合延拓法（Huang et al.，2001；Zhao and Huang，2001），自回归模型（张郁山等，2003），快速滤波的分解方法（张立振，2006）等。

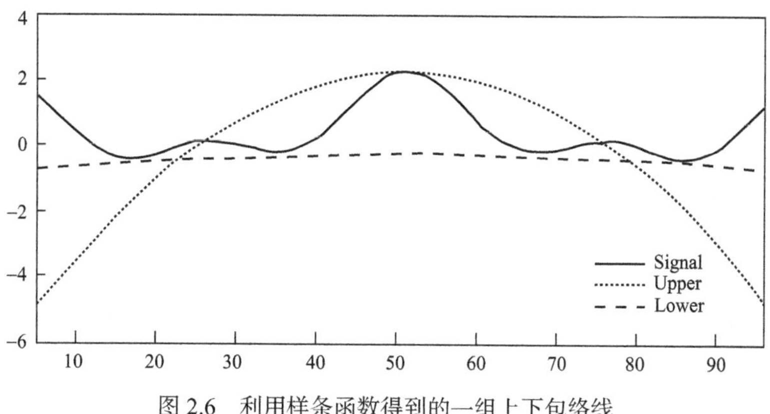

图 2.6　利用样条函数得到的一组上下包络线

2）异常事件的影响

EMD 方法的分解过程依赖数据本身包含的变化信息，这是 EMD 方法的主要优点。但是，如果在真实过程中由于某种原因发生异常事件，数据就会在某一段时间内出现高频信号。在分解结果中，第一个模态就会包括正常信号和那段高频信号，在出现高频信号的地方，正常信号被推移到下一个模态。这样就会造成两方面的问题：在第一模态出现两种频率的混叠现象，使得该模态不能表现正常的频率过程；另一方面，在第二模态中出现与第一模态的正常频率相对应的信号，使第二模态也出现频率混叠。这种混叠可以一直延续到最后一个模态（赵进平，2001）。图 2.7 是一个余弦振荡信号 a 与一个异常事件 b 相叠加的信号 a+b。

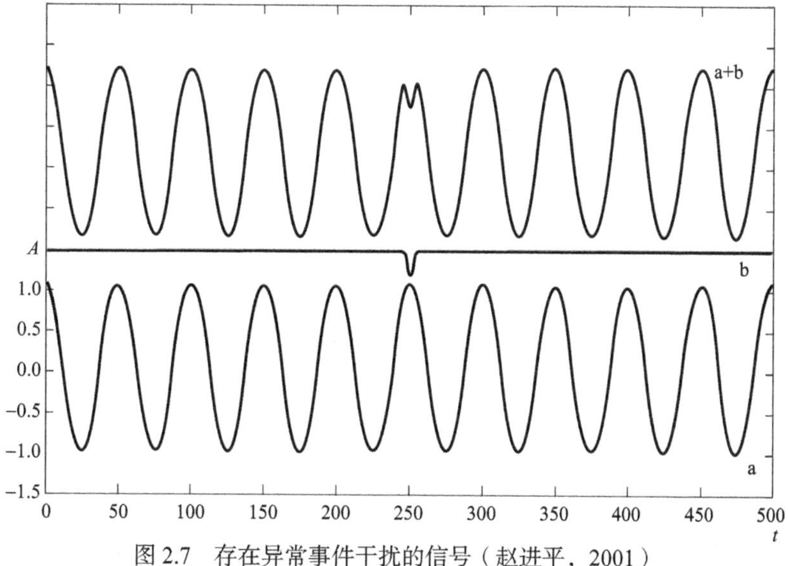

图 2.7　存在异常事件干扰的信号（赵进平，2001）

a. 正常的余弦信号；b. 异常事件；a+b. 合成信号

对这种信号进行 EMD 分解，各个模态都受到严重影响（图 2.8）。在第一模态受干扰部分的余弦信号几乎无法看出，第二个模态出现第一模态的频率，并且不合理地扩展到很宽的范围。后面的模态也都受到影响，这就是 EMD 的异常干扰问题。该方法并不认为这种干扰是个问题，因为通过希尔伯特变换，混叠在各个 IMF 中的信号可以出现在时间-频率空间中的相应位置，从而全面地展现频率信息的正确分布，能量的分布并没有因分解的不同而发生错误。但事实上，异常干扰问题对 EMD 方法的使用存在严重影响，是一个不可回避的问题。可采用数字滤波器（Thompson，1983）、合成信号（赵进平，2001）、特征时间尺度限制（Huang et al.，2003）等方法消除分解后的各模态的异常信号。

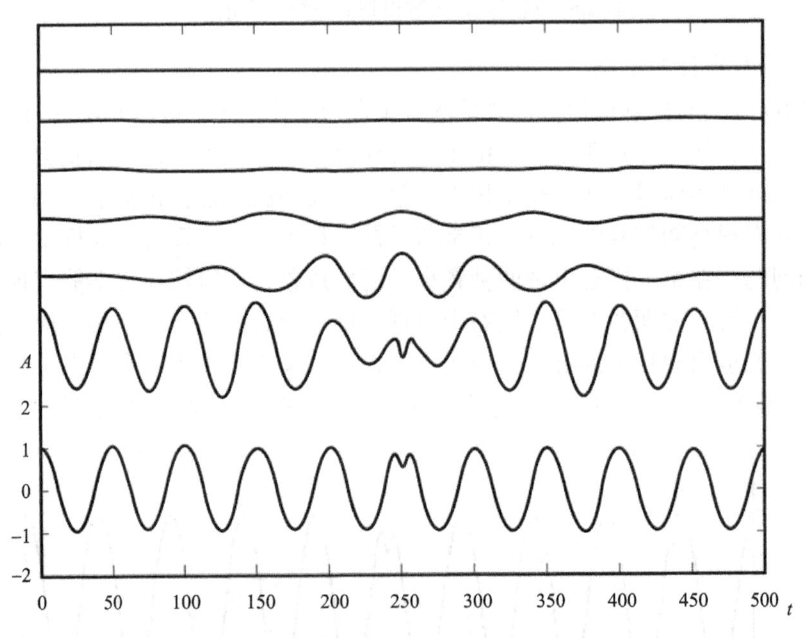

图 2.8 用 EMD 方法分解的各模态（赵进平，2001）
最下面是原始信号，向上分别为 1～6 本征模态函数

必须指出的是，利用经验模态分解法可以有效地分析非平稳非线性序列，这一方法被广泛应用在海洋要素观测资料、气候预测、图像学和 SAR 卫星数据处理，甚至金融数据分析等领域。

2.2.2.4 计算实例

利用经验模态分解法分析烟台验潮站 1954～1996 年的海平面资料序列，得到其本征模态函数，并对这些函数做谱分析，可以得到每个 IMF 成分的物理意义。其中 C2 表示的是 12 个月周期的振动成分，其余的 C3、C4 成分则代表了 26 个月、

49个月的周期振动成分，而C1则代表小于12个月的振动周期（图2.9）。分析结果与采用随机动态分析得到的周期一致，需要注意的是IMF是振幅和频率调制的成分，含有振幅不同但频率相近的振动，有时不仅仅含有一个调和成分，C1表现尤为明显。结果表明，EMD方法较好地解决了资料序列的非平稳和非线性问题，从而使得在求取周期项和趋势项间的矛盾得到较好的解决；可以给出较精确的年变率。此外，利用这一方法给出了中国主要验潮站的海平面年变率（王卫强等，1999）。

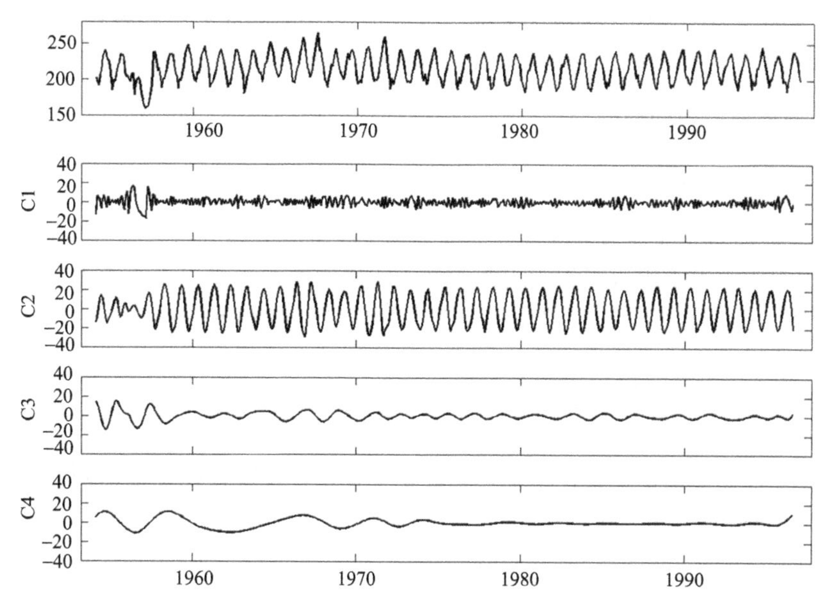

图2.9　烟台验潮站的海平面资料及其本征模态函数（据王卫强等，1999改绘）

2.3　温盐场资料的分析方法

海洋科学研究的对象，常常要进行物化特性等多因子的综合考虑，而这些因子并非相互独立，往往在众多因子之间存在着一定的相关关系。如果考虑的因子太多，一方面增加了分析的复杂性，同时又不利于阐释问题的主要矛盾。为了克服这一困难，常在分析时设法采用降维的方法，找出少数几个能代表多因子的综合作用，既能尽量多地反映原有因子的信息，又能使各综合因子彼此独立不相关。主成分分析则是根据这一基本思想，抓住了问题实质，又简化了分析的一种方法。

经验正交函数分解法的基本原理和计算方法与主成分分析基本相同，所不同的只是把要素场的空间分布和时间变化特征分解为空间函数与时间函数的线性组合。为便于理解，本章先介绍主成分定义和降维的主要内容，然后着重介绍海洋、大气数据分析中常用的经验正交函数分解法。

2.3.1 主成分定义及性质

2.3.1.1 主成分的定义

设有 n 个样本，每个样本有 p 个变量，记为 x_1，x_2，…，x_p，它们的主成分为 F_1，F_2，…，F_m（通常 $m<p$）。为叙述方便，设 $p=2$，原变量为 x_1，x_2，它们之间有如 2.10 图所示的相互关系。若取拟合线的方向 F_1 及其垂直方向 F_2 为新变量，则 F_1 反映了 x_1 和 x_2 的主要信息。假如新变量 F_1 反映了整个信息的 80%，变量 F_2 反映了 20%的信息，这样用 F_1 就能表达 x_1 和 x_2 的主要信息。且这两个变量具有如下特征：① F_1 和 F_2 相关关系很小，即相互独立；② n 个样本点在 F_1 方向上离散度很大，而在 F_2 方向上的离散度则较小，即两者按方差贡献大小排列。故称 F_1 为原变量的第一主成分，F_2 为第二主成分，这相当于在平面上做一个坐标转换。原坐标系旋转一个角度 θ，使原变量 x_1 和 x_2 的离散度在新坐标系下重新分配，F_1 占绝大部分，F_2 占小部分，但是坐标转换前后的总和是相等的：

$$\sum_{i=1}^{n}(x_{1i}-\overline{x}_1)^2+\sum_{i=1}^{n}(x_{2i}-\overline{x}_2)^2=\sum_{i=1}^{n}(F_{1i}-\overline{F}_1)^2+\sum_{i=1}^{n}(F_{2i}+\overline{F}_2)^2$$

因此，若只取第一主成分 F_1 来代替变量 x_1 和 x_2 进行分析，即可达到 80%的精度，从而达到降维的目的。

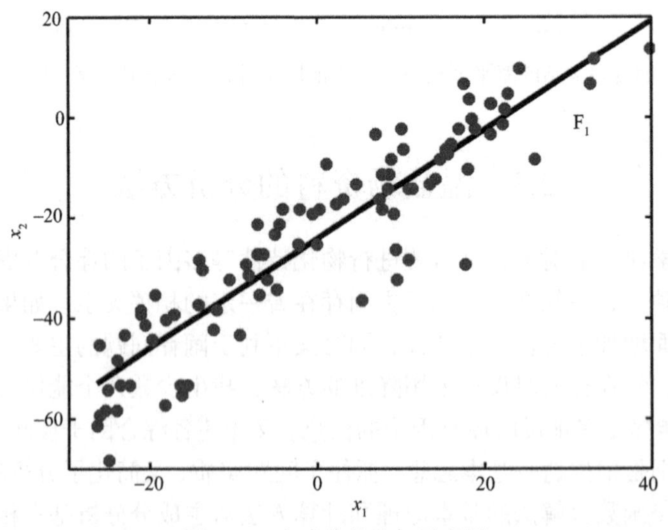

图 2.10 主成分的几何示意图

新变量 F_1 和 F_2 与 x_1 和 x_2 之间的关系如下：

$$F_1=x_1\cos(\theta)+x_2\sin(\theta)$$

$$F_2 = -x_1 \sin(\theta) + x_2 \cos(\theta)$$

或者将第一主成分写成

$$F_1 = l_{11}x_1 + l_{21}x_2$$

将二维空间推广到 p 维空间，设 p 维随机变量

$$\boldsymbol{X} = \begin{pmatrix} x_1 \\ x_2 \\ \vdots \\ x_p \end{pmatrix}$$

其系数矩阵 L_i 为 p 维列向量

$$L_i = \begin{pmatrix} l_{1i} \\ l_{2i} \\ \vdots \\ l_{pi} \end{pmatrix}, i = 1, 2, \cdots, m$$

则向量集合（系数矩阵）记为

$$L = \begin{pmatrix} l_{11} & l_{12} & \cdots & l_{1m} \\ l_{21} & l_{22} & \cdots & l_{2m} \\ \vdots & \vdots & & \vdots \\ l_{p1} & l_{p2} & \cdots & l_{pm} \end{pmatrix}$$

那么由 p 个变量组成的 m 个主成分为

$$\begin{cases} F_1 = l_{11}x_1 + l_{21}x_2 + \cdots + l_{p1}x_p \\ F_2 = l_{12}x_1 + l_{22}x_2 + \cdots + l_{p2}x_p \\ \qquad \cdots\cdots \\ F_m = l_{1m}x_1 + l_{2m}x_2 + \cdots + l_{pm}x_p \end{cases}$$

或简写为

$$F_i = L_i^{\mathrm{T}} X \quad i = 1, 2, \cdots m \tag{2.22}$$

式中 $\boldsymbol{X}$ 的各个主成分可定义为：① 第一个主成分 F_1 是在一切形如公式（2.22）的线性组合中，方差达到最大者；② 第二个主成分 F_2 是在一切形如公式（2.22）的线性组合中，与 F_1 不相关，且方差达到最大者；③ 第 k 个主成分 F_k 是在一切

形如公式（2.22）的线性组合中，与 F_1，F_2，…，F_{k-1} 不相关，且方差达到最大者。因此，$\boldsymbol{X}$ 的第一个主成分 F_1 最集中地反映了 $\boldsymbol{X}$ 各分量组合的主要信息，其次为第 2，3，…，k 个主成分，各主成分所反映的信息依次递减。

2.3.1.2 主成分的性质

$\boldsymbol{X}$ 的主成分 $F=(F_1, F_2,\cdots, F_m)^{\mathrm{T}}$ 具有下列性质：

（1）各主成分的方差分别为原变量协方差矩阵的特征值，主成分彼此互不相关，即 m 个主成分的协方差阵为

$$
\begin{aligned}
E(FF^{\mathrm{T}}) &= \frac{1}{n}\sum_{i,j=1}^{m}\left(F_i-\overline{F}\right)\left(F_j-\overline{F}\right)^{\mathrm{T}} = \frac{1}{n}\sum_{i,j=1}^{m}\left(L^{\mathrm{T}}X_i-L^{\mathrm{T}}\overline{X}\right)\left(L^{\mathrm{T}}X_j-L^{\mathrm{T}}\overline{X}\right)^{\mathrm{T}} \\
&= L^{\mathrm{T}}\left[\frac{1}{n}\sum_{i,j=1}^{m}\left(X_i-\overline{X}\right)\left(X_j-\overline{X}\right)^{\mathrm{T}}\right]L \\
&= L^{\mathrm{T}}SL=\Lambda=\begin{bmatrix}\lambda_1 & 0 & \cdots & 0\\ 0 & \lambda_2 & \cdots & 0\\ \vdots & \vdots & & \vdots\\ 0 & 0 & \cdots & \lambda_m\end{bmatrix}
\end{aligned}
$$

表明各主成分方差为矩阵 S 的特征值，不同成分之间的协方差为零，表示它们之间互不相关。

（2）各主成分的方差贡献大小是按矩阵 S 的特征值由大到小顺序排列的，即

$$\lambda_1 \geqslant \lambda_2 \geqslant \cdots \geqslant \lambda_m \geqslant 0 \tag{2.23}$$

因此第 k 个主成分的方差贡献率为

$$\frac{\lambda_k}{\sum\limits_{i=1}^{m}\lambda_i}=\frac{\lambda_k}{\sum\limits_{i=1}^{m}s_{ii}} \tag{2.24}$$

而前 k 个主成分的累积方差贡献率为

$$G(k)=\frac{\sum\limits_{i=1}^{k}\lambda_i}{\sum\limits_{i=1}^{m}\lambda_i} \quad (k<m) \tag{2.25}$$

$G(k)$越大，表示前 k 个主成分反映原变量的信息越多，其余（$m-k$）个主成分的贡献越小。实际应用中，经常用前 k 个主成分的累积方差贡献率的标准（如：$G(k)=80\%\sim90\%$）来确定所需的主成分个数 k。

（3）各主成分方差之和等于原变量的方差之和相等，即

$$\sum_{k=1}^{m}\lambda_k=\sum_{i=1}^{m}s_{ii} \tag{2.26}$$

说明计算各主成分的过程中并没有信息损失，这也可用来检验计算结果是否正确。

2.3.2 经验正交函数分解法

海洋要素是时间、空间变化极为显著的变量。利用主成分的定义，我们可以利用多变量之间的相互关系，构造少数几个新变量，这些新变量不仅能综合反映原多变量的信息，且彼此独立又按方差贡献大小排列。经验正交函数分解（empirical orthogonal function decomposition，EOF，又称正交分解法、自然正交函数分解）则依据这一思想，将随时间变化的海洋要素场分解成空间模态和时间系数两部分，从而通过函数分解可以体现物理场的分布与时间变化特征。空间模态部分概括了要素场的空间分布特征，不随时间变化；时间系数则由空间点的线性组合而构成。EOF 方法最早由统计学家 Pearson 在 1902 年提出，美国气象学家 Lorenz 在 20 世纪 50 年代首次将其引入气象和气候研究。

经验正交函数分解法是将时空场化为向量，使用矩阵论的方法进行运算。其主要特色在于，它能够有效地体现物理场的主要信息，保留次要信息并排除外来的随机干扰。它的优点在于：①典型场由海洋要素场序列本身的特点确定，不需事先人为地规定任何函数形式，因而能客观地反映要素场主要特征，物理意义较清楚。②不受空间站点、地理位置、区域范围的限制，可直接由原观测点的要素值进行场分解，能较好地反映出场结构的基本特征，适用中、大尺度甚至全球海洋和气象各要素的时间序列分析，研究海气相互作用的基底函数。③收敛速度快，能浓缩资料的信息量，简化数据处理过程（陈上及和马继瑞，1991）。因此，经验正交函数分解法在因子场统计分析、因子时间序列分析以及动力模型参数化等方面得到了广泛的应用。与前面介绍的单站时间序列资料的分析方法不同，经验正交函数分解法利用其优势，可用来分析空间场分布的时间序列资料。

2.3.2.1 方法简介

EOF 方法将原变量场分解成正交函数的线性组合，得到少数的几个不相关的典型场，代替原始变量。特征值与特征向量是经验正交分解法的基础，因而先介绍特征值与特征向量的概念，然后再介绍一种常用的 Jacobi 求解方法，最后是时间本征函数的计算。

1）协方差阵与特征向量

海水温度、盐度等要素均为标量场，可按包含 m 个空间点 n 个要素场时间序

列进行经验正交函数展开，而风、海流等要素为矢量场，则需要包含 $2m$ 个空间点 n 个要素场时间序列进行经验正交函数展开才能实现。

设有一组数据为 m 个站，每个站的资料长度为 n 年（月）的水温（盐度）资料 x_{ij}，i=1，2，…，n；j=1，2，…，m，用矩阵表示即为

$$
{}_nX_m = \begin{bmatrix} x_{11} & x_{12} & \cdots & x_{1m} \\ x_{21} & x_{22} & \cdots & x_{2m} \\ \vdots & \vdots & & \vdots \\ x_{n1} & x_{n2} & \cdots & x_{nm} \end{bmatrix} \tag{2.27}
$$

所谓经验正交函数展开，就是把海洋要素场分解成正交的时间系数和正交的空间函数乘积之和。

$$
{}_nX_m = {}_nE_m \times {}_m\Phi_m^{\mathrm{T}} \tag{2.28}
$$

首先以各站水温（盐度）的距平值替换式（2.27）中各元素，

$$
\begin{cases} \Delta x_{ij} = x_{ij} - \overline{x}_j, \quad i = 1,2,\cdots,n; j = 1,2,\cdots,m \\ \overline{x}_j = \dfrac{1}{n}\sum\limits_{i=1}^{n} x_{ij}, \qquad j = 1,2,\cdots,m \end{cases} \tag{2.29}
$$

从而得距平值的协方差阵

$$
{}_mR_m = {}_mX_n^{\mathrm{T}}{}_nX_m = \begin{bmatrix} \rho_{11} & \rho_{12} & \cdots & \rho_{1m} \\ \rho_{21} & \rho_{22} & \cdots & \rho_{2m} \\ \vdots & \vdots & & \vdots \\ \rho_{m1} & \rho_{m2} & \cdots & \rho_{mm} \end{bmatrix} \tag{2.30}
$$

其中

$$
\rho_{ij} = \rho_{ji} = \sum_{k=1}^{n} \Delta x_{ki} \cdot \Delta x_{kj} \qquad (i, j = 1,2,\cdots,m) \tag{2.31}
$$

可见，协方差矩阵是一个对称方阵。如果通过正交转换，将协方差阵 ${}_mR_m$ 转化为非对角线元素均为零的矩阵，则主对角线上的元素便是协方差阵的特征值，

$$
{}_m\Lambda_m = \begin{bmatrix} \lambda_1 & 0 & \cdots & 0 \\ 0 & \lambda_2 & \cdots & 0 \\ \vdots & \vdots & & \vdots \\ 0 & 0 & \cdots & \lambda_m \end{bmatrix} \tag{2.32}
$$

用 Jacobi 方法对协方差矩阵实行多次正交转换，便可实现上述的目的。设矩阵 ${}_mR_m$ 的非对角线元素中最大的为 ρ_{pq}，通过作转动角度为 θ 的轴旋转，可以把 ρ_{pq} 变为 0，这种转换是通过以下矩阵实现的

$$
{}_mT_m^{(1)}=\begin{bmatrix}
1 & 0 & 0 & \cdots & 0 & \cdots & 0 & \cdots & 0 & 0\\
0 & 1 & 0 & \cdots & 0 & \cdots & 0 & \cdots & 0 & 0\\
\vdots & \vdots & \vdots & & \vdots & & \vdots & & \vdots & \vdots\\
0 & 0 & 0 & \cdots & \cos\theta_1 & \cdots & \sin\theta_1 & \cdots & 0 & 0\\
\vdots & \vdots & \vdots & & \vdots & & \vdots & & \vdots & \vdots\\
0 & 0 & 0 & \cdots & -\sin\theta_1 & \cdots & \cos\theta_1 & \cdots & 0 & 0\\
\vdots & \vdots & \vdots & & \vdots & & \vdots & & \vdots & \vdots\\
0 & 0 & 0 & \cdots & 0 & \cdots & 0 & \cdots & 1 & 0\\
0 & 0 & 0 & \cdots & 0 & \cdots & 0 & \cdots & 0 & 1
\end{bmatrix}
\begin{matrix} \\ \\ \\ -\text{第}p\text{行} \\ \\ -\text{第}q\text{行} \\ \\ \\ \\ \end{matrix}
\tag{2.33}
$$

第 p 列　　第 q 列

此矩阵除与 p 和 q 行列相关的四个元素有值外，其余的元素在对角线上为 1，非对角线上为 0。式中

$$\theta_1=-\arctan\left(\frac{-2\rho_{pq}}{\rho_{pp}-\rho_{qq}}\right) \tag{2.34}$$

将没有转换的协方差阵记为 ${}_mR_m^{(0)}$，而作了一次转换后的协方差阵为 ${}_mR_m^{(1)}$，即

$${}_mR_m^{(1)}={}_mT_m^{(1)\mathrm{T}}\cdot{}_mR_m^{(0)}\cdot{}_mT_m^{(1)} \tag{2.35}$$

其中 ${}_mT_m^{(1)^{\mathrm{T}}}$ 为 ${}_mT_m^{(1)}$ 的转置矩阵。

这种转换需进行多次，每次转换使非对角线元素中最大元素 ρ_{pq} 变为 0，同时 ${}_mR_m^{(s)}$中对角线元素的平方和比 ${}_mR_m^{(s-1)}$中的大 $2\rho^2{}_{pq}$，而非对角线元素的平方和则小 $2\rho^2{}_{pq}$，如此进行下去便可逐步逼近非对角线元素为零的对角矩阵 ${}_m\Lambda_m$。设进行第 s 次转换后基本逼近 ${}_m\Lambda_m$，则经验正交函数为

$${}_m\Phi_m={}_mT_m^{(1)}\cdot{}_mT_m^{(2)}\cdots{}_mT_m^{(s)}=\begin{bmatrix}
\phi_{11} & \phi_{12} & \cdots & \phi_{1m}\\
\phi_{21} & \phi_{22} & \cdots & \phi_{2m}\\
\vdots & \vdots & & \vdots\\
\phi_{m1} & \phi_{m2} & \cdots & \phi_{mm}
\end{bmatrix}=(\varPsi_1,\varPsi_2,\cdots,\varPsi_m) \tag{2.36}$$

而 ψ_i（i=1，2，…，m）则为特征向量，它为 φ 元素的列向量。特征向量矩阵 $_m\Phi_m$ 称为空间本征函数，有些文献资料称之为典型场。

2）Jacobi 计算方法

利用式（2.33）作矩阵转换计算特征值和特征向量很麻烦，而 Jacobi 法不需要计算三角函数，令

$$\sigma = -\rho_{pq}, \qquad \mu = \frac{1}{2}(\rho_{pp} - \rho_{qq})$$

$$\omega = \begin{cases} 1 & \mu = 0 \\ \dfrac{\sigma}{\sqrt{\sigma^2 + \mu^2}} & \mu > 0 \\ \dfrac{-\sigma}{\sqrt{\sigma^2 + \mu^2}} & \mu < 0 \end{cases} \tag{2.37}$$

则有

$$\sin\theta = \frac{\omega}{\sqrt{2(1+\sqrt{1-\omega^2})}}, \qquad \cos\theta = \sqrt{1-\sin^2\theta} \tag{2.38}$$

用 C 和 S 分别代表 $\cos\theta$ 和 $\sin\theta$，则求特征值和特征向量的公式（2.32）和（2.36）可变为

$$\begin{cases} \rho_{pp}^{(s)} = \rho_{pp}^{(s-1)}(C^{(s)})^2 + \rho_{qq}^{(s-1)}(S^{(s)})^2 - 2\rho_{pq}^{(s-1)}C^{(s)}S^{(s)} \\ \rho_{qq}^{(s)} = \rho_{pp}^{(s-1)}(S^{(s)})^2 + \rho_{qq}^{(s-1)}(C^{(s)})^2 + 2\rho_{pq}^{(s-1)}C^{(s)}S^{(s)} \\ \rho_{pq}^{(s)} = \rho_{qp}^{(s)} = (\rho_{pp}^{(s-1)} - \rho_{qq}^{(s-1)})C^{(s)}S^{(s)} + \rho_{pq}^{(s-1)}[(C^{(s)})^2 - (S^{(s)})^2] \\ \rho_{pi}^{(s)} = \rho_{ip}^{(s)} = \rho_{ip}^{(s-1)}C^{(s)} - \rho_{iq}^{(s-1)}S^{(s)} \\ \rho_{qi}^{(s)} = \rho_{iq}^{(s)} = \rho_{ip}^{(s-1)}S^{(s)} + \rho_{iq}^{(s-1)}C^{(s)} \\ \rho_{ij}^{(s)} = \rho_{ji}^{(s)} = \rho_{ij}^{(s-1)} = \rho_{ji}^{(s-1)} \qquad i,j = 1,2,\cdots,m(j \neq p,q) \end{cases} \tag{2.39}$$

$$\begin{cases} \phi_{ip}^{(s)} = \phi_{ip}^{(s-1)}C^{(s)} - \phi_{iq}^{(s-1)}S^{(s)} \\ \phi_{iq}^{(s)} = \phi_{ip}^{(s-1)}S^{(s)} + \phi_{iq}^{(s-1)}C^{(s)} \\ \phi_{ij}^{(s)} = \phi_{ij}^{(s-1)} \qquad i,j = 1,2,\cdots,m(i,j \neq p,q) \end{cases} \tag{2.40}$$

式中上标（s）中的 s 表示施行正交转换的次数，而 $\rho^{(0)}{}_{ij}$ 和 $\varphi^{(0)}{}_{ij}$ 为初始值，分别

取为

$$\rho_{ij}^{(0)} = \rho_{ij}$$

$$\varphi_{ij}^{(0)} = \begin{cases} 1, & i = j \\ 0, & i \neq j \end{cases}$$

实际分析计算中，经过多次转换后非对角线元素可迅速逼近零，但一般不会绝对为 0，通常的判别标准是采用非对角线元素的平方和 $\sum_{i=1}^{m}\sum_{j=1}^{m}\rho_{ij}^{2}$ 小于某临界值 A，经验值 A 可根据计算精度和资料的个数而人为地确定。

3）时间本征函数

时间本征函数又叫时间权重系数，其矩阵 ${}_nE_m$ 是原始观测数据矩阵与空间本征函数矩阵的乘积，即

$${}_nE_m = {}_nX_{mm}\Phi_m = \begin{bmatrix} e_{11} & e_{12} & \cdots & e_{1m} \\ e_{21} & e_{22} & \cdots & e_{2m} \\ \vdots & \vdots & & \vdots \\ e_{n1} & e_{n2} & \cdots & e_{nm} \end{bmatrix} \tag{2.41}$$

其元素为

$$e_{kj} = \sum_{i=1}^{m} \Delta x_{ki}\varphi_{ij}, \qquad (k = 1,2,\cdots,n; j = 1,2,\cdots,m) \tag{2.42}$$

将式（2.41）两边右侧同乘以 ${}_m\Phi_m^{\mathrm{T}}$ 得

$${}_nE_{mm}\Phi_m^{\mathrm{T}} = {}_nX_{mm}\Phi_{mm}\Phi_m^{\mathrm{T}} = {}_nX_m \tag{2.43}$$

即

$$\Delta x_{kj} = \sum_{i=1}^{m} e_{ki}\phi_{ji}\ , \quad (k = 1,2,\cdots,n;\ j = 1,2,\cdots,m) \tag{2.44}$$

注意原始观测资料用的是距平值，见式（2.29）。可见，时间本征函数与空间本征函数的组合可完全恢复原始观测资料矩阵，这也正是用经验正交分解方法进行因子分析和组合的理论根据。

可证明时间本征函数矩阵 ${}_nE_m$ 的协方差阵便是以特征值为对角元素的对角矩阵 ${}_m\Lambda_m$

$$ {}_m E_n \, {}_n E_m = {}_m \Lambda_m \tag{2.45} $$

如果以列向量的形式表示矩阵 ${}_nE_m$，则有

$$ {}_n E_m = (E_1, E_2, \cdots, E_m) $$

经验正交函数分解的每个时间列向量 E_i 和空间本征函数的列向量 ψ_i 与特征值 λ_i 是一一对应的。而每个向量 E_i 或 ψ_i 在整个变化中所占的比重可以由 λ_i 来表征。

4）向量场的经验正交函数展开

风场、海流场均是向量场，若分别对它的东西分量和南北分量进行经验正交函数展开，由于它们的空间函数不能组合成一个特征场，对应的时间权重也不相同，给向量场研究带来困难。我们可以将向量看作复数，就可直接用一个复元素矩阵的展开方法来解决。

将风场作为研究对象。设 $\boldsymbol{x}_{ij}$ 是向量风场（i=1，2，…，n；j=1，2，…，m），可认为它是东西分量 u_{ij} 和南北分量 v_{ij} 组成，表示成复数

$$ x_{ij} = u_{ij} + i v_{ij} $$

将上述复元素矩阵转化为实元素矩阵

$$ {}_n X_{2m} = \begin{pmatrix} u_{1,1} & u_{1,2} & \cdots & u_{1,m} & v_{1,1} & v_{1,2} & \cdots & v_{1,m} \\ u_{2,1} & u_{2,2} & \cdots & u_{2,m} & v_{2,1} & v_{2,2} & \cdots & v_{2,m} \\ \vdots & \vdots & & \vdots & \vdots & & & \vdots \\ u_{n,1} & u_{n,2} & \cdots & u_{n,m} & v_{n,1} & v_{n,2} & \cdots & v_{n,m} \end{pmatrix} $$

下面的计算方法与传统 EOF 展开相同。

2.3.2.2　分析步骤

采用 EOF 方法，随时间变化的海洋要素场就被分解成空间本征函数和时间本征函数两部分（如式 2.28）。EOF 方法的一般计算步骤如下：

（1）对原始资料矩阵 X 作距平或标准化处理。然后计算其协方差矩阵 R（m 阶实对称矩阵）；

（2）用求实对称矩阵的特征值及特征向量方法（最常用的是 Jacobi 方法），求出协方差阵的特征值 Λ（式 2.32）和特征向量；

（3）特征值矩阵 Λ 为对角阵，对角线元素即为协方差阵 R 的特征值，将这些特征值按降序排列；

（4）求时间系数矩阵；

（5）计算每个特征向量的方差贡献（式 2.24），以及前 k 个特征向量的累积方差贡献率（式 2.25）；

（6）检验正交分解的显著性。

经验正交函数方法能够将变量场时间和空间变化分离，并用尽可能少的模态表达出主要的时间和空间变化，可以有效地分析变量场空间相关结构或多变量综合信息。由于经验正交函数分解方法最大可能地反映了所有原变量的变化信息，但是在有些情况下，当变量个数很大时，而且变量间的相关只在局部变量之间时，EOF 方法就会过分强调多变量的整体相关机构，而使重要的局部相关结构被掩盖。

2.3.2.3　时空转换

当变量数远大于观测样本数，即 $m \gg n$ 时，协方差矩阵 $R=X^{\mathrm{T}}X$ 的阶数较大（$m \times m$ 维矩阵），求解特征值和特征向量就会增加难度。可以先求 XX^{T} 矩阵（$n \times n$ 维）的特征值和特征向量，再求 $X^{\mathrm{T}}X$ 的特征向量。因为 XX^{T} 与 $X^{\mathrm{T}}X$ 的非零特征值相同，即可求得 $X^{\mathrm{T}}X$ 的特征向量，完成对原 m 个空间点的 EOF 分解。这种方法称为时空转换。

设 λ 是 XX^{T} 的特征值，$X^{\mathrm{T}}X$ 的特征值所对应的特征向量为 $\boldsymbol{\varPhi}_R$，XX^{T} 的特征值所对应的特征向量为 $\boldsymbol{\varPhi}_Q$，则：

$$\varPhi_R = \frac{X\varPhi_Q}{\sqrt{\lambda}} \tag{2.46}$$

下面我们举例说明。如果有一组 3 个站的 2 个月（即 $m=3$，$n=2$，$m>n$）的观测资料

$$X = \begin{pmatrix} 3 & 8 & 7 \\ 11 & 2 & 8 \end{pmatrix}$$

我们根据 XX^{T} 的特征值和特征向量来求 $X^{\mathrm{T}}X$ 的特征向量。先计算

$$XX^{\mathrm{T}} = \begin{pmatrix} 122 & 105 \\ 105 & 189 \end{pmatrix}$$

求得特征值和特征向量

$$\begin{cases} \lambda_1 = 265.71 \\ \lambda_2 = 45.29 \end{cases} \quad \psi_1 = \begin{pmatrix} 10.65 \\ 6.33 \\ 10.59 \end{pmatrix} \quad \psi_2 = \begin{pmatrix} -4.06 \\ 5.28 \\ 0.94 \end{pmatrix}$$

根据式（2.46），则转换后得到 $X^{\mathrm{T}}X$ 的特征向量

$$\varPhi = \begin{pmatrix} 0.65 & -0.60 \\ 0.39 & 0.79 \\ 0.65 & 0.14 \end{pmatrix}$$

进而求得分别对应 λ_1 和 λ_2 的时间本征函数

$$E = \begin{pmatrix} 9.62 & 5.43 \\ 13.16 & -3.97 \end{pmatrix}$$

展开式为

$$\begin{pmatrix} 3 & 8 & 7 \\ 11 & 2 & 8 \end{pmatrix} = \begin{pmatrix} 9.62 & 5.43 \\ 13.16 & -3.97 \end{pmatrix} \begin{pmatrix} 0.65 & 0.39 & 0.65 \\ -0.60 & 0.79 & 0.14 \end{pmatrix}$$

2.3.2.4　误差的估计

1）误差的估计和计算

上节中曾指出，由时间本征函数矩阵和空间本征函数矩阵转置的乘积可以完全恢复原始观测数据矩阵 ${}_nX_m$。由于 ${}_m\varLambda_m$、${}_nE_m$ 和 ${}_m\varPhi_m$ 中有些列向量的比重很小，如果把这些小比重的列向量忽略掉，将大大节省恢复 ${}_nX_m$ 的计算量；同时，这些小的列向量，通常是些规律性很差的量，其实际物理意义也不清晰，因此在实际分析过程中常常被视为误差量或噪声。

如果我们只取前 k 个特征向量场（或主成分）来近似地反映原始场信息，则拟合场为

$${}_nX_m \approx \hat{X} = {}_nE_k \times {}_m\varPhi_k^{\mathrm{T}}$$

由于忽略了贡献小的列向量，也会带来一定误差，即无法完全恢复原始观测数据 ${}_nX_m$ 的值。可以证明，拟合场的均方误差为

$$\varepsilon^2 = \sum_{j=1}^{m}\lambda_j - \sum_{r=1}^{k}\lambda_r \quad (k < m) \tag{2.47}$$

相对误差为

$$\left(\sum_{j=1}^{m}\lambda_j - \sum_{r=1}^{k}\lambda_r\right) \Big/ \sum_{j=1}^{m}\lambda_j$$

实际应用中，一般使用累积方差贡献率（式（2.25））来表征选入的列向量占总变化的贡献。

通常情况下，经验正交分解的收敛速度很快，尤其是当矩阵的列数较大时，往往取其中影响较大的少数几个列向量进行组合，就可较好地还原出原始观测资料的变化情况。

此外，矩阵 ${}_nE_m$ 相比矩阵 ${}_nX_m$ 来说，更为满足平稳性条件。因此，矩阵 ${}_nE_m$ 在平稳时间序列的分析计算中应用很广。

2）显著性检验

由于 EOF 方法是用有限的 n 个观测资料计算的，当资料长度不相同时，计算结果可能不同。如何根据 n 选取有物理意义的特征向量进行分析呢？我们知道，EOF 方法的特征值已按降序排列 $\lambda_1 \geqslant \lambda_2 \geqslant \cdots \geqslant \lambda_m > 0$，它们对应的特征向量即典型场也是从大尺度过渡到中小尺度，甚至最后是一些没有物理意义的噪声（施能，1995）。因此，对特征向量常用的检验方法是估算特征值误差范围（North et al.，1982）。若相邻的两个特征值分别为 λ_j 和 λ_{j+1}，则它们应满足

$$\lambda_j - \lambda_{j+1} \geqslant e_j \tag{2.48}$$

其中，e_j 是特征值 λ_j 的误差范围，n 为样本量。

$$e_j = \lambda_j \sqrt{\frac{2}{n}}$$

就认为这两个特征值所对应的经验正交函数是有价值的信号，即这两个特征值可分离、所对应的典型场有意义。例如，样本数 $n = 150$，第一特征值 $\lambda_1 = 10$，则第二特征值的 $\lambda_2 < 8$ 才有意义。

3）EOF 预报方法

在对原始观测资料利用经验正交分解方法进行分解后，如何实现对物理量的预报呢？由于实际观测资料已经分解为两部分的乘积，一部分是空间本征函数，另一部分是时间本征函数。而空间本征函数只随地理位置而变化，因此在进行未来时间预报时，不需关心它随时间的变化，而每个时间本征函数又都是一个时间序列，通常情况下，时间本征函数比原始单站的时间序列更满足平稳性，因此目前的预报问题转换为对主要的时间本征函数进行分析预报。一些经典方法已经在前面的章节中介绍过，这里就不再详述。

2.3.2.5　EOF 方法实例

1）示例：南海和赤道太平洋海面高度

利用经验正交函数分解和相关分析等方法分析研究了南海和赤道太平洋的海面高度、海温和大气环流的关系。研究结果表明，研究海域海面高度异常（SSHA）的前 5 个模态的方差贡献分别为 51.1%、15.0%、6.9%、4.0%和 2.5%，

累计方差贡献为 79.5%。EOF 第一模态空间分布（图 2.11a）和海表面温度场的第一模态空间分布相似，即赤道太平洋东部和西部的海洋要素场是相反变化的，与 El Niño 鼎盛阶段 SSHA 分布（图 2.11b）相似。南海和赤道太平洋 SSHA 和 Niño3 指数的相关系数（图 2.11c）表明，南海区域 SSHA 和 Niño3 指数主要是负相关。南海和赤道太平洋海域 EOF1 的时间系数与 Niño3 指数（图 2.11d）的相关系数达到−0.92。仅选定南海 SSHA 进行 EOF 分解，其第一模态为 ENSO 模态，空间分布与图 2.11a 基本一致，这也表明了赤道西太平洋和南海的海面高度变化的一致性（沈春等，2013）。

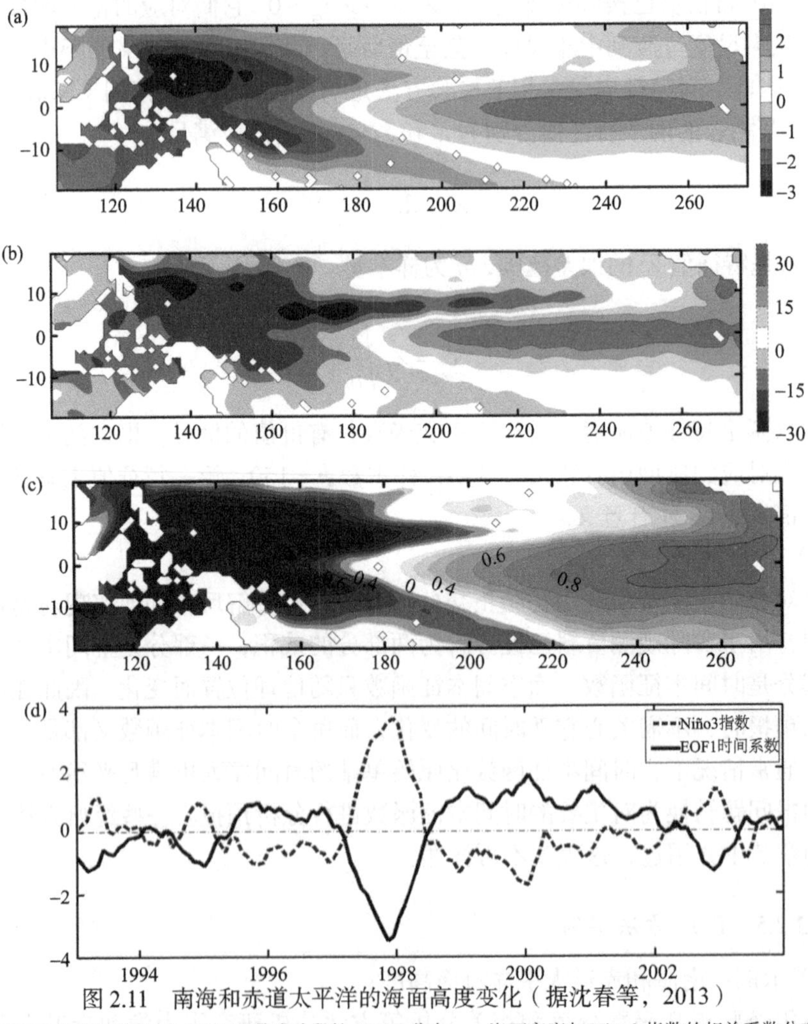

图 2.11　南海和赤道太平洋的海面高度变化（据沈春等，2013）

a. EOF1 的空间分布；b. El Niño 鼎盛阶段的 SSHA 分布；c. 海面高度与 Niño3 指数的相关系数分布；d. EOF1 时间系数与 Niño3 指数

2）示例：太平洋年代际振荡指数

太平洋年代际振荡（Pacific Decadal Oscillation，PDO）是近些年来揭示的一种年代际时间尺度上的气候变率强信号，而这一信号就是通过要素场的 EOF 分解的主成分来表现的（图 2.12）。

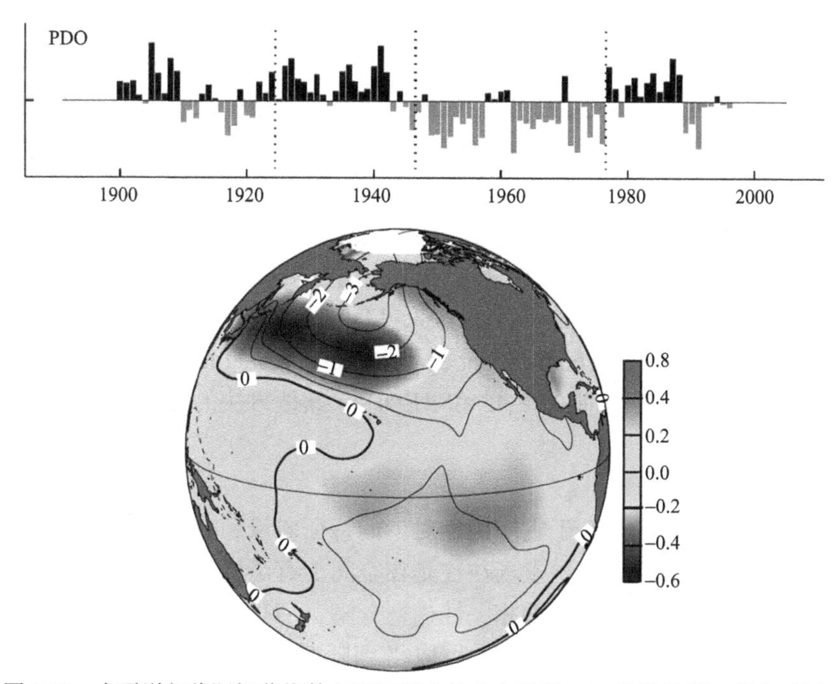

图 2.12 太平洋年代际振荡指数（20°N 以北的北太平洋 SST 异常的第一模态时间系数的标准化序列）及其与 1900～1992 年的 SST 场（阴影）、海面气压场（实线）的回归系数（Mantua et al.，1997）

早期开创性的研究，主要集中在北太平洋冬季海平面气压场的突变现象及其与周边区域物理和生态环境的影响。随着研究的深入，这一现象在各类海洋、大气要素场上均有反映。太平洋年代际信号和年际信号具有相似的空间结构；热带中东太平洋和北太平洋中纬度 SST 变化相反，最大振幅在黑潮及其延伸体和北太平洋风暴轴附近，且与大气场的 PNA（Pacific North America）遥相关的年代际变化密切相关；时间序列分析表明，类似的突变现象具有年代际振荡的现象。Mantua 等（1997）把这种太平洋年代际振荡现象称为 PDO，并把它描述为一种类似于 ENSO 型的具有年代尺度生命史的太平洋变率。PDO 具有多重时间尺度性，主要表现为准 20 年周期和准 50 年（50～70）周期，这两种时间尺度振荡模态可能源于不同的物理机制。

年代际是具有重要承上启下作用的时间尺度。一方面，它既是叠加在长期气候趋势变化上的扰动，可直接造成太平洋及其周边地区气候的年代际变化；另一方面，它又是年际变率的重要背景，对年际变化（如 ENSO 及其影响）具有重要的调制作用，可影响 ENSO 事件频率和强度，同时也可导致年际 ENSO-季风异常关系的年代际改变。相关的代表性研究众多，由于篇幅所限，这里没有给出具体的参考文献。

3）EOF 方法的相关应用

近年来，随着海洋和大气分析的不断进步，其中以 EOF 为基础的变量场分解方法的飞跃发展格外引人注目，如注重揭示要素空间结构和时间相关特征的扩展经验正交函数（extended empirical orthogonal function，EEOF），着重表现空间的相关性分布结构的旋转经验正交函数（rotated empirical orthogonal function，REOF），可以阐释空间行波结构的复经验正交函数（complex empirical orthogonal function，CEOF），描述多因素间相互协调的耦合主模态的多变量经验正交函数（multivariate empirical orthogonal function，MV-EOF），侧重变量的季节演变的依赖季节经验正交函数（seasonal-reliant empirical orthogonal function，S-EOF）等。本节仅简单介绍其中的两种（EEOF 和 REOF），其他方法的相关介绍请参阅相关文献。

（1）EEOF

经验正交函数的优点在于它能用相对少的特征向量和时间本征函数来描述复杂的要素场的变化。但海洋要素场往往是在空间上有高度相关性而时间上有显著相关性的，利用空间、时间上的相关性进行分解，即扩展的经验正交函数，分解可以得到要素场空间分布结构，也可以得到随时间变化空间分布结构的变化（Weare and Nasstrom，1982）。

设已有 m 个站的资料长度为 n 个月的海洋要素资料，考虑时间上的自相关及交叉相关，取

$$
{}_{n-2}X_{3m}=\begin{pmatrix} x_{1,1} & x_{1,2} & \cdots & x_{1,m} & x_{2,1} & x_{2,2} & \cdots & x_{2,m} & x_{3,1} & x_{3,2} & \cdots & x_{3,m} \\ x_{2,1} & x_{2,2} & \cdots & x_{2,m} & x_{3,1} & x_{3,2} & \cdots & x_{3,m} & x_{4,1} & x_{4,2} & \cdots & x_{4,m} \\ \vdots & \vdots & & \vdots & \vdots & \vdots & & \vdots & \vdots & \vdots & & \vdots \\ x_{n-2,1} & x_{n-2,2} & \cdots & x_{n-2,m} & x_{n-1,1} & x_{n-1,2} & \cdots & x_{n-1,m} & x_{n,1} & x_{n,2} & \cdots & x_{n,m} \end{pmatrix}
$$

可以看出 X 矩阵实际是由 t，t+1，t+2 三个时刻的资料组成的。第一列至第 m 列对应 t 时刻，第 m+1 列到第 2m 列对应 t+1 时刻，第 2m+1 列到第 3m 列对应 t+2 时刻。那么，它的相关矩阵 $R=X^{\mathrm{T}}X$ 是个 3m 阶后延相关矩阵，既包含同时刻，又包含后延 1 个时刻、2 个时刻，求出相关矩阵 R 的 3m 个特征值，以及相对应的特征向量

$$ {}_{3m}\Phi_{3m} = (\underbrace{\psi_1,\psi_2,\cdots,\psi_m}_{t},\underbrace{\psi_{m+1},\psi_{m+2},\cdots,\psi_{2m}}_{t+1},\underbrace{\psi_{2m+1},\psi_{2m+2},\cdots,\psi_{3m}}_{t+2}) $$

且特征向量的每个列向量也是 $3m$ 维的。所以，对应 m 个空间点有 3 个特征向量，分别对应 t，t+1，t+2 三个时刻。

可以通过比较这三个时刻的特征向量图，分析空间模态的变化及其前进、后退的速度，这种附加信息在传统的经验正交函数展开是得不到的。EEOF 分析的资料矩阵不一定局限在 t，t+1，t+2 三个时刻，也可以是 t，t+3，t+5 时刻，甚至 t，t+2，t+4 时刻等。从某种意义上看，向量场的经验正交函数展开就是一种 EEOF 展开。值得注意的是，若要素场的时间持续性比较差，EEOF 分析可能不如传统的经验正交函数展开更易解释；此外，其收敛性也较慢。

（2）REOF

EOF 展开得到的前几个特征向量，可以最大限度地表征变量场整个区域的变率结构。但是，EOF 也有其局限性，即分离出的空间分布结构不能清晰表示不同地理区域的特征。另外，进行 EOF 展开时，所取区域范围不同，如取整个区域和分块区域，得到的特征向量空间分布图形亦会不同，这就给进行物理解释带来困难。此外，计算 EOF 取样大小不同，对反映真实分布结构的相似度也会不同，因此存在一定的取样误差。EOF 的上述局限性，使用旋转经验正交函数（REOF）可以得到克服。旋转后的典型空间分布结构清晰，不但可以较好地反映不同地域的变化，还可以反映不同地域的相关分布状况，REOF 的取样误差要比 EOF 方法小得多。其实 REOF 分解并不是新分析方法，它与因子分析中的旋转主因子分析无本质区别（魏凤英，1999）。

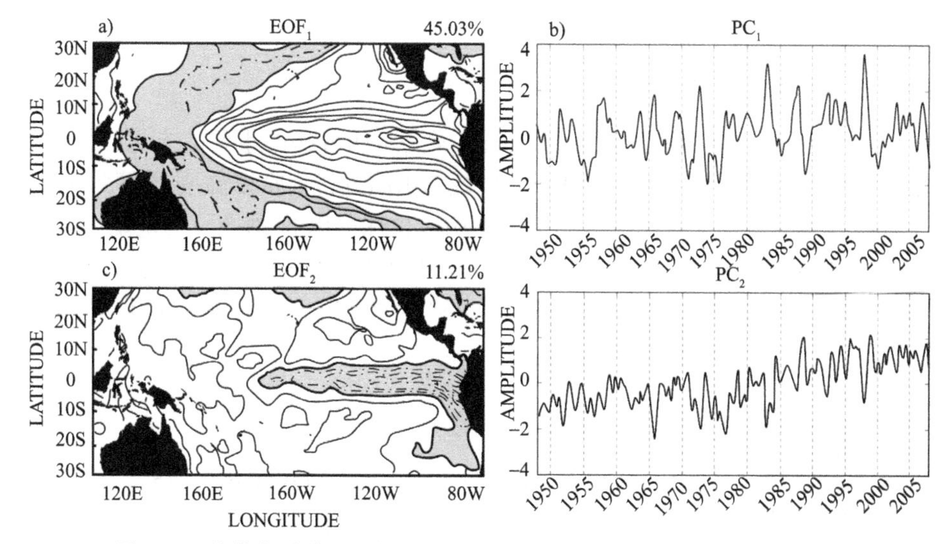

图 2.13　热带太平洋 SST 场的 EOF 前两个模态（Lian and Chen，2012）

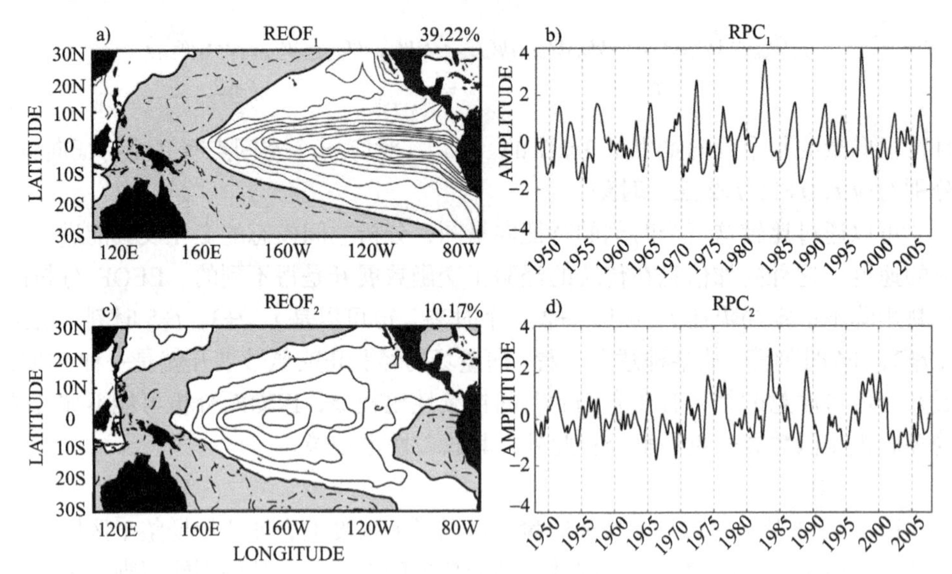

图 2.14 热带太平洋 SST 场的 REOF 前两个模态（Lian and Chen，2012）

Lian 和 Chen（2012）对 EOF 和 REOF 分解进行了综合比较，并应用在 1948～2007 年热带太平洋（南北纬 30°以内）的海表面温度 SST 场（图 2.13 和 2.14）。在两种展开中 SST 场均呈现显著的空间差异。与 EOF 方法相比，REOF 的前两个模态的空间分布更显著，更易于找到物理解释，可看作是 SST 降温模态和最新发现的“El Niño Modoki”现象（即赤道中太平洋增暖事件）。

2.4 水团分析方法

2.4.1 温-盐图解

温-盐分析即是温度和盐度的分析图，又是水团分析的重要的方法。因此温-盐图分析法与水团方法的发展分不开。传统的水团分析通常以温-盐图解为主要分析工具图，另一方面，水团分析新方法的引入也往往以温-盐图解为基础。

依据观测的海水温度和盐度值，可以绘制出各种形式的分析工具图，其中的温-盐图解对水团分析和研究的发展，曾起到很大作用。下面介绍几种主要的温-盐图解。

2.4.1.1 温-盐曲线

温-盐曲线最早于 1916 年由 Helland-Hansen 提出（Proudman，1953），它是以温度和盐度分别为纵、横坐标建立（*T*-*S*）平面，把固定测站每个层次上的水温和

盐度值标注在 *T-S* 平面上，然后按深度顺序把各层次的温-盐点连成曲线，即得温-盐曲线，如图 2.15，很显然温-盐曲线是关于深度分布曲线。该曲线在水团的综合分析法和浓度混合分析法中应用很广。Dietrich 等（1980）综述了温-盐曲线在其他方面的应用。

在 *T-S* 平面上，也可以同时绘制许多测站的温-盐剖面曲线，但这时有可能会因曲线的相互交错而掩盖了它们的主要特征或规律。因此分析时，需要抓住温-盐点集的带状分布特征，即根据温-盐曲线族的基本特点，进行大洋水团的划分与分析。

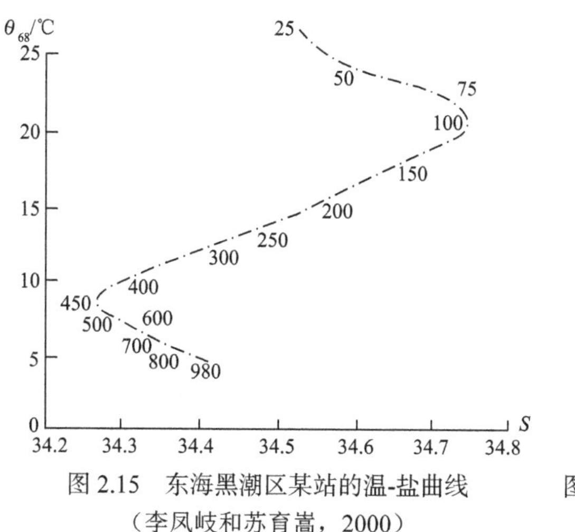

图 2.15 东海黑潮区某站的温-盐曲线（李凤岐和苏育嵩，2000）

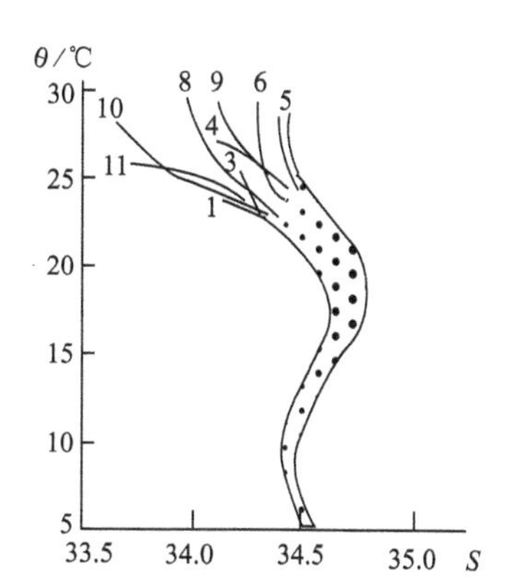

图 2.16 南海某站 1980 年的温-盐关系（李凤岐和苏育嵩，2000）

温-盐关系图在南海北部海区的水团划分与分析中的一个实例（图 2.16）：从次表层往下，点集的带状域（温-盐曲线族）愈趋收敛，而表层则发散。

2.4.1.2 温-盐点聚图

把某海区多个观测站的温-盐值绘制在同一个 *T-S* 平面上，便得到温-盐点聚图。其分布往往呈散射状分布，尤其在浅水海域和表层，由于混合强烈，温-盐点的分布更趋分散。但性质相近的水体其温盐点总是相对比较集中，如图 2.17 中黄海冷水团所对应的温-盐点是一簇点集。

用点聚图的理念对参量进行分类，在科学研究中应用很广泛，如气象学、地质学等学科，在海洋水团的分类中也得到广泛应用。由于水团是性质相近的水型的集合，它与温-盐点聚图中的“相对密集”的点集是对应的。点集之内及与其外的温-盐点，也分别对应于内同性和外异性。此外，用一个点集描述一个水团，比浓度混合分析中只用一个点，应该说更具有统计意义，这是点聚图分析法的优点。而其缺点则表现在只能用温度、盐度这两个指标来表述，且数据增多或水团混合

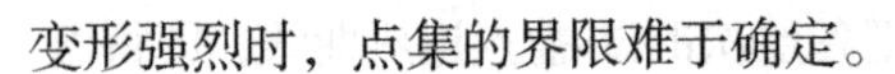
变形强烈时，点集的界限难于确定。

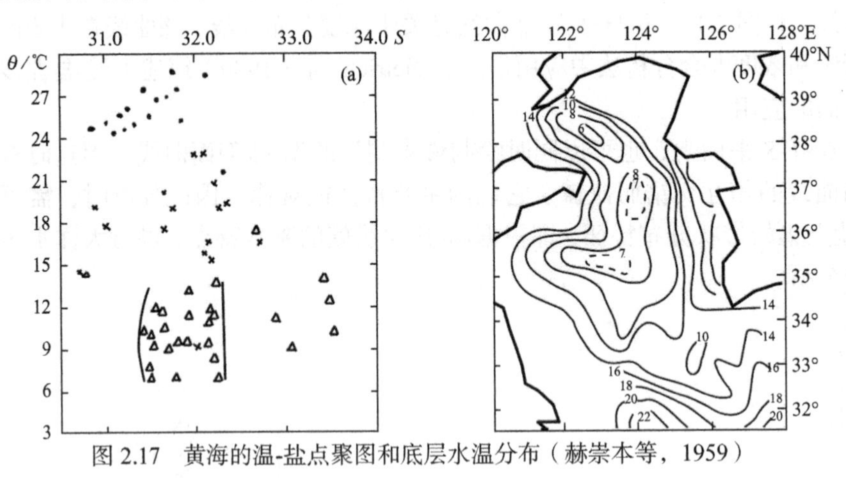

图 2.17　黄海的温-盐点聚图和底层水温分布（赫崇本等，1959）

2.4.1.3　温-盐图解

温-盐曲线、温-盐关系图和温-盐点聚图都是温-盐图解的某种形式。为了考察水团的来龙去脉，分析水团混合与下沉，常常在图上可以加绘条件密度 σ_t 或热（盐）比容偏差 $\Delta(S,t)$的等值线，把它们作为准等熵面，借以分析海水的特征与运动，这即是所谓水团分析的温-盐图解法。

国际标准单位制已经废止了 σ_t，而改为用密度超量

$$\gamma = \rho - 1000 \quad (\mathrm{kg/m^3})$$

理论上讲，以 γ 取代 σ_t 更为严格合理，尤其是在利用平面图或断面图来分析水团形成、下沉、混合与运动时。然而在温-盐图解上加绘 σ_t 的等值线更方便，而且在分析大洋上层水团的形成下沉、混合及运动时，仍能得到非常高的近似，所以至今仍被广泛使用。

2.4.1.4　分析实例

1. 世界大洋海水的温盐特征

世界大洋海水的温度和盐度，就整体而论很不均匀，但若就局部而言却又相对均匀（图 2.18）。

世界大洋的水温变化幅度可达 37℃以上：南大洋冰盖之下的水温可低达 −2.1℃，热带洋域的表层水温高达 28℃以上，在个别海域，例如红海和波斯湾，又可高达 35℃以上。盐度的变化范围也很大，在江河径流入海处，盐度接近于 0，外洋一般为 34～35，亚热带洋域特别是大西洋南北亚热带洋域可达 36～37，而在

某些局部半封闭海域如红海，可超过 42。且温-盐数据不是均匀地散布于此范围界定的温-盐图上，温-盐体积分配更不均匀。温-盐关系图中既有大片的空白区，也有少量孤立团簇，尤其是位于图的中间部分的密集重叠区。

局部而言则相对均匀，常常在温-盐关系图表现为集中在某些狭窄的范围内。在每一个相对集中的局部范围之内，海水温-盐特征的变化相对较小，亦即在该局部内具有相对均匀性。

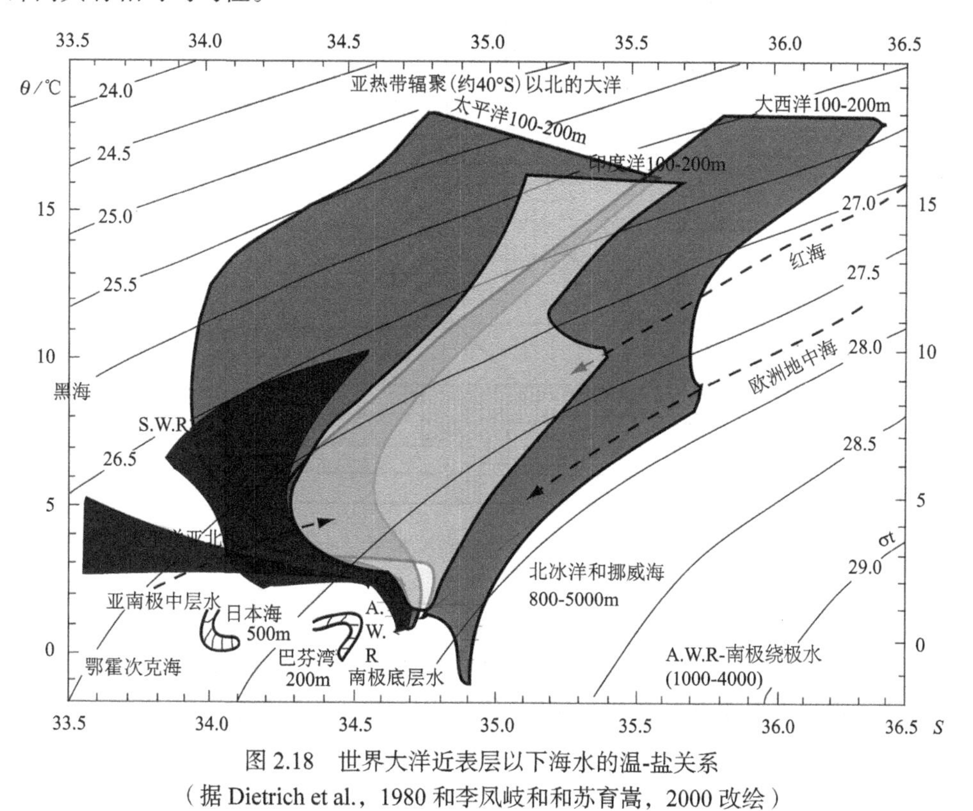

图 2.18　世界大洋近表层以下海水的温-盐关系
（据 Dietrich et al.，1980 和李凤岐和和苏育嵩，2000 改绘）

2. 温-盐特征的频率分析

温-盐图解上可以统计海水特征相对于水温或盐度的频率分布，给出频率分布图。

Montgomery（1958）分析了北大西洋（53° N，20° W）一个船测数据的实例（图 2.19）。频率计算时，温度间隔到 0.5℃，盐度间隔到 0.1。海水特征在水温 9.5～10.0℃和盐度 35.3～35.4 范围内的年频率为 38×10^{-3}；单元格频率大于 21.5×10^{-3} 的粗框线内的频率之和为 51.6×10^{-2}；单元格频率 $\geq5.5\times10^{-3}$ 细框线所包络的频率之和则超过了 89%。

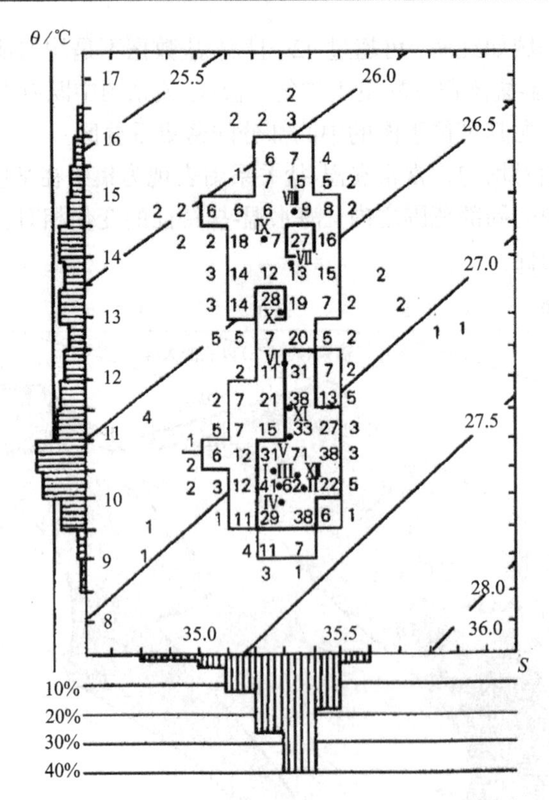

图 2.19　北大西洋某站（53°N，20°W）统计的表层水年温-盐图解（Montgomery，1958）

在图 2.19 的坐标轴外侧给出了一维频率直方图，将直方图平滑可得到频率曲线。图上的罗马数字 I～XII 标注的是月平均温度、盐度所对应的位置，把这些连接起来可得到一条闭合的 *T-S* 曲线。利用此图可以很方便地分析该站温、盐特征变化。

同样地可以将上述方法推广到多站，如对水平方向的测站和垂直方向上的各层观测资料进行分析。

三维空间里可以给出体积域里的分布（Montgomery，1958），这种体积分布图称为“*T-S-V*”（温-盐-体积）图（Pickard，1990）。在温-盐图解上以一定的水温和盐度间隔划分单元，对单元内的海水体积进行计算，从而可给出体积分布。图 2.20 是世界大洋水的体积分布，横轴是位温，点线为冰点温度 θ_f，纵轴为盐度，实曲线是位势比容偏差（单位是 $10^{-5}m^3/kg$）。图中粗黑线所跨越的温、盐度范围虽然不大，但体积却占了部分世界大洋海水的 75%，细折线则占到了 99%。水温介于 0～2℃和盐度介于 34～35 的单元所对应的海水体积最大，其主体即为“深层共同水”的深层水团（Montgomery，1958）。图 2.20 中还有几个孤立的体积高值单元，如盐度分别为 22～23、38～39 和 40～41 等，这分别对应着黑海、地中海和红海海水。

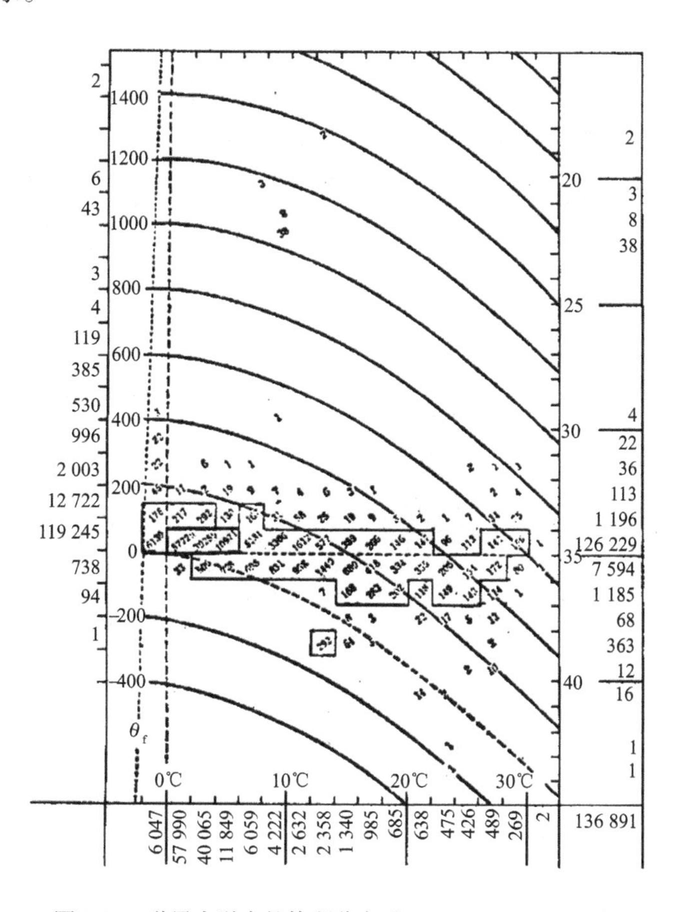

图 2.20　世界大洋水的体积分布（Montgomery，1958）

世界大洋海水中 10℃以下的低温水占了差不多体积的 92%（图 2.21）。图 2.21 中上侧及右侧栏内的斜体字，表示该图范围以外的体积分布。图中粗折线界定的少数单元占了整个海水体积的一半，而细折线则可达 75%。水温介于 1～1.5℃、盐度介于 34.7～34.8 的体积单元最大，这是典型的太平洋与印度洋深层共同水，其体积可占世界大洋海水的 30%；在太平洋中，其所占比例更大，可达 44%；印度洋次之，占 25%；在大西洋则只占 3%。图中体积频率大的单元在三个方向上比较明显。其中，向低温方向伸展的可到 0℃以下，盐度也低于上述深层水，此即南极底层水。伸向高温高盐方向的，其温度可高于 2℃，盐度可高达 34.95 以上，此即北大西洋深层水。而伸向高温低盐方向的则有不同的说法。某些孤立的体积频率相对高的单元也对应着一些特殊水团，如低温可达−1.5℃，盐度高达 34.90 以上的，是北极底层水、挪威海盆水及其越过冰岛-法罗岛海槛向北大西洋的“溢流水”（Worthington，1969）；对应于 8～8.5℃和 34.6～34.7 的则是南半球中层水等。

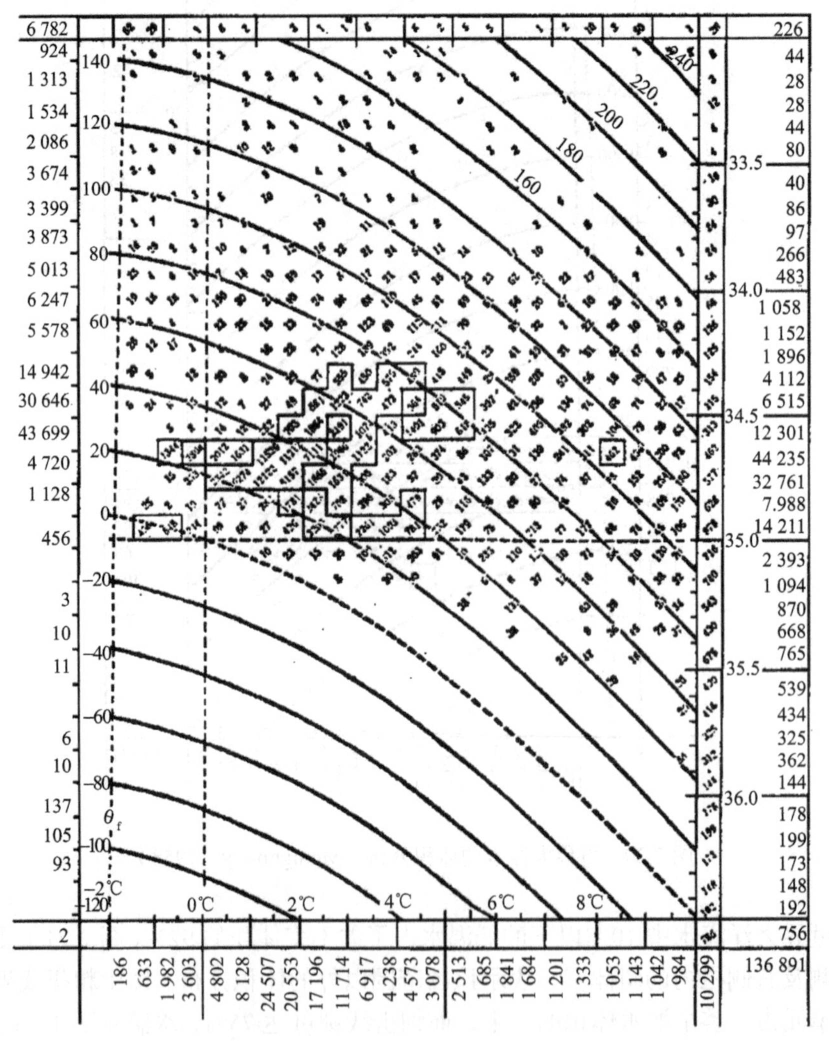

图 2.21　世界大洋 10℃以下海水的体积分布（Montgomery，1958）

多站的温盐点聚图上加绘频率分布曲线，曲线的峰值部分为水团的主体，而谷值则可能是水团之间的边界。我国研究者在分析外海水系和沿岸水系交混剧烈的东海水团时，发现水团的变性十分显著，援引浓度混合理论遇到了困难。引入“变性水团”的概念，避开浓度混合分析所依赖的“原始水型的核心值”，在确定水团边界时，采用频率分布曲线，“分区过滤法”确定水团边界（苏育嵩，1980，图 2.22）。

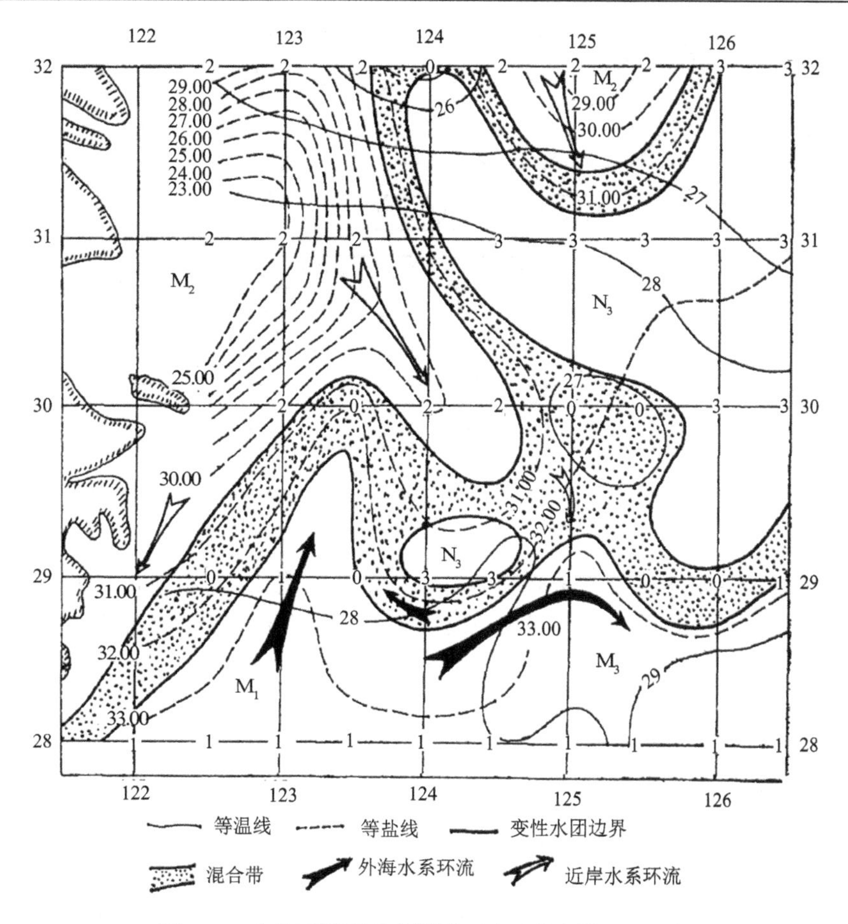

图 2.22　东海西部夏季水团及环流（苏育嵩，1980）

3. 海水体积输送的温-盐图解

在掌握海水温-盐特征的基础上，如果知道了海流，就可以计算出某种温盐特征海水的体积输送，从而分析该水团的形成、扩展和变性，弄清水团的演变过程。因此只要水平和垂直方向上海流的观测点都十分密集，而且充分覆盖流带范围，就可计算水体的输送。

Montgomery 和 Stroup（1962）首次应用该方法分析了太平洋赤道潜流（2°N～1°S，150°W）。在温-盐图解上依水温和标准比容偏差 δ_t 进行单元划分，然后计算每一单元中的地转流量（图 2.23）。向东的流量大于 4.5km^3/h 的单元，盐度基本上在 35 上下，流量最大的盐度在 35 以下。温度 12～15℃及盐度 34.9～35.0 的海水流量最大，这表明赤道以北海水对潜流的影响占优势。当然，盐度高于 35.0 的南半球海水对潜流影响也相当大。

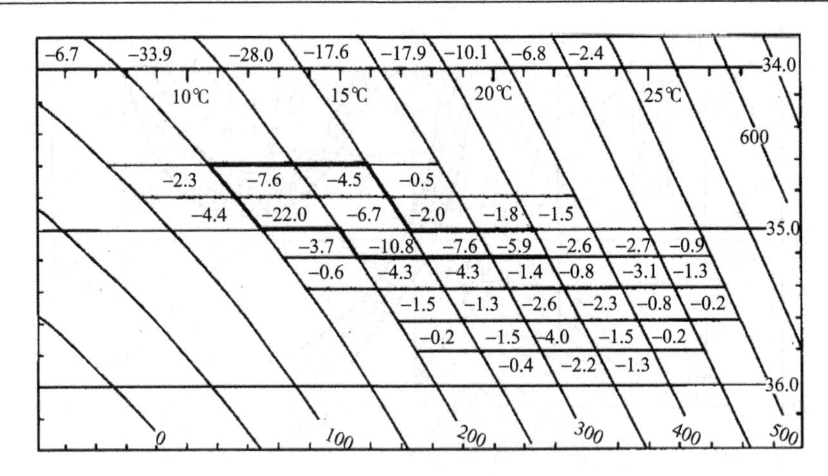

图 2.23　赤道潜流（2°N～1°S，150°W）的地转流（Montgomery and Stroup，1962）

单位：km^3/h，参考面为 3×10^4Pa，负号表示向东

应当指出，采用这类方法必须具备一些条件，例如，不论水平方向还是铅直方向，海流的断面观测点都要足够密集，要充分覆盖流带范围；而且，地转流的计算还与参考面的选取有关。

2.4.2　判别分析

判别分析又称分辨法，它是根据水温和盐度的数值特征进行分类判断的方法，例如，水温或盐度的分布类型，暖年、平年、冷年等。在海区的水团划分后，如果有新的观测值，则可由具体的温、盐观测值进行分析计算并进一步判别该温-盐特性的水体所应归属的水团。如果将水团的划分与外界影响因子联系起来，并建立判别预报式，从而可由预报因子的未来值对水团类型、强度等特征进行预报。

分辨法的核心问题是根据观测得到的预报因子的特征量进行线性组合，构造一个判别函数，然后由该判别函数进行类型判别。

建立预报量和预报因子之间判别函数的准则，主要有 Fisher 准则和 Bayes 准则；根据判断类型的数目判别又分为二级判别和多级判别。

2.4.2.1　两组（类）判别

判别分析中的类型划分是通过预报量的大小而进行的，预报量并不是真实的物理量，即使是赋给类别的分组号也只是个代号而已，如第 1 组、第 2 组的数字只是用来区别这两个不同的组。影响组与组之间差别的因子，可以有许多种组配方式，这些因子可以是测量直接得到的量也可以是计算可得的量。如何建立这类预报量与因子之间的判别函数呢？在两类判别中，经常使用 Fisher 判别准则，其思路是设法把多维量（因子）变换成一维量，再由这个一维量进行类型判断。下面以两组判别（又称二级分辨）为例，介绍 Fisher 准则下的判别方法。

1. 构造判别函数

设有 m 个预报因子（如温度、盐度），记为 $X^{(k)}$（k=1，2，…，m），写成向量形式为

$$X=(X^{(1)},X^{(2)},\cdots,X^{(m)})^{\mathrm{T}} \tag{2.49}$$

式中，上角标“T”代表矩阵转置。则可以把判别函数构造成如下线性形式

$$y=\sum_{k=1}^{m=1}C_k X^{(k)} \tag{2.50}$$

式中，$C_k(k=1,2,\ldots,m)$为判别系数，写成向量形式为

$$C=\left(C_1,C_2,LC_m\right)^{\mathrm{T}} \tag{2.51}$$

则

$$y=C^{\mathrm{T}}X \tag{2.52}$$

在判别函数给出后，由因子的观测资料就可计算出判别函数 y 的值。如果能给出判别函数 y 值的一个分界点（判据）y_c，就可以很容易把观测结果划分为两种类型。因此，问题的关键是如何确定判别系数 C 和判据 y_c。

2. 判别系数的求解

设两种类型中每个因子分别有 n_1 和 n_2 个观测值，则两种类型中每个因子的平均值为

$$\begin{cases}\overline{x}_1^{(k)}=\dfrac{1}{n_1}\displaystyle\sum_{j=1}^{n_1}x_{1j}^{k}\\ \overline{x}_2^{(k)}=\dfrac{1}{n_2}\displaystyle\sum_{j=1}^{n_2}x_{2j}^{k}\end{cases}\quad k=1,2,\cdots,m \tag{2.53}$$

第 1 种类型中判别函数 y 的平均值 $\overline{y}_1$ 和第 2 种类型的平均值 $\overline{y}_2$ 为

$$\begin{cases}\overline{y}_1=\dfrac{1}{n_1}\displaystyle\sum_{j=1}^{n_1}\sum_{k=1}^{m}C_k x_{1j}^{(k)}=\dfrac{1}{n_1}\sum_{j=1}^{n_1}y_{1j}=\sum_{k=1}^{m}C_k\overline{x}_1^{(k)}\\ \overline{y}_2=\dfrac{1}{n_2}\displaystyle\sum_{j=1}^{n_2}\sum_{k=1}^{m}C_k x_{2j}^{(k)}=\dfrac{1}{n_1}\sum_{j=1}^{n_1}y_{2j}=\sum_{k=1}^{m}C_k\overline{x}_2^{(k)}\end{cases} \tag{2.54}$$

其中 $x_{ij}^{(k)}$为对应 y 为第 i (=1,2)种类型中第 $j(=1,2,\cdots,m)$ 个因子第 $k(=1,2,\cdots,m)$ 个观测值。

每种类型内判别函数的离差平方和为

$$\begin{cases} \overline{y}_1 = \sum_{j=1}^{n_1}\left(y_{1j} - \overline{y}_1\right)^2 \\ \overline{y}_2 = \sum_{j=1}^{n_2}\left(y_{2j} - \overline{y}_2\right)^2 \end{cases} \tag{2.55}$$

如果把类型划分得合适，那么两种类型之间的判别函数平均值的差别 $(\overline{y}_1 - \overline{y}_2)$ 应该尽可能大，而每种类型内的差别（Q_1+Q_2）应该尽可能小，从而合适的类型划分应该满足

$$I = \frac{\left(\overline{y}_1 - \overline{y}_2\right)^2}{Q_1 + Q_2} \tag{2.56}$$

达到最大。这样合理划分类型，只要通过调整判别系数 C_k 达到上述目的即可，即要求满足

$$\frac{\partial I}{\partial C_k} = 0, \quad k=1,2,\cdots,m \tag{2.57}$$

把式（2.53）~（2.56）代入上式，可得

$$\begin{cases} R_{11}C_1 + R_{12}C_2 + \cdots + R_{1m}C_m = \overline{x}_1^{(1)} - \overline{x}_2^{(1)} \\ R_{21}C_1 + R_{22}C_2 + \cdots + R_{2m}C_m = \overline{x}_1^{(2)} - \overline{x}_2^{(2)} \\ \cdots\cdots \\ R_{m1}C_1 + R_{m2}C_2 + \cdots + R_{mm}C_m = \overline{x}_1^{(m)} - \overline{x}_2^{(m)} \end{cases} \tag{2.58}$$

其中法方程系数为

$$R_{kl} = \sum_{i=1}^{2}\sum_{j=1}^{n_i}\left(x_{ij}^{(k)} - \overline{x}_i^{(k)}\right)\left(x_{ij}^{(l)} - \overline{x}_i^{(l)}\right), k,l = 1,2,\cdots,m \tag{2.59}$$

因此，只要由因子的观测资料计算出相关系数，就可通过求解上述正规方程而求得判别系数 C_k。

3. 判据 y_c 的选取

判据 y_c 通常可以取两种类型预报量的加权平均值

$$y_c = \frac{n_1 \overline{y}_1 + n_2 \overline{y}_2}{n_1 + n_2} \tag{2.60}$$

如果两种类型中的观测个数相差比较大，那么用这种加权平均的方法求 y_c 其代表性会较低，此时需要采用其他方法确定判据，具体方法这里不再详述，可参见相关概率统计方法的书籍。

4. 判别预报

将与预报时刻对应的各因子资料 $X_*^{(k)}\ (k=1,2,\cdots,m)$，代入式（2.50）计算出未来时刻的判别函数 y_*，再进行如下判别：

（1）当 $\overline{y}_1 > \overline{y}_2$ 时。若 $y_* > y_c$，则预报结果为第 1 种类型，否则属于第 2 种类型。

（2）当 $\overline{y}_1 < \overline{y}_2$ 时。若 $y_* < y_c$，则预报结果为第 1 种类型，否则属于第 2 种类型。

2.4.2.2　多类判别预报

海洋中水温和盐度的类型或组别往往不只限于两个，存在多种类型是更普遍的情况，这时就需要对海洋的温盐特征作出多种分类，即要求作多类判别。

关于多类判别有许多种方法，下面仅介绍比较普遍适用的 Bayes 判别准则和一种常用的 Fisher 判别准则。Bayes 准则是在 Bayes 概率公式的基础上建立的，下面简单地介绍其原理和分析步骤。然后再给出 Fisher 多类判别的方法和步骤。

1. Bayes 准则

1）基本原理

前面介绍的 Fisher 判别，是把 m 个因子变换为一维的量而进行判别，这相当于施行了一个变换把 m 维欧氏空间投影到较低维的空间中。Bayes 判别的思路则是把全部观测样本集设法划分为 g 个互不相交的子空间（即 g 种类型），且使这种错分的概率达到最小。由于每个子空间是互不相交的，所以任何一个观测资料就只能归属于某一个子空间，对于新的观测资料，计算其对各个子空间的归属概率，那么新观测资料应该归属于其中概率值最大的那个子空间。这样 Bayes 类型判别就转换为如何计算观测资料对各个子空间的归属概率问题。

由概率统计理论可知，单变量 ξ 的正态分布密度为

$$f(\xi) = \frac{1}{\sigma\sqrt{2\pi}} \exp\left[\frac{(\xi - A)^2}{2\sigma^2}\right] \tag{2.61}$$

它能描述单因子 ξ 对该正态分布的归属概率。可以看出，如果因子 ξ 的方差 σ^2 越

小，ξ越接近于均值A，那么ξ归属于该正态分布的概率也就越大。如果把单变量推广到m维，其正态分布密度为

$$f_i(X)=\frac{\left|V_i^{-1}\right|^{1/2}}{(2\pi)^{m/2}}\exp\left[-\frac{1}{2}(X-A_i)^{\mathrm{T}}V_i^{-1}(X-A_i)\right],\quad i=1,2,\cdots,g \tag{2.62}$$

其中，i为划分类型的序号，V_I^{-1}为第i种类型的协方差阵V_i的逆矩阵，A_i为第i组的均值向量，上角标符号“T”号代表矩阵（向量）的转置。若设第i个水团内的离差矩阵为$S_i=[s^{(i)}{}_{kl}]$，k，l=1，2，…，m，即

$$s_{kl}^{(i)}=\sum_{j=1}^{n_i}\left(x_{ij}^{(k)}-\overline{x}_i^{(k)}\right)\left(x_{ij}^{(l)}-\overline{x}_i^{(l)}\right),\quad k,\ l=1,\ 2,\ \cdots,\ m \tag{2.63}$$

则有

$$\begin{cases}V_i=\dfrac{1}{n_i-1}S_i\\ V_i^{-1}=(n_i-1)S_i^{-1}\end{cases} \tag{2.64}$$

对于温度、盐度，或者是更多个变量的观测样本，其归属概率也与水团的均值和协方差矩阵有关。在多种类型划分的情况下，Bayes 准则则是构造如下g个函数

$$y_i(X)=q_i f_i(X)\quad i=1,2,\cdots,g \tag{2.65}$$

把$y_G(X)=\max(y_i(X))$，即使第G个构造函数为极大值的那些观测样本X都划归为第G种类型。上式中q_i为第i组的先验概率，在计算y_i时，它起“权重”的作用，在分析计算时它由经验而定。在均匀抽样的假设下，有一种取法是把样本在各种类型中的频数作为先验概率（王宗皓和李麦村，1974）

$$q_i=\frac{n_i}{\sum_{j=1}^{g}n_i}=\frac{n_i}{N}\quad i=1,2,\cdots,g \tag{2.66}$$

但其实由于没有理由认为样本来自某一类型的可能性特别大，而来自另一些类型的可能性又较小，因此有时也可取各组的先验概率都相等。

如果各类型内的协方差阵相等（这是一个重要假定），那么可以用总的协方差阵V代替每种类型内的协方差阵V_i，可以证明（李凤岐和苏育嵩，2000），第i种类型的判别函数可写为

$$y_i = \ln q_i + \sum_{k=1}^{m} C_{ki} X^{(k)} + C_{0i} \quad i = 1, 2, \cdots, g \tag{2.67}$$

式中，y_i是对原先的y_i取了对数但仍用原先的符号表示，而式中的系数为

$$\begin{cases} C_{ki} = \sum_{k=1}^{m} V_{kl}^{-1} \overline{x}_i^{(l)} \\ C_{0i} = -\frac{1}{2} \sum_{l=1}^{m} \sum_{r=1}^{m} V_{lr}^{-1} \overline{x}_i^{(l)} \overline{x}_i^{(r)} \end{cases} \tag{2.68}$$

其中，$\overline{x}_i^{(l)}$ 、$\overline{x}_i^{(r)}$ 分别为第l和第r个因子在第i组内的平均值，计算方法见式（2.53），而V_{kl}^{-1}是总协方差V的逆阵V^{-1}中的元素，其中

$$V = \frac{1}{N - g} \sum_{i=1}^{g} S_i \tag{2.69}$$

如果有待判别的因子的新观测值X_*，代入式（2.67）中可计算出每个组中的g个判别函数y_i值，其中最大的那个，即若$y_G=\max(y_i)$ $(1 \leqslant i \leqslant g)$，则预报结果为第$G$组，即新观测值所代表的现实应归到第$G$种类型中。此外，还可通过下式计算新观测值落于每种类型中的概率值

$$p_i = \frac{\exp(y_i)}{\sum_{j=1}^{g} \exp(y_i)} \quad i = 1, 2, \cdots, g \tag{2.70}$$

在分析结果中，最大概率值所对应的类型是指新观测值应归属的类型，而次大概率值也有较大的参考价值。

2）计算步骤

（1）计算每个因子在各组内的平均值

$$\overline{x}_i^{(k)} = \frac{1}{n_i} \sum_{j=1}^{n_i} x_{ij}^{(k)} \quad i = 1, 2, \cdots, g, \quad k = 1, 2, \cdots, m$$

（2）计算每一组内的离差矩阵

$$S_i = \left[s_{kl}^{(i)} \right] \qquad i = 1, 2, \cdots, g$$

$$s_{kl}^{(i)} = \sum_{j=1}^{g} \left(x_{ij}^{(k)} - \overline{x}_i^{(k)} \right) \left(x_{ij}^{(l)} - \overline{x}_i^{(l)} \right) \quad k, l = 1, 2, \cdots, m$$

（3）计算总协方差矩阵

$$V = \frac{1}{N-g}\sum_{i=1}^{g} S_i$$

（4）求 V 的逆矩阵

$$V^{-1} = \left[V_{kl}^{-1}\right] \quad k,l = 1,2,\cdots,m$$

（5）计算判别函数的系数 C_{ki}、C_{0i}

$$\begin{cases} C_{ki} = \sum_{k=1}^{m} V_{kl}^{-1}\overline{x}_i^{(l)}, \ k = 1,2,\cdots,m; \ i = 1,2,\cdots,g \\ C_{0i} = -\frac{1}{2}\sum_{l=1}^{m}\sum_{r=1}^{m} V_{lr}^{-1}\overline{x}_i^{(l)}\overline{x}_i^{(r)}, \ i = 1,2,\cdots,g \end{cases}$$

（6）由给定的 q_i 和给定的因子观测值 X_*，根据式（2.67）计算 y_i^*。

（7）选出 y^*_G=max(y^*_i) (1≤i≤g)，则观测值处于第 G 组（类型）。

（8）计算归属概率

$$p_i = \frac{\exp\left(y_i^*\right)}{\sum_{j=1}^{g}\exp\left(y_i^*\right)}$$

为了防止计算时溢出，计算时常把归属概率的计算式改为

$$p_i = \frac{\exp\left(y_i^* - y_G^*\right)}{\sum_{j=1}^{g}\exp\left(y_i^* - y_G^*\right)}$$

最大概率显然对应于预报的第 G 组，但有时次大概率也很有参考价值，尤其是当最大概率和次大概率值很接近时，选取预报结果的归属时就要非常慎重。

2. Fisher 准则

1）原理简介

由 Bayes 判别函数的导出过程（李凤岐和苏育嵩，2000）可知，它要求描述海水状态值的因子是多维正态的，且各水团内的协方差矩阵是相等的。水团分析中常常不能满足这种严格的条件要求。而 Fisher 准则下判别函数的导出，却对因子的分布没有严格的要求（陈敦隆，1982），因此它的适用范围更广。而且，该方法中关于类型内离差和类型间离差的概念，又恰与水团划分的内同性和外异性相

对应，因此，我们引入 Fisher 准则下多个水团的判别方法。

对于两种类型情况下的式（2.53）～（2.55），把类型数扩展为普遍情况的 g 个，即把这些公式中的角标 1 和 2 变成 i=1，2，…，g，便可计算出各类型内的离差平方和 Q_i，而总的类内离差平方和则为

$$\sum_{i=1}^{g} Q_i = \sum_{i=1}^{g}\sum_{j=1}^{n_i}\left(y_{ij}-\overline{y}_i\right)^2 \tag{2.71}$$

式中各符号的意义同前。

而类间离差平方和的计算稍复杂一些。设第 k 个因子所有观测样本（包括所有类型中的值）的平均值为 $\overline{x}^{(k)}$，则

$$\overline{x}^{(k)} = \frac{1}{N}\sum_{i=1}^{g} n_i \overline{x}_i^{(k)} \quad k=1,2,\cdots,m \tag{2.72}$$

判别函数的总平均值为

$$\overline{y} = \sum_{i=1}^{m} c_k \overline{x}^{(k)} \tag{2.73}$$

如果各种类型之间划分得比较合理，那么各种类型之间的差别总体说来应该比较大，从而 $\sum_{i=1}^{g} n_i\left(\overline{y}_i-\overline{y}\right)^2$ 之值应该较大。

根据 Fisher 准则的要求，即要求类间差与类内差的比值

$$\lambda = \frac{\sum_{i=1}^{g} n_i\left(\overline{y}_i-\overline{y}\right)^2}{\sum_{i=1}^{g}\sum_{j=1}^{n_i}\left(y_{ij}-\overline{y}_i\right)^2} \tag{2.74}$$

达到极大值。

将式（2.54）及式（2.73）代入上式，可得

$$\lambda = \frac{C^{\mathrm{T}}BC}{C^{\mathrm{T}}SC} \tag{2.75}$$

其中

$$B = \left[b_{kl}\right] = \sum_{i=1}^{g} n_i\left(\overline{X}_i-\overline{X}\right)\left(\overline{X}_i-\overline{X}\right)^{\mathrm{T}} \tag{2.76}$$

$$b_{kl}=\sum_{i=1}^{g}n_i\left(\overline{x}_i^{(k)}-\overline{x}_i^{(k)}\right)\left(\overline{x}_i^{(l)}-\overline{x}_i^{(l)}\right),\quad k,l=1,2,\cdots,m \tag{2.77}$$

为 g 个类型间的 $m\times m$ 维离差矩阵，可以用来描述 g 个水团之间的差异。判别系数向量 C 和因子向量 X 的形式见式（2.49）和（2.51）。而 S 为 g 个类型内的 $m\times m$ 维离差矩阵

$$S=\sum_{i=1}^{g}S_i \tag{2.78}$$

式中，S_i 为第 i 个类型内的离差矩阵 $S_i=\left[s_{kl}^{(i)}\right]$，

$$s_{kl}^{(i)}=\sum_{j=1}^{n_i}\left(x_{ij}^{(k)}-\overline{x}_i^{(k)}\right)\left(x_{ij}^{(l)}-\overline{x}_i^{(l)}\right),\ i=1,2,\cdots,g;\ k,l=1,2,\cdots,m \tag{2.79}$$

S、B 恰好对应了划分类型的内同性和外异性。

为了使式（2.75）达到极大值，要求 $\frac{\mathrm{d}\lambda}{\mathrm{d}C}=0$，即

$$\left(S^{-1}B-\lambda I\right)C=0 \tag{2.80}$$

式中，I 为单位阵，S^{-1} 为 S 的逆矩阵。由式（2.80）可知，λ 即是 $S^{1}B$ 的特征根，而 C 为其相对应的特征向量。特征根 λ 是非负值，因此可以把它由大到小排列成

$$\lambda_1\geqslant\lambda_2\geqslant\lambda_3\geqslant\cdots\geqslant\lambda_r\geqslant 0$$

其中 r 为矩阵 $S^{1}B$ 的秩。而其对应的特征向量，循此排列为

$$C^{(1)},C^{(2)},\cdots,C^{(r)}$$

依式（2.74），λ 的大小体现了相应的判别函数（在 Fisher 准则下的）对类型判别的准确度。λ_l 所对应的判别函数的准确度，可由百分比

$$R=\frac{\lambda_l}{\sum_{k=1}^{r}\lambda_k} \tag{2.81}$$

来衡量。一般只取前几个大的 λ_l，其所对应的判别函数的累加判别准确度就可达90%以上。如果第一个特征值所占的比重 $\lambda_1\Big/\sum_{k=1}^{r}\lambda_k$ 足够大，则可以只取第一个本征值 λ_1，构造判别函数

$$^{(1)}y=\sum_{k=1}^{m}c_k^{(1)}x^{(k)} \tag{2.82}$$

从而各个类型的判别函数的平均值为

$$^{(1)}\overline{y}_i=\frac{1}{n_i}\sum_{j=1}^{n_i}{}^{(1)}y_i^{(j)}=\sum_{k=1}^{m}c_k^{(1)}\overline{x}_i^{(k)} \tag{2.83}$$

对于未知归属的待判观测样本 X_*，代入式（2.82）计算出 $^{(1)}\overline{y}_*$，把该计算值与每个已知类型的平均值 $^{(1)}\overline{y}_i$（$i=1,2,\cdots,g$）逐一进行比较，某个判别函数的平均值与 $^{(1)}\overline{y}_*$ 最接近的那个类型，便是观测样本 X_* 最可能归属的类型。

若只取前 l 个特征值 λ_l 建立判别函数，则可相应地计算出 $^{(1)}\overline{y}_i$，$^{(2)}\overline{y}_i$，…，$^{(l)}\overline{y}_i$，i=1，2，…，g。同样由 X_* 也可计算出 $^{(1)}\overline{y}_*$，$^{(2)}\overline{y}_*$，…，$^{(l)}\overline{y}_*$，如果

$$\sum_{p=1}^{l}\left[{}^{(p)}y_*-{}^{(p)}\overline{y}_G\right]^2\leqslant\sum_{p=1}^{l}\left[{}^{(p)}y_*-{}^{(p)}\overline{y}_i\right]^2,\quad i=1,2,\cdots,g \tag{2.84}$$

则判定观测样本 X_* 归属于第 G 种类型。

2）分析步骤

（1）计算各种类型内每个因子的均值 $\overline{x}_i^{(k)}$

$$\overline{x}_i^{(k)}=\frac{1}{n_i}\sum_{j=1}^{n_i}x_{ij}^{(k)}\quad,\ i=1,2,\cdots,g;\ k=1,2,\cdots,m$$

（2）计算各个因子在每一种类型中的总平均值 $\overline{x}^{(k)}$

$$\overline{x}^{(k)}=\frac{1}{N}\sum_{j=1}^{g}n_i\overline{x}_i^{(k)},\quad k=1,2,\cdots,m$$

（3）计算每种类型内的离差矩阵

$$S_i=\left[s_{kl}^{(i)}\right],\quad i=1,2,\cdots,g;\ k,\ l=1,2,\cdots,m$$

（4）计算 g 种类型内的离差矩阵

$$S=\sum_{i=1}^{g}S_i$$

（5）计算 g 种类型间的离差矩阵

$$B=\left[b_{kl}\right],\ k,\ l=1,2,\cdots,m$$

（6）求出 $S^{(-1)}B$ 的特征根 $\lambda_1 \geqslant \lambda_2 \geqslant \cdots$ 及其对应的特征向量 $C^{(1)}$，$C^{(2)}$，…。由累加判别函数的准确度的百分数 R 决定取前 l 个特征值的个数：$\lambda_1 \geqslant \lambda_2 \geqslant \ldots \geqslant \lambda_l$，相应地取前 l 个特征向量：$C^{(1)}$，$C^{(2)}$，…，$C^{(l)}$。

（7）计算每种类型判别函数的平均值：${}^{(1)}\overline{y}_i$，${}^{(2)}\overline{y}_i$，…，${}^{(l)}\overline{y}_i$，i=1，2，…，g。

（8）由式（2.84）或其他判别规则（陈敦隆，1982；陈上及和马继瑞，1991）进行待定观测样本的类型判别。

3. 两种判别准则的比较

前面分别介绍了二组分辨采用的 Fisher 准则以及在多组分辨中所采用的 Bayes 准则和 Fisher 准则的计算步骤，它们的差别在于处理问题的思路和要求的条件不同。

从思路上看：Fisher 准则是把多维因子变换为一维变量，依分界点（判据）作判别，而 Bayes 准则则是把多维空间划分为互不相交的子空间，根据归属于子空间的概率大小进行类型归属的判别。从对因子要求的条件看，Bayes 判别要求多维因子都服从正态分布，且各组的协方差相等，这种要求是比较严格的。在使用 Bayes 准则分类时应先检验因子是否满足所要求的前提条件，而 Fisher 判别对因子的分布没有过多的要求。从对实际观测资料的判别分析效果看，当因子分布接近于正态分布时，Bayes 判别要好于 Fisher 判别。

2.4.2.3 类型划分的显著性检验

前面建立的判别函数是否可以用来比较准确地进行海水温度和盐度的类型划分呢？或者说如何正确评价这些判别函数的实用价值？这是通过显著性检验来实现的。

1. 两种类型存在差异的显著性检验

下面介绍如何利用已建立的判别函数对两组均值之间的差异性进行显著性检验的方法。通过 F-检验对两种类型存在差异进行检验的 F 统计量为

$$F = \frac{n_1 n_2 (n_1 + n_2 - m + 1)}{m(n_1 + n_2)(n_1 + n_2 - 2)} D^2 \tag{2.85}$$

式中，D^2 为两种类型内平均值的马氏距离，可由判别系数计算出来

$$D^2 = \sum_{k=1}^{m} (C_{k1} - C_{k2}) \left(\overline{x}_1^{(k)} - \overline{x}_2^{(k)} \right) \tag{2.86}$$

其中，C_{ki} 由式（2.68）求得，为 Bayes 判别式的系数（i=1，2）。在 Fisher 判别中，由于两种类型的判别系数退化为一组系数（即 m 个因子的系数，见式（2.50）），

D^2 简化成

$$D^2 = \sum_{k=1}^{m} C_k \left(\overline{x}_1^{(k)} - \overline{x}_2^{(k)} \right) = \overline{y}_1 - \overline{y}_2 \tag{2.87}$$

在给定置信水平 α 后，由自由度（m，n_1+n_2-m+1）查 F-分布表得到理论临界值 F^*，由式（2.85）计算出 F，如果 $F>F^*$，则认为由这 m 个因子组成的判别函数在用来进行两种类型的划分时是有效的；否则说明按上述方式用这 m 个因子构造的判别函数对判别预报两种类型时不太有效，或者说两种类型中这 m 个因子的差异不太显著。

2. 多种类型存在差异的显著性检验

1）g 种类型划分有效性的检验

每种类型内的内同性可用所有类型的类型内离差矩阵 $S=[s_{kl}]$表征

$$S_{kl} = \sum_{i=1}^{g} \sum_{j=1}^{n_i} (x_{ij}^{(k)} - \overline{x}_i^{(k)})(x_{ij}^{(l)} - \overline{x}_i^{(l)}) \quad k,l = 1,2,\cdots,m \tag{2.88}$$

而各种类型之间的外异性可用类型间的离差矩阵 $B=[b_{kl}]$表征

$$b_{kl} = \sum_{i=1}^{g} n_i (\overline{x}_i^{(k)} - \overline{x}^{(k)})(\overline{x}_i^{(l)} - \overline{x}^{(l)}) \quad k,l = 1,2,\cdots,m \tag{2.90}$$

其中，$\overline{x}^{(k)}$、$\overline{x}^{(l)}$ 分别为第 k、l 个因子在全部观测样本中的总平均，见式（2.72）；而 $\overline{x}_i^{(k)}$、$\overline{x}_i^{(l)}$ 为第 k、l 个因子在第 i 种类型内的平均值，由式（2.53）计算。

通过对各种类型之间进行调整，可以使类型划分得最合适，即 S 最小，其总的离差矩阵 $S+B=E=[e_{kl}]$会随着类型之间划分的调整而变化，譬如说分为 g 组（当 N 给定时），则有

$$e_{kl} = \sum_{i=1}^{g} \sum_{j=1}^{n_i} x_{ij}^{(k)} x_{ij}^{(l)} - N\overline{x}^{(k)}\overline{x}^{(l)} \quad k,l = 1,2,\cdots,m \tag{2.91}$$

从而 Wilk 分布的统计量 W

$$W = \frac{\det(S)}{\det(E)} \tag{2.92}$$

越小，说明类型划分得越好。但 Wilk 分布（m，$N-g$，$g-1$）的表在参考书中不容易找到，实际分析中常用 χ^2-分布近似代替。多种类型的显著性检验的 χ^2 分布统计量为

$$-[(N-1)-\frac{1}{2}(m+g)]\ln V \approx \chi^2[m(g-1)]$$

由自由度 $m(g-1)$查 χ^2 分布表得理论值 χ_*^2，当上式之值大于由 χ^2 分布表查到的 χ_*^2 时，则说明这 m 个因子对判别预报 g 种类型是有效的。只是 χ^2 分布要求因子数比较多，这对温度或盐度单因子分析不太合适。因此，这时经常可通过近似的 F 检验式来代替 Wilk 检验，但计算式子较复杂，这里不再赘述（李凤岐和苏育嵩，2000）。

2）g 种类型中任意两种类型存在差异的显著性检验

上述检验只能给出将整个水体划分成 g 种类型是否合适，为保证这其中任意两种类型之间也存在显著性差异，还应两两配对，进行 F 检验

$$F_{pq}=\frac{n_p n_q(N-m-g+1)}{m(n_p+n_q)(N-g)}D_{pq}^2 \quad (p,q=1,2,\cdots,g) \tag{2.93}$$

给定置信度 α，查自由度为（m，$N-m-g+1$）的 F 分布表理论值 F^*。若对每一组（p，q）都能通过此种 F 检验，则表明利用这 m 个因子对该海区判别分析成 g 种类型的每一种类型都是有效的。

2.4.2.4　分析实例

根据对黄海和东海聚类分析的结果，给出一个两个水团的计算实例（苏育嵩等，1983）。为简便计，仅 HE 和 H 两个水团，且仅在每个点集中取 10 个测样（图 2.24a）。

首先，计算各水团内海水温度、盐度的平均值 $\overline{x_{ik}}$

$$\overline{x_{11}}=12.70 \qquad \overline{x_{12}}=33.46 \qquad \overline{x_{21}}=7.86 \qquad \overline{x_{22}}=32.14$$

和便于手算或编程的一种相关系数 R_{kl}（注意：并非相关系数的定义）

$$R_{kl}=\sum_{i=1}^{2}\left[\sum_{j=1}^{n_i}x_{ik}^{(j)}\cdot x_{il}^{(j)}-\frac{1}{n_i}\sum_{j=1}^{n_i}x_{ik}^{(j)}\cdot\sum_{j=1}^{n_i}x_{il}^{(j)}\right] \quad k,l=1,2,\cdots,m$$

$$R_{11}=58.324 \qquad R_{12}=R_{21}=5.346 \qquad R_{22}=3.308$$

建立并求解线性方程组

$$\begin{cases}58.324c_1+5.346c_2=4.84\\5.346c_1+3.308c_2=1.32\end{cases}$$

其系数为

$$\begin{cases} c_1 = 0.0545 \\ c_2 = 0.3110 \end{cases}$$

建立判别函数

$$y = 0.0545 \cdot x_{\cdot 1} + 0.3110 \cdot x_{\cdot 2}$$

计算判据 y_c

$$\overline{y_1} = 11.0976 \qquad \overline{y_2} = 10.4234$$
$$y_c = 10.7605$$

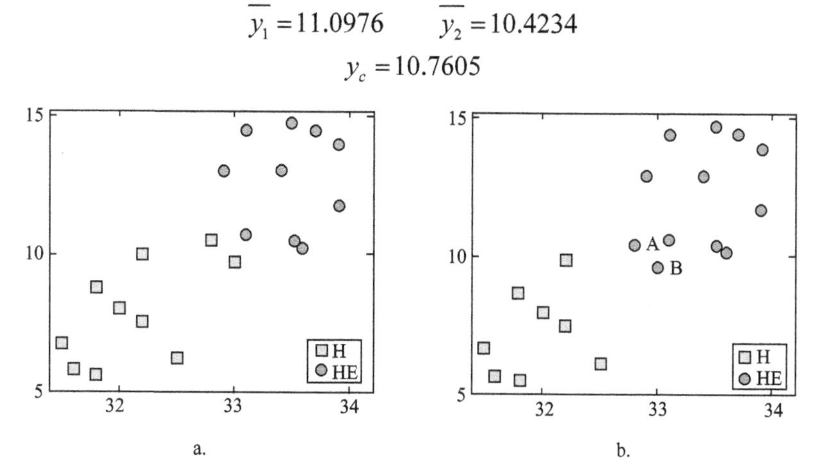

图 2.24　黄海和东海水团分析的温盐点聚图（据苏育嵩等，1983 改绘）

a. 原两个水团和各 10 个测样；b. Fisher 判别后的水团及其测样

类型划分检验。HE 的 10 个测样完全符合。H 中有两个测样被划入 HE（图 2.24b）。错判的原因在与我们在 H 中抽样大多偏于低温低盐特性，导致 H 中的 A、B 测样偏离其均值较远，而相对的，离 HE 水团较近；此外，线性模型本身的局限性，也有一定影响。

若有新的测样 x_*=（10.1，33.7），计算 y_*=10.7196，小于 y_c，又因 $\overline{y_1} > \overline{y_2}$，所以判定新测样归属水团 H。

第三章　潮汐潮流分析方法

海洋潮汐是海洋物理现象中的一个典型现象。它是指在天体引潮力作用下形成的某些特定频率上的周期性波动现象，在铅直方向上表现为潮位的周期性升降，而在水平方向上则表现为潮流的周期性运动。

潮汐、潮流与国民经济建设密切相关，如国防建设、航运交通、海洋资源开发、能源利用、环境保护、近海和远海工程建设以及海岸防护等各方面。由于沿海交通便利、排污方便等一系列优点，沿海工业发展迅速，污染物大量入海，港口、海堤等沿海工程，以及海上石油工业发展迅速，这都要求了解流场（包括潮流场）的分布和变化规律。

潮汐的原动力——引潮力，可分解为一系列频率（周期）的分力，而每一个分力引起一个简谐振动——分潮。对实际观测的水位资料进行调和分析可求出各个主要分潮的平均振幅和初位相，结合天文条件可推算未来时刻的潮汐，进行潮汐预报。

计算机的出现和广泛应用对潮汐分析和推算起了极大的促进作用。19 世纪 50 年代前后多采用 Darwin 法，或者 Doodson 法进行分析，而最小二乘法被用于潮汐分析是计算机及计算技术被广泛用于物理海洋研究的结果。

3.1　潮汐潮流现象

3.1.1　潮汐现象及月中天

1. 潮汐现象

地球上的海水，在月球和太阳的作用下产生的一种规律性的上升下降运动叫做潮汐。潮汐的主要成因是由于地球表面上各点离月球和太阳的相对位置不同，各点所受到的引潮力有所差异，从而导致地球上海水相对运动。由引潮力引起的海面升降叫做重力潮。太阳辐射强度的周期性变化会引起气象条件的周期性变化，也会间接地引起海面的周期性升降，这部分叫辐射潮，它通常比重力潮小得多。气象条件的非周期性变化会引起水位的非周期性升降，这种升降称为增减水，由风暴（通常指台风或温带气旋等灾害性天气系统）引起的异常增减水称为风暴潮。潮汐运动主要取决于月球、太阳和地球的相对位置，而增减水则主要取决于天气条件。

引潮力和辐射强度的周期性变化同时也能引起地壳和大气的潮汐运动，前者叫固体潮或地潮，后者叫大气潮，而海洋中的潮汐就叫做海潮。海潮现象与人类活动较密切，也最容易被观测到，通常的潮汐指海潮。

海洋中的大部分海域，潮汐运动的平均周期为半天左右。我国古代，人们把白天海水上涨的现象称为潮，晚上的上涨称为汐，合称潮汐。下面介绍几个最常用的潮汐概念。

高潮和低潮。在潮汐升降的每一周期中，当海面涨至最高时，叫做高潮或满潮。当海面降至最低时，叫做低潮或干潮。

涨潮和落潮。从低潮到高潮的过程中，海面逐渐升涨为涨潮。自高潮至低潮的过程中，海面逐渐下落为落潮。

平潮和停潮。当潮汐达到高潮的时候，海面暂停升降，此时为平潮。低潮时暂停升降为停潮。平潮（停潮）时间的长短因地而异，尤其与潮汐类型密切相关，几分钟或几十分钟，最长可达一二小时以上。一般是取平潮（停潮）的中间时刻为高潮时（低潮时），但有些港口为了实用方便起见，也可取平潮（停潮）开始时刻为高潮时（低潮时）。

潮差。相邻的高潮与低潮的水位高度差，叫做潮差。潮差的大小因地因时而异。潮差的平均值，叫做平均潮差。

涨潮时间和落潮时间。从低潮时至相邻的高潮时所经历的时间，叫涨潮时间。从高潮时至相邻的低潮时所经历的时间，叫落潮时间。

2. 与潮汐有关的天文学知识

1）天球及赤、黄道坐标系

人们在夜间观察天空时，它好像是一个以自己或地球为中心的半球。如果不考虑天体离我们的真实距离，只考究它们所在的方位，这个假想的球面，就称之为天球。我们对天体的视线在球面上的投影就是这个天体在天球上的视位置。

由地球的自转轴线向上、下无限延长与天球相交的两点叫天极。通过天球中心与观察点的铅直线与天球的两交点分别叫天顶和天底。通过天极和天顶、天底的大圆叫子午圈。天顶与任一天体之间的角距离叫天顶距。天体经过子午线时叫上中天（离天顶近）或下中天（离天底近）。通过天体和天极的大圆叫时圈，子午圈和时圈之间的夹角叫时角，时角向西量为正。

2）太阳的运动和时间

天球上太阳中心周年视运动的轨迹叫黄道，它与赤道的交角即黄赤交角为23°27′。太阳由南向北穿过赤道时的交点叫春分点，由北向南穿过赤道的交点则为秋分点。黄道最北边和最南边的两个点分别叫夏至点和冬至点。从春分点向东计算到时圈在天球赤道上的垂趾这一段弧的度数叫赤经，从天球赤道向北计算到天体的中心位置这一角距离叫赤纬。以春分点和以黄道面作计算的便叫黄经和黄纬。

太阳的赤纬是周期性变化的。夏至太阳在北赤纬 23°27′，冬至太阳在南赤纬23°27′。夏至过后十天左右，太阳移动得特别慢（每天 57′左右），而冬至过后十天左右，太阳移动得又特别快（每天1°1′左右）。这是由于地球绕太阳的公转轨道为一椭圆，而太阳位于其一个焦点上，这就使得在一年当中太阳的视运动速度不均匀。7月4日地球经过远日点，运动较慢，1月3日地球经过近日点，运动较快。所以从春分到秋分的半年有186天，而从秋分再回到春分的半年却只有179天。

由于太阳周年视运动的不匀速，以真太阳的运动来计算时间就不是均匀流逝的，每天最长与最短可相差51秒，这样用以计量时间是不方便的。所以，人们首先设想在黄道上有一个作等速运动的辅助点，其运行速度等于太阳视运动的平均速度，并和太阳同时经过近地点和远地点。然后再引入一个沿赤道作等速运动的第二个辅助点，它的运行速度和在黄道上的辅助点的速度相同，并且同时通过二分点，这第二个辅助点叫平太阳。由于地球的自转，平太阳相近两次通过观测地点子午线的时间间隔便叫做一个平太阳日。一个平太阳日分为24个平太阳时，一小时分为60分，一分钟又分为60秒，这是目前我们所采用的时间单位。一个平太阳日简称一日或一天。

太阳从春分点出发在黄道上运转一周，再回到春分点所需的时间称为一年，又叫一个回归年（长度为365.2422平太阳日）。

一个回归年不是平太阳日的整数，取365天为一平年，尚余0.2422日，这样4年多出近一天，因而目前通用的阳历规定：凡是4的整数倍的年份定为闰年，世纪年还要求世纪数也能被4整除。平年与闰年差一天，这在潮汐分析计算中很重要。

基于某地子午线的地方时间系统定义为，平太阳处于下中天，平太阳时角为180°的时刻定为0时，当平太阳处于上中天，平太阳时角为0°的时刻定为12时，这叫地方平太阳时，简称为地方时。可以看出，同一经线上各地的地方时是相同的。从而时角（T）与时间（t小时）的关系式为

$$T=15°t-180°$$

1884年国际经度会议制定了时区制度，将地球表面按经线分为24区，称为时区。以英国Greenwich天文台本初子午线为基准，东西经度各7°30′的范围为零时区，然后每隔15°划分一个时区。在一个区内一律使用它的中央子午线的时间，称为该区的“标准时”——区时。每越过一区的界限，时间相差1小时。

3）月球的运动与太阴日

在天球上月球的视运动轨道叫白道。它与黄道交角的平均值为5°09′，在173天中变化于4°57′和5°19′之间。月球从南向北穿过黄道的点叫升交点，与它正相对的点叫降交点。由于太阳引力的作用，交点沿月球运动相反方向即自东向西移动，每年大约移动19°34′，因此需18.61年交点回转一周。月球交点的西退运动，引起赤、白交角不断变化。在18.61年中，当月球升交点与春分点重合时，白道在黄道的外侧，这时赤、白交角，即月球赤纬等于23°27′+5°09′=28°36′。当升交

点与秋分点重合时，白道在黄道的内侧，这时月球赤纬为 23°27′−5°09′=18°18′。若再考虑 173 天内黄、白交角的变化，赤白交角的变化范围还略有变动。

月球在白道上从赤白交点（赤纬为零）出发运转一周为一个回归月（长度为 27.32158 平太阳日）。月球轨道的近地点沿月球运动方向每天向前移动 0.1114°，每隔 8.84732 回归年完成一个周期。

天体对某地子午线绕转一周的时间通称为一日。太阳绕地球子午线一周是一太阳日，等于 24 小时；月球绕地球子午线一周为一太阴日，约 24.8412 小时。如图 3.1 所示，月球处在 B 点时，地球上 A 点为月上中天，此后地球自转一周到 A' 点，但月球已不在 B'点，已经转到 B''点，所以地球须再转到 A''点，才是第二次月上中天，从 A'至 A''所需时间约 50 分钟，故从第一次月上中天至第二次月上中天，就是一个太阴日平均需时 24 时 50 分（24.84 小时）。地球上的潮汐主要受月球引潮力的影响，某天的月上中天要比前一天的月上中天时间推迟 50 分钟左右，故这一天的高潮（低潮）时也要比前一天约推迟 50 分钟，例如昨天高潮时为 8 时，则今天的高潮时便约为 8 时 50 分。

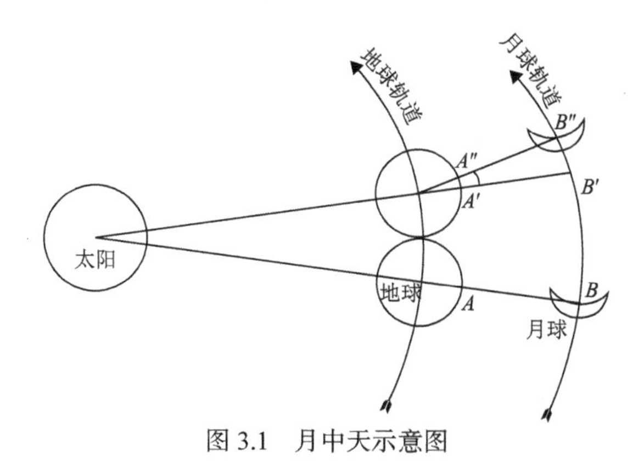

图 3.1　月中天示意图

3.1.2　潮汐的类型

根据前面月球运动的相关知识，潮汐的周期一般应是 12 小时 25 分钟，也就是半天左右，如果某一港口的潮汐属于这种情况，则称它为半日潮港。但是也有少数地区在大多数日子里每天只有一次高潮和低潮，即平均周期为 24 小时 50 分左右，这样的港口叫做全日潮港。中国大多数海区属半日潮性质，但北部湾则是全球海洋中少数典型的全日潮海区之一。另有一些港口的潮汐情况则介于这两者之间，叫做混合潮港。

实际上潮汐变化中包含有日周期振动和半日周期振动两部分，这两部分振动的相对大小则决定了某海域的潮汐类型。在实际应用中为了方便，通常根据全日分潮和半日分潮的振幅比划分潮汐类型。在日分潮中最主要的是太阴太阳合成日

分潮 K_1 和太阴日分潮 O_1 两个分潮，在半日分潮中最主要的是太阴半日分潮 M_2 分潮，在我国通常是根据 K_1 和 O_1 两全日分潮振幅之和与 M_2 分潮振幅的比值大小对潮汐进行分类。

1. 半日潮港

当主要半日分潮的半潮差远大于日分潮的半潮差时，此港便为半日潮港。半日潮海区在每个太阴日（24 小时 50 分钟）中有两次高潮和两次低潮，且两相邻高潮或低潮的时间间隔约为 12 小时 25 分。

若用 H 表示各分潮的平均振幅（潮汐调和常数），则 $\frac{H_{K_1}+H_{O_1}}{H_{M_2}}<0.5$ 时，该海区属正规半日潮，如青岛为 0.38。此值越大，日潮不等现象越显著。有些港口的此值虽不大，但潮差较大，日潮不等也可能较大，如厦门，当月赤纬最大时，低潮不等可达 1 米左右，当夏、冬至附近的月赤纬最大的大潮时，低潮不等可达 1.5 米左右。

半日潮港又可分为正规的半日潮港和非正规的半日浅海潮港。非正规的半日浅海潮港一般是在浅海或河口区，其主要特征是涨潮时间与落潮时间不相等，较常看到的是落潮时间比涨潮时间长的现象，如我国长江口下游和杭州湾的海域；也有一些海域的涨潮时间长于落潮时间，但比较少见。

落潮与涨潮时间的差别，主要取决于浅水分潮的大小，一般可由比值 $\frac{H_{M_4}}{H_{M_2}}$ 算出。当 $\frac{H_{M_4}}{H_{M_2}}<0.01$ 时，实用上可不考虑浅水分潮的影响；若 $\frac{H_{M_4}}{H_{M_2}}=0.04$，则落潮与涨潮时间一般相差 30 分钟左右；若 $\frac{H_{M_4}}{H_{M_2}}=0.08$，则相差可达 1 小时；若 $\frac{H_{M_4}}{H_{M_2}}>0.5$，则在一个太阴日中可能会出现四次高潮和低潮的特殊现象。

2. 混合潮港

混合潮港又分为不规则半日潮混合潮港和不规则日潮混合潮港两种类型。

1）不规则半日潮混合潮港

$0.5\leqslant\frac{H_{K_1}+H_{O_1}}{H_{M_2}}<2.0$ 的海区为不规则半日潮混合潮性质。这种类型的海区在一个太阴日中也有两次高、低潮，但两相邻的高潮或低潮的高度不相等，也就是说两相邻的潮差不等，且涨潮时间与落潮时间也不相等，这种潮高和涨落潮时的不等，叫做日潮不等。香港的 $\frac{H_{K_1}+H_{O_1}}{H_{M_2}}=1.4$，为典型的混合潮海区。特别要强调

的是，在半日潮浅海潮港，两个相邻的高（或低）潮是大约相等的，涨潮时间与落潮时间不等的性质每天是相似的，这不同于混合潮和日潮海区，那里的潮高不等、涨潮与落潮时间的不等每天都在变化着。

2）不规则全日潮混合潮港

$2.0 \leqslant \dfrac{H_{K_1}+H_{O_1}}{H_{M_2}} \leqslant 4.0$ 的海区为不规则全日潮混合潮海区。此类潮港在回归潮期间会出现一天一次高潮和低潮的日潮现象。日潮天数的多寡，主要决定于 $\dfrac{H_{K_1}+H_{O_1}}{H_{M_2}}$ 的比值大小。如我国台湾的高雄，回归潮时通常有 1～2 天的时间表现为全日潮；海南榆林的比值为 2.7，该港在半个月中约有 1/2 弱的天数出现日潮现象，其余 1/2 强的天数则表现为不规则半日潮性质。

3. 全日潮港

$\dfrac{H_{K_1}+H_{O_1}}{H_{M_2}} > 4.0$ 的海区属于正规全日潮，此类潮港在半个回归月中通常有多数的日期是一天一次高潮和低潮。$\dfrac{H_{K_1}+H_{O_1}}{H_{M_2}}$ 越大，出现日潮的天数越多，而在其余天数为混合潮性质，由于该区域的半日潮振幅较小，所以混合潮期间潮差也较小。如北海、涠洲岛等海域属于这种潮汐类型。

3.1.3　潮汐不等现象

在潮汐现象中，每一天的潮差都是不相等的，而且是逐日变化的，较常见的是两相邻的高潮（或低潮）的高度不等，这种不等随着月球、太阳对地球相对位置的变化以及月球赤纬的变化而变化，从而存在着各种时间尺度的潮汐不等现象。

1. 日不等

日潮不等有下面的规律性：如果某地在月球北赤纬上中天时经过高高潮间隙后发生高高潮，则月球南赤纬下中天时经过此间隙亦发生高高潮。对应地，某地在月北（南）赤纬月球下（上）中天时发生低高潮。

如果高高潮（低低潮）紧跟着低低潮（高高潮），则在回归潮期间不论是月球北赤纬还是南赤纬处，此潮汐特性将永远保留。

在全日潮占绝对优势的海域，夏至太阳赤纬为 23°27′，在此前后附近时间的朔日（此时月球下中天为 0 时左右），月球将达北赤纬最大，而望日（此时月球上中天为 0 时左右）则达到南赤纬最大，这时的潮（回归潮）差可能达到半年中的最大值。中国农历 5 月初 2、3 或 16、17 左右的大潮潮差通常可达到半年最大，此时，半日潮的朔望大潮虽是半年中的最小大潮，但日潮的回归潮却是各个月份中最大的，两者合成为半年中的最大潮差。冬至前后的朔望后约 2 日的大潮，是半日潮大潮（半年中最小大潮）和全日潮回归潮（半年中最大）同时或近似同时发生，这时的潮差也可达到半年中最大。

这种日潮不等主要是由于浅水分潮的影响所致，与上面的月相引起的不等具有不同的性质，不随着月相的变化而不同。

2. 朔望不等

潮差的逐日变化主要与月相有关，这是潮汐不等中的最显著不等。半日潮港在朔望以后的二三日，由于月球引起的潮汐与太阳引起的潮汐相叠加，潮差最大，称为朔望大潮。而上弦和下弦后的二三日的潮差最小，称为上下弦小潮（图 3.2）。从朔望至大潮来临的时间间隔，叫半日潮龄，多数港口为 2～3 天。

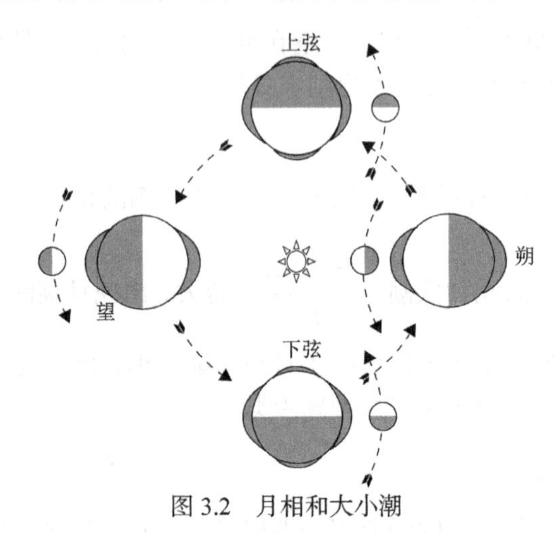

图 3.2　月相和大小潮

海水是具有惯性的，加上海底地形和岸线的复杂性以及地转偏向力和摩擦力的作用，所以实际的海水当月球处于该地中天时并不会达到高潮，而要经过一段时间，才发生高潮，此段时间叫高潮间隙，其平均值叫做平均高潮间隙。高潮间隙随地形不同有很大差异；同时由于太阳潮的影响，同一地点的高潮间隙还随月相而发生变化。

大潮、小潮、高潮间隙的变化与月相的盈亏密切相关，称为月相不等，其周期为半个朔望月。

3. 回归不等

在不规则半日潮混合潮海区，潮汐曲线除表现有大潮和小潮现象外，还有如下特点：随着月球赤纬增大，潮差开始出现不等并逐渐增大，到月球赤纬最大时，通常再过 2～3 天，潮汐不等达到最大，这时高高潮与低高潮或低低潮与高低潮的潮高相差最大；以后由于月球赤纬的变小，潮汐不等也逐渐变小，至月球经过赤道时，这种潮差不等现象几乎消失。

而在不规则全日潮混合潮和全日潮海区，当月球赤纬达到最大以前的某一段时期（不同特性的潮港不相同），一天中的两个小的潮高（高低潮和低高潮）完全消失，此后每天只出现一次高潮和低潮，即表现为全日潮特征。在月球赤纬达到最大后的某一段时间，潮差达到最大，以后逐日变小。在月球经过赤道以前的某一段时间，开始出现每天两次高潮和低潮，至月球经过赤道时及以后一段时间，潮汐表现为半日潮性质，但潮差往往很小，在某些海区潮差可能会基本消失。

上述潮汐不等是由于月球赤纬的变化引起的，我们称之为回归不等。当月赤纬达到最大时，潮汐中的日周期振动达到最大，此时会出现回归潮；当月赤纬为零时，潮汐中的半日周期振动达到最大，此时会出现分点潮。回归潮与分点潮是回归不等的两种极限情形。

1）回归潮

假使月球直射在地球北纬 A 点时，A 点就是高潮，则 B 点也应是高潮，但这两点的高潮高度不相等，A 点发生的为高高潮，而 B 点发生的是低高潮，过 12 小时 25 分钟后则 A 点出现低高潮，而 B 点出现高高潮，故一天内某一地点将有两次高潮，但其高度不等，其高潮间隙亦有差异；低潮的不等亦然。这种一天两次高潮（或低潮）高的不等现象，叫日潮不等。日潮不等主要是由月球赤纬产生的，赤纬越大，不等现象越显著，不等最大时的潮汐叫回归潮（图 3.3a）。

在全日潮占绝对优势的海域，夏至太阳赤纬为 23°27′，在此前后附近时间的朔日（此时月球下中天为 0 时左右），月球将达北赤纬最大，而望日（此时月球上中天为 0 时左右）则达到南赤纬最大，这时的潮（回归潮）差可能达到半年中的最大值。中国农历 5 月初 2、3 或 16、17 日左右的大潮潮差通常可达到半年最大，此时，半日潮的朔望大潮虽是半年中的最小大潮，但日潮的回归潮却是各个月份中最大的，两者合成为半年中的最大潮差。冬至前后的朔望后约 2 日的大潮，是半日潮大潮（半年中最小大潮）和全日潮回归潮（半年中最大）同时或近似同时发生，这时的潮差也可达到半年中最大。

在不规则半日潮混合潮海区，潮汐曲线除表现有大潮和小潮现象外，还有如下特点：随着月球赤纬增大，潮差开始出现不等并逐渐增大，到月球赤纬最大时，通常再过 2～3 天，潮汐不等达到最大，这时高高潮与低高潮或低低潮与高低潮的潮高相差最大；以后由于月球赤纬的变小潮汐不等也逐渐变小，至月球经过赤道时，这种潮差不等现象几乎消失。

而在不规则全日潮混合潮和全日潮海区，当月球赤纬达到最大以前的某一段时期（不同特性的潮港不相同），一天中的两个小的潮高（高低潮和低高潮）完全消失，此后每天只出现一次高潮和低潮，即表现为全日潮特征。在月球赤纬达到最大后的某一段时间，潮差达到最大，以后逐日变小。在月球经过赤道以前的某一段时间，开始出现每天两次高潮和低潮，至月球经过赤道时及以后一段时间，潮汐表现为半日潮性质，但潮差往往很小，在某些海区潮差可能会基本消失。

综上所述，回归潮一般发生在月球赤纬最大后若干天（我国为两天左右），此时潮汐中的全日分潮振幅达到最大。其结果是，对半日潮海区造成日潮不等最显著，对日潮海区潮差达到最大。而分点潮一般发生在月球赤纬为零后若干天（我国为两天左右），此时潮汐中的全日分潮振幅最小，结果是，半日潮港的日潮不等几乎消失，而日潮港的潮差很小，而且在此期间经常会出现一天两次高潮和低潮。

平均回归潮差一般可由两次回归潮期间的 6 或 8 个潮差平均得到。而在全日潮海区或不规则日潮混合潮海区，回归潮时间可取为三、四天，此时一天只能取一个较大的潮差进行计算。

从月球最大赤纬至发生回归潮的时间间隔，叫日潮龄，我国约为两天。

回归潮与分点潮都随着月球赤纬而变化，所以叫回归不等，其周期为半个回归月。

2）分点潮

A 点为地球上任一点，B 为其相反位置（纬度同，经度相差 180°），月球位于 A 点的上中天时，对 B 点则为下中天。月球每天（约 24 小时 50 分）内出现在 A 点（或 B 点）的上、下中天各一次，A 点（或 B 点）便发生高潮，故一天内 A 点（或 B 点）有两次高潮。由于月球在赤道附近，则一天内两次高潮（低潮）的潮高约相等，此时的潮汐叫分点潮（图 3.3b）。

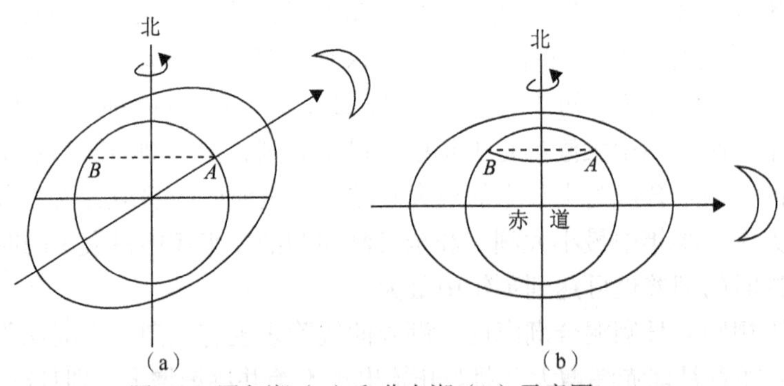

图 3.3　回归潮（a）和分点潮（b）示意图

在正规半日潮港，半日潮占绝对优势，这时春、秋分前后的大潮常常特别大，因为此期间朔望的时候不但太阳在赤道附近，月球也在赤道附近，这期间的大潮正好又是分点潮，这时的潮差比平时大潮的潮差约大 10%左右。八月十八钱塘江发生大潮，这是重要原因之一，另一个原因便是这里的特殊喇叭口地形的能量辐聚作用。

回归潮一般发生在月球赤纬最大后若干天（我国为 2 天左右），此时潮汐中的全日分潮振幅达到最大。其结果是，对半日潮海区造成日潮不等最显著，对日潮海区潮差达到最大。而分点潮一般发生在月球赤纬为零后若干天（我国为 2 天左右），此时潮汐中的全日分潮振幅最小，结果是，半日潮港的日潮不等几乎消失，而日潮港的潮差很小，而且在此期间经常会出现一天两次高潮和低潮。从月球最大赤纬至发生回归潮的时间间隔，叫日潮龄，我国约为 2 天。回归潮与分点潮都随着月球赤纬而变化，所以叫回归不等，其周期为半个回归月。

4. 视差不等

潮差的大小还随月球（或太阳）与地球距离的变化而变化，月（日）地距离近，潮差较大，通常在月球经过近地点 2 天后，潮差为最大，而月球经过远地点后的 2 天左右为最小，此种不等现象叫视差不等。对于太阳也有类似现象。

从近地点至最大潮差的时间间隔叫视差潮龄，通常也为 2～3 天。

3.1.4 潮流现象

在引潮力的作用下，海水除产生水位的垂直升降——潮汐现象外，同时还产生周期性的水平流动——潮流。潮汐为海水的垂直升降，潮流为水平运动。海洋中的多数地点，潮汐的升降与潮流涨退的类型是相似的，即潮位的上升是外海海水涨潮流流入所致，而潮位的下降，是落潮流流向外海的结果。但也有个别海区，潮汐与潮流的类型不一致，如秦皇岛附近（处于半日潮无潮点附近），潮汐基本属于规则日潮性质，而潮流却为半日潮性质；烟台外海的潮汐为半日潮性质（处于全日潮无潮点附近），而潮流却为全日潮性质。这些潮汐与潮流的类型相似或不相似的现象，只能通过各海区潮波系统的传播进行解释。

1. 潮流类型

潮流以流向的变化来划分可分为往复式和回转式两种。前者在一个潮周期内，流向在一条直线上往复一次，因此也叫直线式潮流；后者在一个潮周期内流向不断变化。

对于往复式潮流，在涨潮流与落潮流的转流时刻，流速一般较小，流速为零时，叫憩流或转流。对于回转式潮流，也会出现流速较弱的时候，但没有憩流现象出现。

1）往复式或直线式潮流

在一些特殊地形的约束下，如海峡、水道或狭窄港湾内，潮流一般表现为往复式潮流。通常把由外海经内海向港湾内流动的潮流，叫涨潮流；而由港湾流向外海的潮流，叫落潮流。在离岸外海的某些区域，如顺时针旋转式潮流和逆时针旋转式潮流的交界处，也可能出现往复式潮流。对于往复式潮流，其流速在每一次涨潮流或落潮流期间（平均为半个潮周期）都在不断地变化；涨潮流与落潮流的转向时刻，流速一般较小，流速为零时，叫憩流或转流；同时流速每半个月还有大小潮期间的变化，一年的春、秋分大潮时，也会出现相应的最大潮流等多种时间尺度的变化。

河海交界处和近岸海域的潮流，受地形约束，一般多为往复式潮流。受河水径流的影响，落潮流一般增强，而涨潮流会减弱。当由河水径流增加的落潮流速比涨潮流大时，则会出现涨潮流消失，其流向只有一个落潮流，但这种典型区域很少见。

2）回转式潮流及其形成原因

几个潮波同时存在时，会产生干涉作用，从而产生回转式潮流。两个往复式潮流成一定角度交叉时，潮流也会形成回转式潮流。除在水道外，实际观测到的潮流，大都是回转式。在河口的外海，或在广阔的海区，一般都会有回转式潮流发生。回转式潮流的流速和方向随时间不断变化，一般在北半球流向是顺时针旋转的多，南半球则多为逆时针，这是地球自转效应产生的结果。我国海区的观测结果是以顺时针方向者为多。对于回转式潮流，也会出现流速较弱的时候，但没有憩流现象出现。

潮流的回转现象除在广阔海域上能观测到外，某些较宽的海峡也能观测到。如果海峡里的潮流是在高潮与低潮的中间时刻转流，由于潮高下降，在高潮与低潮时的中间时刻（半潮面）为转流，则垂向的潮流停止，但潮高继续下降，就发生来自岸边的横向流补充海峡中央的潮流；在涨潮的半潮面时，当垂向停止流动，而海峡中央有横向流。故由于出现横向补充加上科氏力的作用，也可形成回转式潮流。

2. 转流与潮波特性的关系

潮流的转流时刻与高、低潮的关系随海区不同而差异很大，这决定于潮波特性。通常认为高潮或低潮时为转流时间，其实这只是一种特殊情况，实际转流时刻是由真实潮波中前进波与驻波的比重所决定的。下面介绍两种典型个例。

1）转流时间发生在高潮与低潮的中间时刻

对于前进波性质的潮波，波动向前传播，海水质点沿着圆形或椭圆形轨迹运动，每相隔半个周期，潮流改变一次方向；椭圆运动的垂直短轴长度，与潮差相等，只不过数米，而长轴表示潮流使海水水平往复流动的距离，在外海可达数千米。潮流方向与高、低潮的关系见图 3.4，高潮时流速最大，高潮后潮位降落，流速亦逐渐减小，经过三小时左右（对半日潮海区），至高潮与低潮的中间时刻，此时水平运动消失而成转流（憩流），憩流之后，潮流方向与前面相反，再经三小时左右，达到低潮，流速达到相反方向最大。然后是涨潮过程，至低潮与高潮的中间时刻又成转流。这种性质的潮流一般出现在外海，潮流受地形的影响较小的海区，或江河中。如舟山定海附近的潮流转流约发生在高潮和低潮后 2 小时。

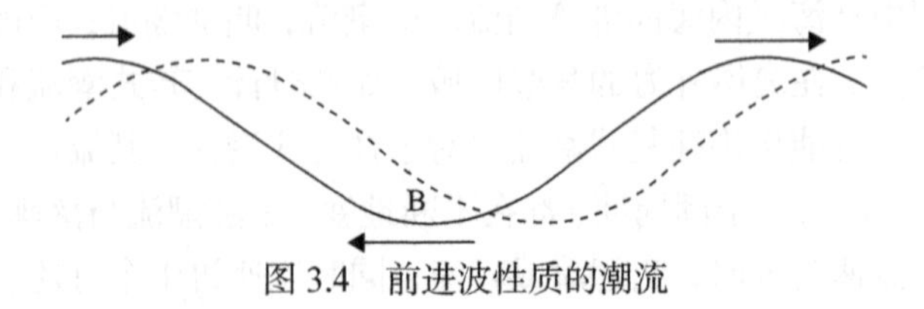

图 3.4　前进波性质的潮流

2）转流时间发生在高、低潮时

潮波向前传播遇到海岸，完全反射后，反射波与入射波发生干涉，形成驻波。驻波的波形是不传播的，整个波面同时上升或下降（图 3.5）。驻波多发生在近海的某些海域，如连云港海域即具有这种驻波性质，转流发生在高、低潮时，半潮面时则出现最大潮流流速，一般表现为涨潮流向岸，落潮流离岸。海湾中形成的驻波，波节线在科氏力的作用下消失，形成一个无潮点，无潮点附近潮差很小而流速很大，而驻波波腹处潮差最大而流速很弱。波腹附近高潮时与最大潮流发生的时间相差约 1/4 周期。

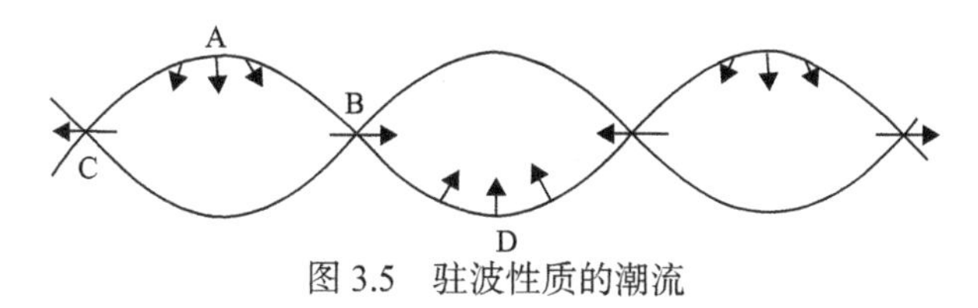

图 3.5 驻波性质的潮流

实际海洋中的潮波运动并非如上所述的纯粹前进波或驻波，常常介于前进波与驻波之间，具有驻波与前进波的合成性质。以驻波为主的合成波，转流时间发生于高潮时和低潮时之后数十分钟或 1 小时左右，此种现象多发生在入口较广的海湾，如胶州湾。

3.2 分潮的导出及分类

3.2.1 分潮

1. 分潮的导出

1）引潮力的定义及展开

由力学知识可知，物体的运动可分解为平动和转动。所谓平动就是物体上的任一线段在运动过程中始终保持一定的方向，物体上不同位置的质点在同一时刻具有相同的速度和加速度（大小相等，方向相同）。对地球而言，它绕太阳的公转就是平动，而自转是转动。

太阳作用在地球各处单位质量引力的大小和方向都随时间地点发生变化（图 3.6）。地球绕日-地公共质心公转产生的惯性离心力由虚箭头代表，它们不随地点变化。作用在地球上各处单位质量引力的平均值等于地心处单位质量所受的引力；地球各处惯性离心力相同，都等于地心处的惯性离心力。为维持地球和太阳之间的距离，引力和离心力必于地心处取得平衡。两种力的合力便如粗箭头所示。设想在地球赤道上的某一块水体当它随着地球自转而运动时，受到上述这种合力的作用。中午时它在位置 A，这个力向上；下午三时它转到位置 B，力向西；傍晚六时在位置 C，力向下；晚间九时在位置 D，力向东；夜间十二时在位置 E，力又和中午一样是向上。此后的另半天会重复这一过程。在这一周期性力的作用下，水体产生周期性运动——潮汐，这种力叫引潮力。位于任一地点（地心处除外，下文如无特别说明，均指地心外的地球上任意一点）的水体都受到类似的周期性力的作用，不过赤道外的引潮力变化要比赤道上复杂些，两个半天过程中力的变化就会不一样，力的变化除包含半日周期之外，还包括全日变化的周期。此外，太阳本身也在运动，这使引潮力的变化进一步复杂化。

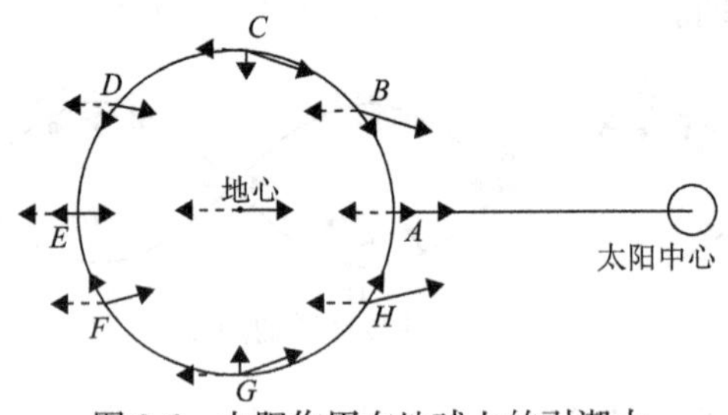

图 3.6　太阳作用在地球上的引潮力

把太阳换成月球，会有完全类似的情况。地球和月球都绕着地-月系统的质量中心公转，月球作用在地球上的总引力与由这种公转所产生的惯性离心力所平衡。对于地球上地心外的某一点而言，这两个力并不平衡，从而留下月球对地球的引潮力。下面给出地球上任一点所受月球引潮力的表达式。

通过地心 E，月球中心 M 和地点 P（可以是地表点也可地球内部点）作一平面（图 3.7），P 离地心和月球中心的距离分别为 r 和 ρ，地心和月球中心的距离为 R。作用在 P 点处单位质量上的月球引力沿着 PM 方向，大小为 $\mu M / \rho^2$；惯性离心力沿着平行于 ME 的方向，大小为 $\mu M / R^2$，其中 M 为月球质量。把这两个力分解到垂直方向（即平行 EP 方向）和水平方向（即垂直 EP 方向）。两个力垂直分量的和与水平分量的和便是引潮力的垂直分量和水平分量，也叫垂直引潮力和水平引潮力，分别为

$$\begin{cases} F_v = \mu M(\dfrac{1}{\rho^2}\cos\psi - \dfrac{1}{R^2}\cos\theta) \\ F_H = \mu M(\dfrac{1}{\rho^2}\sin\psi - \dfrac{1}{R^2}\sin\theta) \end{cases} \tag{3.1}$$

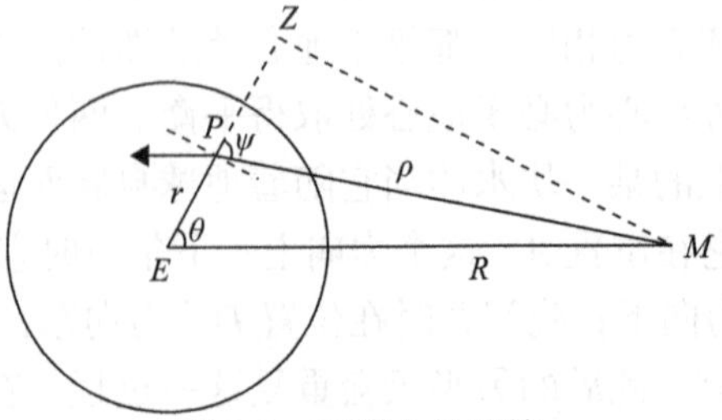

图 3.7　引潮力的计算

利用三角形余弦定理与泰勒展开理论，可以得到月球垂直引潮力与水平引潮力的前两个主要项为

$$
\begin{cases}
F_{V3}/g = U(\frac{\overline{R}}{R})^3(3\cos^2\theta - 1) \\
F_{V4}/g = \frac{3}{2}U\frac{a}{\overline{R}}(\frac{\overline{R}}{R})^4(5\cos^2\theta - 3)\cos\theta \\
F_{H3}/g = \frac{3}{2}U(\frac{\overline{R}}{R})^3\sin 2\theta \\
F_{H4}/g = \frac{3}{2}U\frac{a}{\overline{R}}(\frac{\overline{R}}{R})^4(5\cos^2\theta - 1)\sin\theta
\end{cases}
\tag{3.2}
$$

其中，U 为常数

$$
U = \frac{M}{E}(\frac{a}{\overline{R}})^3 = 0.5601\times10^{-7} \tag{3.3}
$$

$\overline{R}$ 为月地距离 R 的平均值，a 为地球半径，E 为地球质量。将上述公式中 M、R 和 θ 换成太阳质量 S、日地距离 R'和太阳天顶距 θ'就变成太阳引潮力的表达式。由式（3.2）知，引潮力的量值与扰动天体的质量成正比，而与扰动天体离地心的距离的立方成反比。以致太阳引潮力反而比月球引潮力小，当太阳与月球的天顶距相等 $\theta=\theta'$时，则 $F/F'=2.17$，即月球引潮力是太阳引潮力的 2.17 倍。因此月球是对地球潮汐影响最大的天体。

2）引潮势定义

引力场是一种保守力场或有势力场，所以引潮力也是有势力场。以 Ω 表示引潮势，F 表示引潮力，规定月球（太阳）中心的力势为零，且引力指向力势增加的方向，则有

$$
\Omega = -\int \vec{F}\cdot \mathrm{d}\vec{r} + C = -\int \vec{F}\cdot \mathrm{d}\vec{r} \tag{3.4}
$$

地球上的潮汐现象主要取决于月球引潮势和太阳引潮势。下面只讨论月球引潮势，而太阳引潮势与月球类似。

月球对地球上任一点 P（图 3.7）单位质量物体的引力势为 $\frac{\mu M}{\rho}$，对地心处单位质量的引力势为 $\frac{\mu M}{R}$，那么 P 点相对于地心的引力势（以地心为零势点）为

$$
\mu M(\frac{1}{\rho} - \frac{1}{R})
$$

在地球绕地月公共质心运动时还产生一惯性离心力场，P 点相对于地心的惯性离心力势为

$$-\mu M\frac{1}{R^2}r\cos\theta$$

上式的负号是由于离心力与月球对 P 点的引力相反，那么地球上任一点 P 的月球引潮力的势函数为（地心处的力势为零）

$$\Omega=\mu M(\frac{1}{\rho}-\frac{1}{R}-\frac{r\cos\theta}{R^2}) \tag{3.5}$$

对地球表面的任一点，r 等于地球半径 a。将式（2.3.6）代入上式可得

$$\begin{aligned}\Omega&=\frac{\mu M}{R}[(\frac{a}{R})^2(\frac{3}{2}\cos^2\theta-\frac{1}{2})+(\frac{a}{R})^3(\frac{5}{2}\cos^2\theta-\frac{3}{2})\cos\theta+\cdots]\\&=\Omega_2+\Omega_3+\cdots\end{aligned} \tag{3.6}$$

记 $G=\frac{3}{4}g\frac{M}{E}(\frac{a}{\overline{R}})^3a$，由于 $\mu=\frac{ga^2}{E}$（E 为地球质量），故有

$$\begin{cases}\Omega_2=\frac{2}{3}G(\frac{\overline{R}}{R})^3(3\cos^2\theta-1)\\\Omega_3=\frac{2}{3}G(\frac{\overline{R}}{R})^4(\frac{a}{\overline{R}})(5\cos^3\theta-3\cos\theta)\end{cases} \tag{3.7}$$

同样可写出太阳引潮势的表达式，而任意点的单位质量所受的引潮势就是太阳引潮势与月球引潮势的和。

3）引潮势展开

（1）分潮族展开

天顶距 θ 是引潮势表达式中的主要变量，而天顶距随时间的变化很复杂，下面对它进行逐步展开，首先用时角 T_1 和赤纬 δ 来表示它。

Darwin（1907）曾用早期的月球运动理论作展开，Doodson（1921）又按新的月球运动的 E.W. Brown 理论给予调和展开。本节对引潮势 Darwin 展开的主要部分作扼要介绍。

取式（3.6）的第一项

$$\Omega_2=\frac{2}{3}G(\frac{\overline{R}}{R})^3(3\cos^2\theta-1)$$

下面先把它分解为长周期、全日周期和半日周期等分量。

ϕ 为某观测地点 X（x，y，z）的地理纬度，月球的赤纬为 δ，T_1 为平太阴时

角，T 为平太阳时角，Y 为赤、白交点到 X_1 以度表示的弧长，h 为春分点 γ 到 S_1 的距离，叫平太阳黄经；s 为春分点 γ 到 M_1 的距离，叫平太阴黄经；I 为赤、白交角，j 是从赤、白交点算起的月球的真实黄经，i 为黄、白交角，ω 为黄、赤交角，N 为升交点的平均黄经，ν 为春分点 γ 到 A 的弧度，ξ 是γ'（辅助春分点）到 A 的弧度，γ' 的选取要使得由它到白道升交点 Ω 的角距与由春分点 γ 到 Ω 的角距相等，即 $\overset{\frown}{\gamma\Omega}=\overset{\frown}{\gamma'\Omega}$，月球的真实黄经 $s'=\overset{\frown}{\gamma' M}$（图 3.8）。

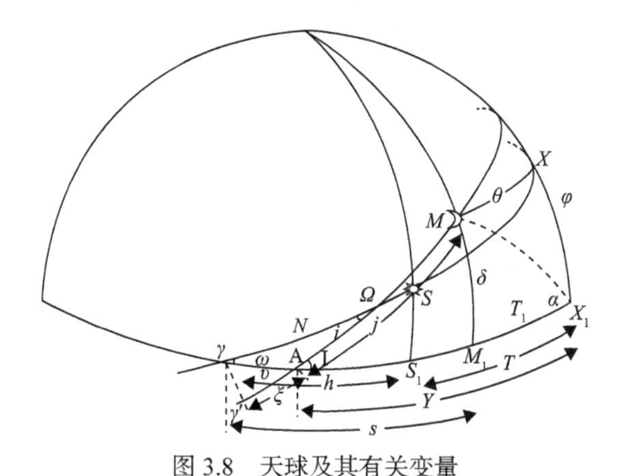

图 3.8　天球及其有关变量

利用球面三角形 MXX_1 和 MM_1X_1 的余弦公式和正弦公式，可得简化后的 Ω_2 表达形式为

$$\begin{aligned}\Omega_2 &= G\left(\frac{\overline{R}}{R}\right)^3\Big[3\left(\sin^2\phi-\frac{1}{3}\right)\left(\sin^2\delta-\frac{1}{3}\right)\\ &\qquad +\sin 2\phi\sin 2\delta\cos T_1\\ &\qquad +\cos^2\phi\cos^2\delta\cos 2T_1\Big]\\ &=\left(\frac{\overline{R}}{R}\right)^3(G_0H_0+G_1H_1+G_2H_2)=\Omega_{20}+\Omega_{21}+\Omega_{22}\end{aligned}\tag{3.8}$$

式中

$$\begin{cases}G_0=3G\left(\sin^2\phi-\dfrac{1}{3}\right), & H_0=\sin^2\delta-\dfrac{1}{3}\\ G_1=G\sin 2\phi, & H_1=\sin 2\delta\cos T_1\\ G_2=G\cos^2\phi, & H_2=\cos^2\delta\cos 2T_1\end{cases}\tag{3.9}$$

其中 Ω 的下角标中的 0、1、2 分别表示长周期潮族、全日周期潮族和半日周期潮族。Ω_3 也同理可以展出类似的项。

（2）分潮的导出

由球面三角形的正余弦定理可将式（3.8）中的月球赤纬 δ 和平太阴时角 T_1 消掉，得到引潮势基本项目的初步展开式

$$
\begin{aligned}
\Omega_2 = & G(3\sin^2\phi - 1)(\frac{\overline{R}}{R})^3[(\frac{1}{2}\sin^2 I - \frac{1}{3}) - \frac{1}{2}\sin^2 I\cos(2s' - 2\xi)] \\
& + G\sin 2\phi(\frac{\overline{R}}{R})^3[\sin I\cos^2\frac{I}{2}\cos(T - 2s' + h + 2\xi - \nu + \frac{\pi}{2}) \\
& + \frac{\sin 2I}{2}\cos(T + h - \nu - \frac{\pi}{2}) \\
& + \sin I\sin^2\frac{I}{2}\cos(T + 2s' + h - 2\xi - \nu + \frac{\pi}{2})] \\
& + G\cos^2\phi(\frac{\overline{R}}{R})^3[\cos^4\frac{I}{2}\cos(2T - 2s' + 2h + 2\xi - 2\nu) \\
& + \frac{\sin^2 I}{2}\cos(2T + 2h - 2\nu) \\
& + \sin^4\frac{I}{2}\cos(2T + 2s' + 2h - 2\xi - 2\nu)]
\end{aligned}
\tag{3.10}
$$

Darwin 利用早期的月球运动要素的计算表，将月球真黄经度 s'和地月中心平均距离与真实距离之比 $\frac{\overline{R}}{R}$ 进行摄动展开，有

$$
\begin{aligned}
s' = & s + 2e\sin(s - p) + \frac{5}{4}e^2\sin 2(s - p) + \frac{15}{4}me\sin(s - 2h + p) \\
& + (\frac{11}{8}m^2 + \frac{59}{12}m^3)\sin 2(s - h) + \cdots
\end{aligned}
\tag{3.11}
$$

$$
\begin{aligned}
\frac{\overline{R}}{R} = & 1 + e\cos(s - p) + e^2\cos 2(s - p) + \frac{15}{8}me\cos(s - 2h + p) \\
& + (m^2 + \frac{19}{6}m^3)\cos 2(s - h) + \cdots
\end{aligned}
\tag{3.12}
$$

式中，s 为月球的平均黄经；e 为月球轨道的偏心率，约等于 0.05490；p 为月球轨道近地点的平均黄经；h 为太阳的平均经度（平太阳的黄经）；m 为太阳平均角速率/月球平均角速率，$m = \frac{0.04106864}{0.54901653} = 0.074804$。

将上述两式代入式（3.10），得到式（3.8）中半日分潮群的展开形式

$$\Omega_{22}=G\cos^2\phi\left\{\cos^4\frac{I}{2}\left[(1-\frac{5}{2}e^2)\cos(2T-2s+2h+2\xi-2v)\right.\right. \qquad M_2$$

$$+\frac{7}{2}e\cos(2T-3s+2h+p+2\xi-2v) \qquad N_2$$

$$+\frac{1}{2}e\cos(2T-s+2h-p+180^\circ+2\xi-2v) \qquad [L_2]$$

$$\left.+\cdots\right]$$

$$+\sin^2 I\left[(\frac{1}{2}+\frac{3}{4}e^2)\cos(2T+2h-2v)\right. \qquad [K_2]$$

$$\left.\left.+\cdots\right]\right\} \tag{3.13}$$

同样地可得式（3.8）中全日潮族和长周期潮族的展开

$$\Omega_{21}=G\sin 2\phi\left\{\sin I\cos^2\frac{I}{2}\left[(1-\frac{5}{2}e^2)\cos(T-2s+h+90^\circ+2\xi-v)\right.\right. \qquad O_1$$

$$+\frac{7}{2}e\cos(T-3s+h+p+90^\circ+2\xi-v) \qquad Q_1$$

$$\left.+\cdots\right]$$

$$+\sin 2I\left[(\frac{1}{2}+\frac{3}{4}e^2)\cos(T+h-90^\circ-v)\right. \qquad [K_1]$$

$$+\frac{3}{4}e\cos(T+s+h-p-90^\circ-v) \qquad J_1$$

$$\left.\left.+\cdots\right]\right\} \tag{3.14}$$

$$\Omega_{20}=G(\frac{1}{2}-\frac{3}{2}\sin^2\phi)\left\{(\frac{2}{3}-\sin^2 I)\left[(1+\frac{3}{2}e^2)\right.\right. \qquad \text{低频项}$$

$$+3e\cos(s-p) \qquad M_m$$

$$+3m^2\cos(2s-2h) \qquad MS_f$$

$$\left.+\cdots\right]$$

$$+\sin^2 I\left[(1-\frac{5}{2}e^2)\cos(2s-2\xi)\right. \qquad M_f$$

$$\left.\left.+\cdots\right]\right\} \tag{3.15}$$

对太阳分潮也有类似的展开式。这里要用到太阳的真黄经 h' 及日地距离 R' 的表达式

$$h'=h+2e'\sin(h-p')+\frac{5}{4}e'^2\sin 2(h-p')$$

$$\frac{\overline{R'}}{R}=1+e'\cos(h-p')+e'^2\cos 2(h-p')$$

$$
\begin{aligned}
\Omega'_{22} = G_1 \cos^2\phi \Big\{ & \cos^4\frac{\omega}{2}[(1-\frac{5}{2}e_1^2)\cos 2T && S_2 \\
& \qquad +\frac{7}{2}e_1\cos(2T-h+p') && T_2 \\
& +\cdots] \\
& +\sin^2\omega[(\frac{1}{2}+\frac{3}{4}e_1^2)\cos(2T+2h) && [K_2] \\
& +\cdots]\Big\} && (3.16)
\end{aligned}
$$

$$
\begin{aligned}
\Omega'_{21} = G_1 \sin 2\phi \Big\{ & \sin\phi\cos^2\frac{\omega}{2}[(1-\frac{5}{2}e_1^2)\cos(T-h+90^\circ) && P_1 \\
& \qquad +\cdots] \\
& +\sin 2\omega[(\frac{1}{2}+\frac{3}{4}e_1^2)\cos(T+h-90^\circ) && [K_1] \\
& +\cdots]\Big\} && (3.17)
\end{aligned}
$$

$$
\begin{aligned}
\Omega'_{20} = G_1(\frac{1}{2}-\frac{3}{2}\sin^2\phi)\Big\{ & (\frac{2}{3}-\sin^2\omega)[(1+\frac{3}{2}e_1^3) && \text{低频项} \\
& \qquad +3e_1\cos(s-p')+\cdots] \\
& +\sin^2\omega[(1-\frac{5}{2}e_1^2)\cos 2h && S_{sa} \\
& +\cdots]\Big\} && (3.18)
\end{aligned}
$$

式中，$G_1=\frac{3}{4}g\frac{S}{E}(\frac{a}{R_1})^3 a$；$e_1$为地球轨道的偏心率，约等于 0.01675；$p'$为地球轨道近日点的平均黄经。

关似于前面的展开，式（3.6）中的Ω_3、Ω_4等其他项也可作类似展开，从而可展出更多的项。

引潮势展开式（3.13）～（3.18）中每一项都对应一个固定角频率的振动，我们称之为分潮，Darwin 曾用一些特殊符号标记其中较主要的分潮，这些符号大多是任意的，但下角标表征着分潮周期的大体长度：*a*、*sa*、*m*、*f*、1、2 和 3 分别代表分潮的大概周期为一年、半年、一月、半月、一天、半天和三分之一天等。有的分潮符号用方括号括起来，这表示在太阴和太阳的引潮势展开式中均具有这一角速率的项，这两项合起来组成一个合成分潮。

在半日分潮中，来自月球和太阳的两个最主要分潮是 M_2 和 S_2，叫做主要太阴半日分潮和主要太阳半日分潮；其次还有主要太阴椭率半日分潮 N_2，它是由于月地距离的变化而引起；在月球引潮力中由于白道对赤道的倾角以及在太阳引潮力中黄道的倾角同时引起一个相同角速率的半日分潮[K_2]，两者的合成分潮 K_2 叫做太阴太阳合成半日分潮。

在全日分潮中，月球白道的倾角是引起太阴全日分潮的基本原因，它产生两个大小几乎相同的分潮 O_1 和[K_1]；同样太阳黄道的倾角也引起两个大小几乎相同的分潮，一个是 P_1，另一个与太阴的[K_1]角速率相同，两者合成为 K_1 分潮。K_1、O_1、P_1 分别叫做太阴太阳合成全日分潮、主要太阴全日分潮和主要太阳全日分潮。月地距离的变化引起的全日分潮主要有 Q_1、J_1、M_1 三个分潮，Q_1 为最大，叫做太阴椭率全日分潮。

Darwin 展开中保留有 I、ξ 和 v 三个参量，它们的变化是非匀速的，具有 18.61 年的准周期，所以是准调和展开。每一项的振幅和相角仍包含与这三个参量相关的变量，由于它们具有 18.61 年的变化周期，在不太长的期间内，如分析几天、几月甚至一年的资料时，可近似地当作常数处理，结果已基本满足需要。

2. 分潮的系数、交点因子与交点订正角

海洋中各分潮的实际振幅基本上是由引潮势展开式中分潮的系数决定的。由式（3.13）知 M_2 分潮的系数为

$$G\cos^2\varphi\cos^4\frac{I}{2}(1-\frac{5}{2}e^2)$$

其中，$G=\frac{3}{4}\frac{M}{E}g(\frac{a}{R})^3a$ 是各分潮系数的共同量；$\cos^2\varphi$ 为地点的纬度因子；$\cos^4\frac{1}{2}I$ 是白道倾角因子；$(1-\frac{5}{2}e^2)$ 为轨道椭圆因子。每个分潮都与 M_2 类似有这样一些因子。对于某一特定地点这些因子中只有倾角因子是变量，倾角因子具有 18.61 年的变化周期，倾角因子的平均值和椭圆因子的乘积常称为分潮的平均系数 $\overline{G_2}$。各分潮的幅角中 ξ、v 的变化周期与 I 的变化是一致的，因此系数 I 和 ξ、v 可统一处理。

在 Darwin 引潮势展开式中各项幅角中与 ξ、v 有关的变量组合以 u 表示，其余各个天文参量的组合均以 V 表示，则展开式中的任一项都可写为，

$$GG_1G_2\cos(V+u)=GG_1G_2(\cos V\cos u-\sin V\sin u) \tag{3.19}$$

式中的 u 与 G_2 具有相同的变化周期，需把它们同时处理。令 V=0、2π、…、2nπ，n 为正整数，则分潮系数的平均即是 $G_2\cos u$ 的平均值。下面以 M_2 为例说明如何计算分潮系数的平均值。

M_2 分潮的幅角为

$$V\ =2T-2s+2h,\qquad u=2\xi-2v$$

而$(1-\frac{5}{2}e^2)$为恒量，于是求$G_2\cos u$的平均值变为求

$$[\cos^4\frac{I}{2}\cos 2(\xi-v)]_0=[\cos^4\frac{I}{2}(\cos 2\xi\cos 2v+\sin 2\xi\sin 2v]_0 \quad (3.20)$$

右下脚附标“0”表示取平均。

利用球面三角形余弦定理以及升交点的黄经与赤白交角关系，可以对上式进行简化求解

$$[\cos^4\frac{I}{2}\cos 2(\xi-v)]_0=\cos^4\frac{\omega}{2}(1-\frac{i^2}{2})=\cos^4\frac{\omega}{2}\cos i=0.9154$$

从而M_2分潮系数的平均值为

$$0.9154\times(1-\frac{5}{2}e^2)=0.9085$$

各主要分潮的平均系数可类似推出，如 O_1、Q_1 分潮为 0.3770、0.0722，N_2分潮为 0.1739 等（附表 3）。

前面给出了引潮势展中的每个分潮的系数在 18.61 年的平均值，它应与该期间分潮的实际平均振幅 H 成正比。而分潮某时刻的系数也应与对应时刻的实际振幅 R 成比例。于是定义分潮某时刻的系数与 18.61 年的平均值之比为交点因子 f，而这个因子也近似等于分潮某时刻的实际振幅与分析资料时段内的平均振幅之比，即

$$\frac{R}{H}=\frac{G_2}{[G_2\cos u]_0}=f \quad (3.21)$$

由式（3.21）可看出，分潮的表达式可表示为

$$R\cos(V+u) \text{ 或 } fH\cos(V+u) \quad (3.22)$$

其中，u 为升交点在 18.61 年内的缓慢变化引入的对分潮幅角订正值，我们称之为交点订正角，f 称为交点因子，u 称为交点订正角是因为对于大部分分潮，尤其是主要分潮的 f、u 几乎只依赖于升交点的黄经 N。在 Darwin 展开中，太阳分潮系数包含的黄、赤交角和地球绕太阳运动的轨道偏心率均为常数，因此不存在求系数平均值的问题，亦即太阳分潮与交点因子无关，与太阳有关的分潮 f=1，u=0。

3. 分潮的幅角和周期

在 Darwin 展开中，每个分潮的幅角都包含 V 和 u，V 是 T、s、h、p、p'五个匀速变化参量的线性组合加一个常数项，u 是 ξ、v 的线性组合。

由于ξ、v是由I决定的，而I又可用匀速变化的参量N表示，因此Doodson直接把N作为变量引入引潮势的展开中，使其成为纯调和展开。需要说明的是，Doodson在展开过程中采用的是地方平太阴时τ（以角度表示）而非平太阳时T，由于T=τ+s–h，方便起见我们在幅角中仍采用区时平太阳时T，从而幅角可用下式表示

$$V = n_1 T + n_2 s + n_3 h + n_4 p + n_5 N' + n_6 p' \tag{3.23}$$

其中，$n_1,\cdots,n_6$为正、负整数，考虑到上述所有的参量中只有N是随时间减小的，这里$N' = -N$。

与Darwin不同，Doodson用代码表示幅角中有关变量的乘数，简称幅角数，以此代表分潮。这些乘数大多在0到±4之间，因此Doodson分潮代码中除第一位乘数代表分潮的族数外，其余乘数均加上5以保证代码为正数。个别幅角数大于等于5的，加上5之后变成两位数，以英文字母X和E分别代表10和11，这样表示不方便，P. Melehiov建议再加两位数，写在代码最后，它们分别代表原代码中第二位和第三位大于9的数，且也在原先基础上加5。对M_2分潮，两种展开的对比见表3.1。

表3.1　Darwin展开和Doodson展开对比

Darwin			Doodson		
代号	幅角/（°）	周期/h	代码	幅角/（°）	周期/h
M_2	$2T$–$2s$+$2h$+0+0+2ξ–$2v$	12.420601	255.545	2τ+0+0+0–N'+0	12.421546
			255.555	2τ+0+0+0+0+0	12.420601
			255.755	2τ+0+0+$2p$+0+0	12.416624

若分潮的Doodson代码已知，由式（3.23）很容易确定各分潮的周期。需要指出的是，由于Doodson代码中第一位乘数的变量为τ，而（3.23）中第一个变量为T，因此利用该式进行幅角计算时，乘数n_2和n_3与原始的Doodson代码n_2、n_3不同，需根据T=τ+s–h进行校正。下文中的这两个乘数已为校正值。式（3.23）中各变量都随时间线性变化，引入各变量的角速率

$$\begin{cases} T = \sigma_T t + T_0 \\ s = \sigma_s t + s_0 \\ h = \sigma_h t + h_0 \\ p = \sigma_p t + P_0 \\ N = \sigma_N t + N_0 \\ p' = \sigma_{p'} t + p'_0 \end{cases} \tag{3.24}$$

代入式（3.23）

$$
\begin{aligned}
V &= (n_1\sigma_T + n_2\sigma_s + n_3\sigma_h + n_4\sigma_p + n_5\sigma_N + n_6\sigma_{p'})t + (n_1T_0 + n_2s_0 \\
&\quad + n_3h_0 + n_4p_0 + n_5N_0 + n_6p_0') \\
&= \sigma t + V_0
\end{aligned} \tag{3.25}
$$

其中，σ 为分潮的角速率，V_0 为分潮的初位相角。

各变量的角速率分别为，

$$\sigma_T = \frac{360^\circ}{24} = 15^\circ\text{/平太阳时}$$

$$\sigma_\tau = \frac{360^\circ}{24.8412} = 14.49205212^\circ\text{/平太阳时}$$

$$\sigma_s = \frac{360^\circ}{27.32158 \times 24} = 0.54901653^\circ\text{/平太阳时}$$

$$\sigma_h = \frac{360^\circ}{365.2422 \times 24} = 0.04106864^\circ\text{/平太阳时}$$

$$\sigma_p = \frac{360^\circ}{8.84732 \times 365.25 \times 24} = 0.00464183^\circ\text{/平太阳时}$$

$$\sigma_N = \frac{360^\circ}{18.6129 \times 365.25 \times 24} = 0.00220641^\circ\text{/平太阳时}$$

$$\sigma_{p'} = \frac{360^\circ}{20940 \times 365.25 \times 24} = 0.00000196^\circ\text{/平太阳时}$$

对于 M_2 分潮，

$$\sigma = 2\sigma_T - 2\sigma_s + 2\sigma_h = 28.98410424^\circ\text{/平太阳时}$$

因而 M_2 分潮的周期为 $\dfrac{360^\circ}{\sigma} = 12.420612$ 平太阳时。

若式（3.25）中初始时刻为 Greenwich 时间某年某月某日零时，则 $T_0 = 180^\circ, s_0, h_0, p_0, N_0, p_0'$ 是该时刻的平太阴、平太阳、近地点、升交点和近日点的平均黄经，各变量计算公式如下

$$
\begin{cases}
T_0 = 180^\circ \\
s_0 = 277.025^\circ + 129.38481^\circ(y-1900) + 13.17640^\circ(D+Y) \\
h_0 = 280.190^\circ - 0.23872^\circ(y-1900) + 0.98565^\circ(D+Y) \\
p_0 = 334.385^\circ + 40.66249^\circ(y-1900) + 0.11140^\circ(D+Y) \\
N_0 = 259.157^\circ - 19.32818^\circ(y-1900) - 0.05295^\circ(D+Y) \\
p_0' = 281.221^\circ + 0.01718^\circ(y-1900) + 0.000047^\circ(D+Y)
\end{cases} \tag{3.26}
$$

其中，y 为阳历年份，D 为从 y 年 1 月 1 日起经过的日数，如 1 月 4 日，D=3，Y

是 1900 年至 y 年（y 年除外）间的闰年数，$Y=\frac{1}{4}(y-1901)$ 的整数部分，若 y 为闰年，则把该年的闰日算在 D 内。上式中，右边的第一项为 1900 年 1 月 1 日 Greenwich 零时的量值，第二项是以平年为单位计算的订正到该年 1 月 1 日零时的量值，第三项是订正到该年某月某日零时的量值。若初始时刻为 Greenwich 时间该日 t 时刻，上述天文变量的值需在式（3.26）基础上加上各变量经过 t 小时转过的角度。以平太阳黄经 s 为例

$$s_0 = 277.025^\circ + 129.38481^\circ(y-1900) + 13.17640^\circ(D+Y) + \sigma_s \times t \quad (3.27)$$

3.2.2　分潮的分群

从引潮势的展开可以看出，潮汐振动的频率不是任意的，只是在某些特定的频率上才存在与之对应的分潮。以横轴表示频率，在某一分潮频率 f 处作一纵线，其长度等于此分潮的振幅的平方，这些线叫做潮汐谱线，显然潮汐谱是离散谱。

由式（3.25）可得出各分潮的频率 f

$$f = n_1 f_\tau + n_2 f_s + n_3 f_h + n_4 f_p + n_5 f_{N'} + n_6 f_{p'}$$

式中各天文参量的值相差很悬殊，如 f_τ 是 f_s 的 26 倍等，因而在频谱图上，谱线的分布是不均匀的，一丛一丛的分布在频率轴上。首先按 n_1=0、1、2、3 分成四个大丛，叫做 0、1、2 和 3 潮族，分别对应着长周期分潮、全日分潮、半日分潮和三分之一日分潮，其中全日分潮和半日分潮较重要。在一个潮族中按 n_2 的不同又分成更小的丛，每一丛叫做一个群。同样，每一群中按 n_3 不同又分成若干亚群。亚群下面一般就不再细分了。

3.2.3　浅水分潮

潮波进入浅海，当潮差和深度相比不能忽略时，高潮与低潮时刻的水深 h 不同。根据潮汐动力学理论，引潮力作用下的潮波是长波（波长远大于海深）。长波的波速为 $C=\sqrt{gh}$，g 为重力加速度，h 为海深。每一个引潮力引起一个谐和分潮。在大洋和外海中，潮汐振幅 ζ 与海深 h 相比很小，潮汐的流体动力学方程可认为是线性的，分潮波按谐和波形传播，分潮在传播中互不干扰。但当长潮波由大洋或外海传入浅水区域或海湾后，由于海深 h 变小，潮波振幅 ζ 与海深 h 相比不能忽略时，潮汐进入浅水后变形，波速为 $C=\sqrt{g(h+\zeta)}$，这时波峰处因 $h+\zeta$ 大，波峰比原潮波传播快，波谷处因 $h-\zeta$ 小而落后，浅水波形不再是谐和波。理论和实际资料都证明，进入浅水后的变形潮波乃是原潮波和一些次生高阶谐和波叠加

而成的。

兹以两个振动为例说明。设$\zeta_1 = R_1\cos(\sigma_1 t-\theta_1), \zeta_2 = R_2\cos(\sigma_2 t-\theta_2)$为两列原潮波，当进入浅水后，若只考虑振幅为二阶的高级谐和项，那么

$$\begin{aligned}\zeta^2 &= (\zeta_1+\zeta_2)^2 \\ &= \frac{1}{2}(R_1^2+R_2^2)+\frac{1}{2}R_1^2\cos(2\sigma_1 t-2\theta_1)+\frac{1}{2}R_2^2\cos(2\sigma_2 t-2\theta_2) \\ &\quad +R_1R_2\cos[(\sigma_1+\sigma_2)t-(\theta_1+\theta_2)] \\ &\quad +R_1R_2\cos[(\sigma_1-\sigma_2)t-(\theta_1-\theta_2)]\end{aligned} \tag{3.28}$$

第二、三项是σ_1、σ_2的倍潮，最后两项是复合潮。如果这两个分潮为 S_2 和 M_2，则

S_2	σ_1=30.000°	M_2	σ_2=28.984°
S_4	$2\sigma_1$=60.000°	M_4	$2\sigma_2$=57.968°
MS_4	$\sigma_1+\sigma_2$=58.984°	MS_f	$\sigma_1-\sigma_2$=1.016°

所以，式（3.28）中第一项是影响平均海面的因子，其值为正，故将使海平面升高；第二项为 S_4；第三项为 M_4；第四项是 MS_4；第五项的角速率与天文潮 MS_f 分潮的角速率相同。

浅水分潮的交点因子 f 和天文幅角 u 是由组合该浅海分潮的原潮波决定的。如取 S_2 的平均系数为 0.422，M_2 的为 0.908，则各分潮交点因子和幅角见表 3.2。

表 3.2

分潮	交点因子	幅角	相对系数
S_4	1.0	S_2 幅角×2	0.09
M_4	$f_{M_2}^2$	M_2 幅角×2	0.14
MS_4	f_{M_2}	S_2 幅角+M_2 幅角	0.38
MS_f	f_{M_2}	S_2 幅角−M_2 幅角	0.38

如果考虑更高阶的谐和项和讨论更多的分潮的组合，用类似的方法，就可以得到无穷的倍潮和复合潮。表 3.3 列出了主要浅水分潮角速和分潮初位相角。

表 3.3　主要浅水分潮角速和初位相角

分潮	σ /（°/h）	V_0
$2SM_2$	31.0158958	$2s_0-2h_0$
M_4	57.9682084	$-4s_0+4h_0$
MS_4	58.9841042	$-2s_0+2h_0$
S_4	60.0000000	0
M_6	86.9523127	$-6s_0+6h_0$
$2MS_6$	87.9682084	$-4s_0+4h_0$

3.2.4　辐射潮

到目前为止我们只讨论了由天文引潮力引起的潮汐——天文潮（celestial tide），这是世界海洋中的主要潮汐。而气象条件的变化也引起水位的周期变化，而这种变化的最初原因是太阳辐射的作用。Munk 和 Cartwright（1966）最早对这一问题进行了理论研究，此后 Cartwright 和 Taylor（1971）给出了调和展开式。

用 θ 表示地球表面的法线方向与太阳光线的交角，则单位面积地表接收到的热量为 $\Psi_0 \cos\theta$，其中太阳常数 $\Psi_0 = 1.946 \text{ cal/cm}^2$，而辐射势为（Munk and Cartwright，1966）

$$\Psi = \begin{cases} \Psi_0(\bar{R}'/\rho')\cos\theta' & (0 \leqslant \theta' \leqslant \pi/2) \\ 0 & (\pi/2 \leqslant \theta' \leqslant \pi) \end{cases} \tag{3.29}$$

式中，$\bar{R}'$ 为日地平均距离，ρ' 为观测地点与太阳的距离，θ' 是太阳的天顶距。辐射与引潮力的主要不同点在于辐射不可穿透地球，即 $\pi/2 \leqslant \theta' \leqslant \pi$ 时，$\Psi = 0$。因此这种面向太阳和背向太阳的不对称性会引起地球表面各处辐射的差异，而地表各点与太阳距离的不同所起的作用并不是主要因素。对于地球表面 $\theta'=0$ 和 $\theta' = \pi$ 的两地点，由于不可穿透性引起的 Ψ 值之差约为 Ψ_0，而由于离太阳距离不同引起的辐射势差异只有 $\left(\dfrac{\bar{R}'}{\rho' - a} + \dfrac{\bar{R}'}{\rho' + a}\right)\Psi_0 \approx 1 \times 10^{-4}\Psi_0$。因此上式中可用地心与太阳的距离 R' 代替 ρ'

$$\Psi = \begin{cases} \Psi_0(\bar{R}'/R')\cos\theta' & (0 \leqslant \theta' \leqslant \pi/2) \\ 0 & (\pi/2 \leqslant \theta' \leqslant \pi) \end{cases} \tag{3.30}$$

上式可用勒让德多项式展开成（Cartwright and Taylor，1971）

$$\begin{aligned} \Psi = \Psi_0(\bar{R}'/R')[&\frac{1}{4} + \frac{1}{2}\cos\theta' + \frac{5}{32}(3\cos^2\theta' - 1) \\ &- \frac{3}{256}(35\cos^4\theta' - 3\cos^2\theta' + 3) + \cdots] \end{aligned} \tag{3.31}$$

其中，右边第一项是太阳辐射的平均值，即地球表面接收到的平均热量只有与太阳光线相垂直的单位平面的四分之一。这一项与地点无关，不会引起潮汐现象。Cartwright 和 Taylor（1971）对上式中第二、三项进行了展开，展开式中每一项的相角都是以 τ、s、h、p、N、p' 的代数式表示的纯调和展开式。与引潮力不同的是，太阳辐射不能直接引起海水的运动，它只是通过改变大气和海洋的热力学状态而间接地引起海水的运动，所以海洋对太阳辐射的响应机制要比对引力的响应机制复杂得多。理论上的系数最大的 S_1 分潮在实际海洋辐射潮中并不是最重要的，最重要的是 S_a，它的周期是一个回归年，其次是周期为半个回归年的 S_{Sa}。此外，辐射潮 S_2 对引力潮 S_2 亦有一定影响。

3.3 潮汐调和分析方法

牛顿提出的平衡潮理论成功地解释了海洋潮汐随月球和太阳运动而周期变化的性质，但由于理论假定的限制，平衡潮对实际海洋中的潮汐分布和相角因地而异的实际现象的解释上存在严重缺陷。理论潮差不到 1m，这在大洋中近似成立，但远不能解释浅海中的真实潮汐现象，如我国钱塘江潮差 8m，青岛潮差 4m 等。平衡潮理论认为月球位于上（下）中天对应发生高潮，实际上要落后一段时间（高潮间隙）；平衡潮理论还认为朔望对应发生大潮，实际上要落后一、二天（潮龄）。

本节将介绍如何对实际观测水位进行潮汐分析。在实际潮位中，由引潮力直接引起的潮位变化叫引力潮或天文潮，这是水位变化的主要成分。除此之外，还存在着气象潮、天文-气象复合潮和浅水潮，它们与天文潮一起构成了实际水位中的可预报部分。气象扰动引起的水位不规则变化是观测资料中的噪声，它是引起分析结果误差以及水位预测误差的主要来源。现有的潮汐分析方法很多，其分析精度也非常相近，如富里埃分析法（Cartwright 和 Catton，1963）、潮汐谱分析法（Munk 和 Cartwright，1966）和潮汐响应分析（卷积法）（Zlter 和 Munk，1975；Groves and Reynolds，1975）等，但基于最小二乘原理得出的调和分析方法简便实用，因此本书将只介绍这种方法。

海洋中的实际水位包含许多分潮振动，潮汐调和分析的目的是依据实测水位资料获得某地点各分潮的实际平均振幅以及各分潮的实际相角与平衡潮理论相角的差值（称之为调和常数），从而掌握特定海区的潮汐特征，并能进行潮汐预报。

潮汐的观测资料依据长度可以分为长期、中期和短期资料。长期资料是指一年左右或者一年以上的资料。实际分析时多年观测资料通常是对不同年份分别进行分析，然后将所得调和常数取平均，这样长度在一年以上的分潮无法得到其调和常数，但对一年之内的分潮其调和常数的精度会有所提高。中期资料指的是一个月或者数个月长度的资料。短期资料也叫做周日观测或者多次周日观测资料，其观测时间长度只有一天或几天。

3.3.1 潮汐调和分析原理

1. 分潮的调和常数

潮汐调和分析旨在根据实测水位观测资料分析计算出各个分潮的调和常数。由 Darwin 引潮势展开可给出任一分潮的表达式

$$\zeta = fH\cos(\sigma t + V_0 + u) \tag{3.32}$$

式中，ζ表示分潮潮高，f、u分别表示由于月球轨道 18.61 年的周期变化引进的对平均振幅 H 和相角的订正值，即交点因子和交点订正角。平衡潮理论认为，$\sigma t+V_0+u=0°$ 时，应发生高潮，但实际海洋中的潮汐发生高潮时要落后一个角度，或者落后一段时间，因而应在相角中引入一个与时间系统相对应的角度，我们称之为迟角。

若 t 为地方时，(V_0+u) 为地方时理论初相角，则对应的迟角称为地方迟角 K，即

$$\zeta = fH\cos[\sigma t+(V_0+u)_{地}-K] \tag{3.33}$$

如果 t 是区时，(V_0+u) 为区时理论初相角，则引入区时迟角 K'，分潮表达式为

$$\zeta = fH\cos[\sigma t+(V_0+u)_{区}-K'] \tag{3.34}$$

如果 t 取区时，(V_0+u) 取 Greenwich 理论初相角 (V_0+u)，而迟角以 g 表示，此时的迟角称为区时专用迟角，则分潮应表达为

$$\zeta = fH\cos[\sigma t+(V_0+u)_{格}-g] \tag{3.35}$$

分潮的平均振幅 H 和迟角 K（K'或 g）称之为实际分潮的调和常数，通常分析时计算 H 和 g。

分潮的调和常数反映了实际海洋对这一频率天体引潮力的响应。这种响应取决于海洋本身的几何形状及其动力学性质，也决定了实际海洋中的分潮振幅与平衡潮引潮势展出的分潮系数不完全成比例。同时，由于海洋环境的变化十分缓慢，就一般海区而言，调和常数具有极大的稳定性，在不特别长的时间内，可充分近似地认为是常数。

2. *K'*、*K*、*g* 三种迟角的换算

上面引入的迟角从天体运动的角度可解释为从该分潮所对应的假想天体的上中天到该假想天体所引起的分潮实际发生高潮的时间间隔，以度表示。而 V_0+u 是从假想天体上中天算到 t=0 的角度，称为假想天体零时的时角。

用不同的时间系统分析计算的迟角其量值不同，但它们之间可以互相换算。比如，按区时标准子午线计算的迟角 K'以及在潮汐推算上常用的所谓专用迟角 g 二者与地方迟角 K 都不相同。按照 K、K'和 g 的定义，可以画出它们之间的关系（图 3.9）。图中 G、M 和 S 分别表示对应某分潮的假想天体在 Greenwich、观测地点和区时标准子午线上中天的时刻；G_1、M_1 和 S_1 为上述三个地点各自地方时零时的时刻，即平太阳位于该地的下中天；λ、s 为观测地点和区时标准子午线的经度（西经）；GM 是在一定的时间内假想天体从 G 到 M 移动的角度，$GM=p\lambda$，其中 p 为该分潮的潮族数；G_1M_1 是平太阳从 G_1 到 M_1 的时间内假想天体移动的角度，同样，$GS=ps$；γ 是 Greenwich 迟角。从图 3.9 很容易得出

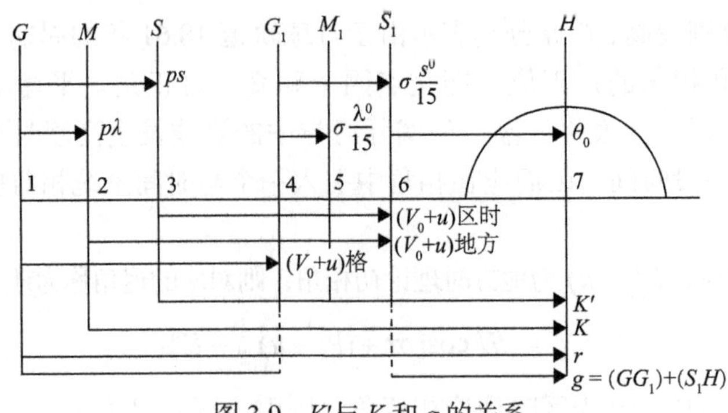

图 3.9　K′与 K 和 g 的关系

$$(V_0+u)_{地方}=(V_0+u)_{格}-p\lambda+\sigma\frac{S}{15}$$

$$(V_0+u)_{区时}=(V_0+u)_{格}-pS+\sigma\frac{S}{15}$$

由迟角的定义

$$\begin{aligned}K&=(V_0+u)_{地方}+\theta_0\\K'&=(V_0+u)_{区时}+\theta_0\\g&=(V_0+u)_{格}+\theta_0\end{aligned}\qquad(3.36)$$

值得注意的是，上面三式中零时的初始相角 (V_0+u) 随着所使用的时间系统不同而不同，但三者的 θ_0 完全相同，都是区时（标准时）零时到所选分潮实际发生高潮时分潮所经历的角度（初位相）。

由式（3.36）可得出三种迟角之间的换算关系式

$$\begin{cases}K=K'+p(S-\lambda)\\g=K+p\lambda-\dfrac{S}{15}\sigma\\g=K'+(p-\dfrac{\sigma}{15})S\end{cases}\qquad（对西经适用）\qquad(3.37)$$

和

$$\begin{cases}K=K'+p(\lambda-S)\\g=K-p\lambda+\dfrac{S}{15}\sigma\\g=K'+(\dfrac{\sigma}{15}-p)S\end{cases}\qquad（对东经适用）\qquad(3.38)$$

我国标准时间系统为东 8 区时，称为北京时，沿海各地适用东经的迟角换算公式。

3. 调和分析的基本原理

实际海洋中的水位是由许多不同周期的振动叠加起来

$$\begin{aligned}\zeta(t) &= a_0 + \sum_{j=1}^{m} R_j \cos(\sigma_j t - \theta_j) + \gamma(t) \\ &= a_0 + \sum_{j=1}^{m} (a_j \cos\sigma_j t + b_j \sin\sigma_j t) + \gamma(t)\end{aligned} \tag{3.39}$$

其中，$\gamma(t)$ 为非天文因素引起的水位，它泛指水文气象状况的变化引起的水位变化，有时又叫增减水。

参照式（3.34），实测水位也可表示为

$$\zeta(t) = a_0 + \sum_{j=1}^{m} f_j H_j \cos[\sigma_j t + (V_0 + u)_{j\text{区时}} - K_j'] + \gamma(t) \tag{3.40}$$

对比以上两式，不考虑非天文潮 $\gamma(t)$，并略去分潮的标记符“j”，得到

$$\begin{cases} H = \dfrac{R}{f} \\ K' = V_0 + u + \theta_0 \end{cases} \tag{3.41}$$

其中

$$\begin{cases} R = \sqrt{a^2 + b^2} \\ \theta_0 = \arctan\dfrac{b}{a} \end{cases}$$

综上所述，调和分析时，首先要由实测资料求出 a 和 b，并由 a 和 b 计算出 R 和 θ_0，这样只要依天文要素计算出实测中间时刻的 f 和 u，即可由式（3.41）计算出各个分潮的调和常数 H 和 K'。

水位观测资料中包括由于气象和海洋动力因素引起的随机振动，浅海中的非线性效应还很明显，这些都将影响调和常数的分析计算精度。因此潮汐分析所得调和常数的可靠性，主要决定于各个分潮彼此间的相互影响，以及 $\gamma(t)$ 影响的消除程度。目前的水位观测可准确到 1cm，采用一年每小时资料作分析所得调和常数结果是可靠的。

3.3.2　潮汐调和分析的最小二乘法

在计算机问世之前，潮汐分析普遍采用 Doodson（1921，1928）和 Darwin

（1907）方法。而随着计算机的普及以及在物理海洋中的广泛应用，最小二乘法已经成为了物理海洋数据分析中的主要手段之一，尤其是在潮汐的调和分析中。

1. 最小二乘法及其在潮汐分析中的应用

实际潮位可看作许多调和分潮叠加的结果，不过在实际分析中只能选取其中有限个较主要的分潮。假设选取了 J 个分潮，则潮位表达式可写作

$$\hat{\zeta}(t)=\hat{S}_0+\sum_{j=1}^{J}\hat{R}_j\cos(\sigma_j t-\hat{\theta}_j) \tag{3.42}$$

其中，$-\hat{\theta}_j$ 为 t=0 时刻第 j 个分潮的相位，它与分潮迟角的关系见式（3.41）。这里，用 $\hat{S}_0$、$\hat{R}_j$ 和 $\hat{g}_j$ 等表示该地点平均水位和调和常数等的实际值，以区别于由观测资料分析得到的包含误差的分析结果 S_0、R_j 和 g_j。

观测到的水位可写作潮位与噪声之和

$$\zeta(t)=\hat{\zeta}+\varepsilon(t)=\hat{S}_0+\sum_{j=1}^{J}\hat{R}_j\cos(\sigma_j t-\hat{\theta}_j)+\varepsilon(t) \tag{3.43}$$

其中 $\varepsilon(t)$ 为噪声，包括由气象等因素引起的不规则扰动、观测误差、数据处理误差和截断误差以及被忽略的分潮等。上式展开得

$$\zeta(t)=\hat{S}_0+\sum_{j=1}^{J}(\hat{a}_j\cos\sigma_j t+\hat{b}_j\sin\sigma_j t)+\varepsilon(t) \tag{3.44}$$

其中

$$\hat{a}_j=\hat{R}_j\cos\hat{\theta}_j,\qquad \hat{b}_j=\hat{R}_j\sin\hat{\theta}_j \tag{3.45}$$

从而对于 $t=t_1$，t_1，…，t_N 等 N 个时刻的水位观测值 ζ_1，ζ_2，…，ζ_N，可建立 N 个时刻的方程组

$$\begin{cases}\hat{S}_0+(\cos\sigma_1 t_1)\hat{a}_1+(\cos\sigma_2 t_1)\hat{a}_2+\cdots+(\cos\sigma_J t_1)\hat{a}_J\\ \quad+(\sin\sigma_1 t_1)\hat{b}_1+(\sin\sigma_2 t_1)\hat{b}_2+\cdots+(\sin\sigma_J t_1)\hat{b}_J=\zeta(t_1)-\varepsilon(t_1)\\ \hat{S}_0+(\cos\sigma_1 t_2)\hat{a}_1+(\cos\sigma_2 t_2)\hat{a}_2+\cdots+(\cos\sigma_J t_2)\hat{a}_J\\ \quad+(\sin\sigma_1 t_2)\hat{b}_1+(\sin\sigma_2 t_2)\hat{b}_2+\cdots(\sin\sigma_J t_2)\hat{b}_J=\zeta(t_2)-\varepsilon(t_2)\\ \qquad\cdots\\ \hat{S}_0+(\cos\sigma_1 t_N)\hat{a}_1+(\cos\sigma_2 t_N)\hat{a}_2+\cdots+(\cos\sigma_J t_N)\hat{a}_J\\ \quad+(\sin\sigma_1 t_N)\hat{b}_1+(\sin\sigma_2 t_N)\hat{b}_2+\cdots+(\sin\sigma_J t_N)\hat{b}_J=\zeta(t_N)-\varepsilon(t_N)\end{cases} \tag{3.46}$$

由于无法事先知道噪声，因而只能对下列方程求解，

$$
\begin{cases}
S_0+(\cos\sigma_1 t_1)a_1+(\cos\sigma_2 t_1)a_2+\cdots+(\cos\sigma_J t_1)a_J \\
\quad +(\sin\sigma_1 t_1)b_1+(\sin\sigma_2 t_1)b_2+\cdots+(\sin\sigma_J t_1)b_J=\zeta(t_1) \\
S_0+(\cos\sigma_1 t_2)a_1+(\cos\sigma_2 t_2)a_2+\cdots+(\cos\sigma_J t_2)a_J \\
\quad +(\sin\sigma_1 t_2)b_1+(\sin\sigma_2 t_2)b_2+\cdots(\sin\sigma_J t_2)b_J=\zeta(t_2) \\
\qquad\cdots \\
S_0+(\cos\sigma_1 t_N)a_1+(\cos\sigma_2 t_N)a_2+\cdots+(\cos\sigma_J t_N)a_J \\
\quad +(\sin\sigma_1 t_N)b_1+(\sin\sigma_2 t_N)b_2+\cdots+(\sin\sigma_J t_N)b_J=\zeta(t_N)
\end{cases}
\tag{3.47}
$$

由于忽略了噪声，由上式分析得到的各参量值并不是真实值，而是包含一定误差的分析值。其中的观测时间 $t_n(n=1,2,\cdots,N)$ 和角速率 $\sigma_j(j=1,2,\cdots J)$ 都是已知的，$\zeta(t_n)$ 是观测水位值，因此上式为含有 $2J+1$ 个未知量的线性方程组。潮汐调和分析的任务在于如何从上述 N 个方程中得出这些未知量的准确值。

由于总共有 $2J+1$ 个未知量，一般说来如果有 $2J+1$ 次水位观测值便可求出这 $2J+1$ 个未知量。但由于观测值 $\zeta(t)$ 并不正好等于 $\hat{\zeta}(t)$，总包含噪声 $\varepsilon(t)$，这就要求观测资料尽可能地多一些，以使得分析计算得到的 S_0、a_j 和 b_j 值能尽可能地接近它们的真实值，因此潮汐分析中总是有 $N\gg 2J+1$。这样使得式（3.47）是矛盾方程组，可以采用最小二乘法处理。

根据最小二乘原理，首先要将矛盾方程组（3.47）化为正规方程组——法方程。下面首先简单介绍一下最小二乘方法。

对于一组包含 M 个未知量的 N 个方程的线性方程组

$$
\begin{cases}
a_{11}x_1+a_{12}x_2+\cdots+a_{1M}x_M=y_1 \\
a_{21}x_1+a_{22}x_2+\cdots+a_{2M}x_M=y_2 \\
\qquad\cdots \\
a_{N1}x_1+a_{N2}x_2+\cdots+a_{NM}x_M=y_N
\end{cases}
\tag{3.48}
$$

式中，$N\geqslant M$。此时，一般不存在一组（x_1，x_2，…，x_M）使得方程组（3.48）各方程都成立，即差值

$$
\delta_n=y_n-(a_{n1}x_1+a_{n2}x_2+\cdots+a_{nM}x_M)
\tag{3.49}
$$

不可能全为零。但可以选取一组（x_1，x_2，…，x_M）使得各个 δ_n 尽可能的小。由于有 N 个 δ_n，如何比较不同组 δ_1，δ_2，…，δ_N 的大小呢？显然，取 $\Delta=\delta_1+\delta_2+\cdots+\delta_N$ 不合理，因为 δ_n 有正有负，所以这样选取的 Δ 不能反映上面方程组两边差值的大小。一种合理的规定是取 $\Delta=|\delta_1|+\cdots+|\delta_N|$，但这样选取后使运算很不方便。

最小二乘法中选取$\Delta=\delta_1^2+\cdots+\delta_N^2$，并取使$\Delta$达到最小值的那组解为最后结果。这样规定后使运算很方便，而且噪声δ_n的概率分布是正态分布时还可从理论上证明所得结果是最好的。

由式（3.48）知

$$\Delta=\sum_{n=1}^{N}(a_{n1}x_1+a_{n2}x_2+\cdots+a_{nM}x_M-y_n)^2 \tag{3.50}$$

为x_1，…，x_M的函数，它达到最小值的条件是

$$\frac{\partial\Delta}{\partial x_1}=\frac{\partial\Delta}{\partial x_2}=\cdots=\frac{\partial\Delta}{\partial x_M}=0$$

将式（3.50）代入上式得

$$\begin{cases}\sum\limits_{n=1}^{N}a_{n1}(a_{n1}x_1+a_{n2}x_2+\cdots+a_{nM}x_M-y_n)=0\\ \sum\limits_{n=1}^{N}a_{n2}(a_{n1}x_1+a_{n2}x_2+\cdots+a_{nM}x_M-y_n)=0\\ \qquad\qquad\cdots\\ \sum\limits_{n=1}^{N}a_{nM}(a_{n1}x_1+a_{n2}x_2+\cdots+a_{nM}x_M-y_n)=0\end{cases}$$

或者

$$\begin{cases}c_{11}x_1+c_{12}x_2+\cdots+c_{1M}x_M=f_1\\ c_{21}x_1+c_{22}x_2+\cdots+c_{2M}x_M=f_2\\ \qquad\cdots\\ c_{M1}x_1+c_{M2}x_2+\cdots c_{MM}x_M=f_M\end{cases} \tag{3.51}$$

其中

$$\begin{cases}c_{ij}=\sum\limits_{n=1}^{N}a_{ni}a_{nj}\\ f_i=\sum\limits_{n=1}^{N}a_{ni}y_n\end{cases}\qquad (i,j=1,2,\cdots,M) \tag{3.52}$$

方程组（3.51）便叫法方程或正规方程。方程中的系数矩阵为对称矩阵，可用普通的线性方程组求解方法求解。

2. 等时间间隔连续水位资料的法方程建立

如果资料的采样间隔不均匀，则法方程的系数只能按式（3.52）逐个计算。

但在观测时间间隔相等时，系数的计算将大为简化，如果时间原点选在观测中间时刻，则计算会更为简单。由于时间原点取在观测中间时刻，因此观测资料的个数 N 最好是奇数。令 $N' = \frac{1}{2}(N-1)$，Δt 为观测时间间隔，则观测时刻可写为 $-N'\Delta t, (-N'+1)\Delta t, \cdots, -\Delta t, 0,\ \Delta t, \cdots, (N'-1)\Delta t,\ N'\Delta t$，相应的实测水位值可作为 $\zeta_{-N'}$，$\zeta_{-N'+1}$，…，ζ_{-1}，ζ_0，ζ_1，…，$\zeta_{N'-1}, \cdots, \zeta_{N'}$，这时法方程化为

$$\begin{cases} A_{00}S_0 + A_{01}a_1 + A_{02}a_2 + \cdots + A_{0J}a_J + C_{01}b_1 + C_{02}b_2 + \cdots + C_{0J}b_J = F_0' \\ A_{10}S_0 + A_{11}a_1 + A_{12}a_2 + \cdots + A_{1J}a_J + C_{11}b_1 + C_{12}b_2 + \cdots + C_{1J}b_J = F_1' \\ \cdots \\ A_{J0}S_0 + A_{J1}a_1 + A_{J2}a_2 + \cdots + A_{JJ}a_J + C_{J1}b_1 + C_{J2}b_2 + \cdots + C_{JJ}b_J = F_J' \\ D_{10}S_0 + D_{11}a_1 + D_{12}a_2 + \cdots + D_{1J}a_J + B_{11}b_1 + B_{12}b_2 + \cdots + B_{1J}b_J = F_1'' \\ D_{20}S_0 + D_{21}a_1 + D_{22}a_2 + \cdots + D_{2J}a_J + B_{21}b_1 + B_{22}b_2 + \cdots + B_{2J}b_J = F_2'' \\ \cdots \\ D_{J0}S_0 + D_{J1}a_1 + D_{J2}a_2 + \cdots + D_{JJ}a_J + B_{J1}b_1 + B_{J2}b_2 + \cdots + B_{JJ}b_J = F_J'' \end{cases} \tag{3.53}$$

法方程的系数为

$$\begin{cases} A_{00} = \sum_{n=-N'}^{N'} 1 \cdot 1 = 2N' + 1 = N \\ A_{0j} = A_{j0} = \sum_{n=-N'}^{N'} 1 \cdot \cos n\sigma_j \Delta t = \dfrac{\sin \frac{N}{2}\sigma_j \Delta t}{\sin \frac{1}{2}\sigma_j \Delta t}, (j = 1, 2, \cdots, J) \\ A_{jj} = \sum_{n=-N'}^{N'} \cos n\sigma_j \Delta t \cdot \cos n\sigma_j \Delta t = \dfrac{1}{2}[N + \dfrac{\sin N\sigma_j \Delta t}{\sin \sigma_j \Delta t}], (j = 1, 2, \cdots, J) \\ A_{ij} = A_{ji} = \sum_{n=-N'}^{N'} \cos n\sigma_i \Delta t \cdot \cos n\sigma_j \Delta t = \dfrac{1}{2}[\dfrac{\sin \frac{N}{2}(\sigma_i - \sigma_j)\Delta t}{\sin \frac{1}{2}(\sigma_i - \sigma_j)\Delta t} \\ \qquad + \dfrac{\sin \frac{N}{2}(\sigma_i + \sigma_j)\Delta t}{\sin \frac{1}{2}(\sigma_i + \sigma_j)\Delta t}], \qquad (i, j = 1, 2, \cdots, J, i > j) \end{cases} \tag{3.54}$$

$$\begin{cases} C_{0j} = D_{j0} = \sum_{n=-N'}^{N'} 1 \cdot \sin \sigma_j \Delta t = 0 \\ C_{ij} = D_{ji} = \sum_{n=-N'}^{N'} \cos n\sigma_i \Delta t \cdot \sin n\sigma_j \Delta t = 0 \end{cases} \quad (i, j = 0, 1, \cdots, J) \tag{3.55}$$

$$\begin{cases} B_{jj} = \sum_{n=-N'}^{N'} \sin n\sigma_j \Delta t \cdot \sin n\sigma_j \Delta t = \frac{1}{2}[N - \frac{\sin N\sigma_j \Delta t}{\sin \sigma_j \Delta t}], \quad (j = 1, 2, \cdots, J) \\ B_{ij} = B_{ji} = \sum_{n=-N'}^{N'} \sin n\sigma_i \Delta t \cdot \sin n\sigma_j \Delta t = \frac{1}{2}[\frac{\sin \frac{N}{2}(\sigma_i - \sigma_j)\Delta t}{\sin \frac{1}{2}(\sigma_i - \sigma_j)\Delta t} \\ \qquad - \frac{\sin \frac{N}{2}(\sigma_i + \sigma_j)\Delta t}{\sin \frac{1}{2}(\sigma_i + \sigma_j)\Delta t}], \quad (i, j = 1, 2, \cdots, J, i > j) \end{cases} \tag{3.56}$$

$$\begin{cases} F_0' = \sum_{n=-N'}^{N'} \varsigma(t_n) \\ F_i' = \sum_{n=-N'}^{N'} \varsigma(t_n) \cos n\sigma_i \Delta t \quad (i = 1, 2, \cdots, J) \\ F_i'' = \sum_{n=-N'}^{N'} \varsigma(t_n) \sin n\sigma_i \Delta t \quad (i = 1, 2, \cdots, J) \end{cases} \tag{3.57}$$

由于选取中间时刻为时间原点后导致系数 C_{ij} 和 D_{ij} 均为零，所以法方程（3.53）可分为两个独立的方程组

$$\begin{cases} A_{00}S_0 + A_{01}a_1 + A_{02}a_2 + \cdots + A_{0J}a_J = F_0' \\ A_{10}S_0 + A_{11}a_1 + A_{12}a_2 + \cdots + A_{1J}a_J = F_1' \\ \cdots \\ A_{J0}S_0 + A_{J1}a_1 + A_{J2}a_2 + \cdots + A_{JJ}a_J = F_J' \end{cases} \tag{3.58}$$

$$\begin{cases} B_{11}b_1 + B_{12}b_2 + \cdots + B_{1J}b_J = F_1'' \\ B_{21}b_1 + B_{22}b_2 + \cdots + B_{2J}b_J = F_2'' \\ \cdots \\ B_{J1}b_1 + B_{J2}b_2 + \cdots + B_{JJ}b_J = F_J'' \end{cases} \tag{3.59}$$

这两个方程组的系数行列式仍然是对称的。前一个方程组有 J+1 个方程，可解

出$S_0,a_1,a_2,\cdots,a_J$，后一个方程组有J个方程，可解出$b_1,b_2,\cdots,b_J$。从而由式（3.45）可求出R_j和θ_j，进而可求出调和常数H_j和g_j。

3.3.3　分潮的选取

不管利用哪种方法进行调和分析，首先要注意分潮的选取，这就要求所选入的分潮必须满足与观测时间间隔及观测资料长度相适应，否则就不能得出良好的结果。

1. 分潮的一般选取原则

由关于最小二乘方法的讨论似乎可以得出，只要$N \geqslant 2J+1$（N是资料长度，J是所选分潮个数），就可以把每个分潮的调和常数计算出来。但实际情况是，如果参与分析的分潮与观测资料的长度和时间间隔选取得不合适，会影响分析的准确性，甚至无法得到计算结果。

潮汐观测资料经平滑处理消除“噪声”后，一般不包含几秒钟、几分钟的振动。组成水位振动有各种频率，实际应用中，对于频率高于或等于0.5周/小时的振动，一般不作为潮振动考虑，而把频率v_C=0.5周/小时叫做潮汐的截止频率。因此潮汐记录函数$\zeta(t)$是一种限带函数，即它只包含频率低于v_c的各种振动，而频率高于v_c的振动认为不是潮汐振动。

在傅里叶分析中，各个振动的频率是事先未知的，实际计算中，角速率只能取到$\pi/\Delta t$为止，其对应的频率为$1/2\Delta t$，这叫截止频率。这样得到的谱是把频率大于$1/2\Delta t$的振动能量折叠到频率小于$1/2\Delta t$谱的结果，叫折叠谱。如此就要求Δt取得足够小，以至实际上可认为不存在频率大于$1/2\Delta t$的振动。对于潮汐分析中的截止频率v_c=0.5周/小时，则Δt应满足

$$v_c \leqslant \frac{1}{2\Delta t} \tag{3.60}$$

从而$\Delta t \leqslant 1$小时。

潮汐调和分析与普通的傅里叶分析不同，分潮的角速率是事先已知的。如果所有分潮的频率都小于$1/2\Delta t$，则各个分潮之间不会产生混淆。实际潮汐分析中通常取Δt=1小时，除河口外，频率高于0.5的振动一般是很弱的。

除了如何选取采样间隔，还应弄清两条谱线能够完全区分开来所应满足的条件。Rayleigh给出的判据是，如果两条谱线的频率为v_j,v_{j+1},，当

$$\left|v_j - v_{j+1}\right| \geqslant \frac{2v_c}{N} \tag{3.61}$$

时，则两条谱线可以分离开来，式中N为样本总个数。考虑到截止频率为0.5，

上面的关系式可改为

$$\left|v_j - v_{j+1}\right| = \Delta v \geqslant \frac{1}{N} \tag{3.62}$$

把它和分潮的角速率 σ 联系起来，

$$\Delta\sigma = 2\pi\Delta v \geqslant \frac{2\pi}{N} \tag{3.63}$$

对于一天每小时的观测资料

$$\Delta\sigma = \frac{360^\circ}{24} = 15^\circ / \text{小时}$$

对于一个月每小时的观测资料

$$\Delta\sigma = \frac{360^\circ}{720} = 0.5^\circ / \text{小时}$$

对于 369 天的观测资料

$$\Delta\sigma = \frac{360^\circ}{369\times24} = 0.04065^\circ / \text{小时}$$

这就是说，对于一个月的观测资料，两个分潮角速率之差要大于或等于 0.5°/小时才能完全分离开来。对于 369 天的观测资料，分潮角速率之差大于或等于 0.04°/小时便可完全分离开来，这里一年资料典型长度一般取 369 天，这是因为主要半日分潮和主要全日分潮的最小公倍数近似为 369 天，而不是 365 天。

综上所述，分潮的选取要受到资料采样间隔及观测资料长度的限制，即是说，如果想准确分析出给定的分潮，采样间隔和资料长度都应满足一定的条件。反之，在采样间隔和资料长度一定的情况下，能够选取的分潮是有限的。

2. 次要分潮的选取方法

对于中期观测资料的分析，由于所选取的分潮数有限，重点必须保证主要分潮调和常数的可靠性。由于观测期间较短，水位的随机误差会使结果包含较大的误差，同时只能直接分离不同群的分潮，无法分离开的次要分潮也会影响主要分潮调和常数的精度。为了提高主要分潮调和常数的准确性，就不得不尽可能考虑与主分潮同属一群的随从分潮，这只能通过假定的差比关系由主要分潮的调和常数估计随从分潮的调和常数。在选取分潮时，可以略去大多数振幅较小的浅水高频潮。如此，在随从分潮中将包含一些小振幅的分潮，其中有些分潮在长期观测资料的分析中反而可以不予考虑。这些随从分潮中的大多数小振幅分潮的调和常数没有多少实用意义，它们的引入只是为了消除它们对主要分潮的影响，即更准确地求取主要分潮的调和常数。

在经典的一个月资料的分析中，通常假定同一群分潮中每个分潮都与相应的平衡潮分潮之间有着相同的振幅比和位相差。换句话说，实际海域的随从分潮与主分潮的振幅比等于理论上相应的两个平衡潮分潮的系数比；而随从分潮与主分潮的迟角差为零。分析中，同一群中由主分潮确定随从分潮，由于同一群分潮的角速率很相近，所以采用这种近似假定是合理的。

但利用计算机进行调和分析时，可以不考虑计算量大小的问题而选取较多的分潮，同时又可以尽可能地消除浅水分潮的影响，这时往往必须在不同群的分潮之间建立差比关系，如果仍引用上述假定就会产生一定的误差。例如，在选取 μ_2 分潮作为主分潮时，它的随从分潮是 $2N_2$，但浅水复合分潮 $2M\overline{S}_2$ 与 μ_2 的周期相同，且振幅常常又比较大，这样此两分潮在实际分析时是无法区别开来的，从而导致 $2N_2$ 和 μ_2 分潮之间的关系无法预先确知。基于此，分析时把 $2N_2$ 看成了 N_2 分潮的随从分潮，但它们不属于同一群，因此不能仍旧假定 $2N_2$ 和 N_2 有相同的迟角。还有其他分潮也有类似情况，如 $2Q_1$ 和 σ_1 属于同一群，但该群中有一个较重要的浅水复合分潮 $2O\overline{K_1}$，它与 $2Q_1$ 的周期十分接近，实际分析中是把 $2Q_1$ 和 σ_1 都作为 Q_1 或 O_1 分潮的随从分潮来处理的。

为了比较准确地给出同群分潮之间振幅和迟角的推算关系，必须对上面的差比关系进行修订。对振幅较大的随从分潮如 P_1、K_2 等，其振幅与主分潮的振幅比通常取附近长期验潮站对应分潮的振幅比；而对于小振幅分潮，其与主分潮的振幅比则仍可取对应平衡潮分潮的系数比。由于在不太大的海区中，各地点对引潮力的响应特性差别不大，从而可预先根据该海区中一些长期验潮站的调和常数求得同族分潮之间的平均振幅比，并用这些比值代替该海区中任一地点的真实比值。

长期观测资料的分析结果表明，同一个潮族中分潮的实际位相与它的平衡潮位相之差随分潮的频率而线性变化，从而随从分潮与主分潮的迟角差可采用以下关系

$$\varphi=\frac{\Delta g}{\Delta\sigma}(\sigma_q-\sigma_p) \tag{3.64}$$

式中，$\dfrac{\Delta g}{\Delta\sigma}$ 为全日或半日潮龄；σ_p 和 σ_q 分别是主分潮和随从分潮的角速率。对于全日和三分之一日等奇数族分潮，有 $\Delta g=\Delta g_1=g_{K_1}-g_{O_1}$，$\Delta\sigma=\Delta\sigma_1=\sigma_{K_1}-\sigma_{O_1}$；而对于半日、四分之一日和六分之一日等偶数族分潮，有 $\Delta g=\Delta g_2=g_{S_2}-g_{M_2}$，$\Delta\sigma=\Delta\sigma_2=\sigma_{S_2}-\sigma_{M_2}$。$\Delta g_1$ 和 Δg_2 通常用附近长期验潮站的调和常数来代替观测

站点的真实值，也可取所在海区的平均值。我国沿海的全日或半日潮龄约为二天，因此实际分析中也可近似取 $\Delta g_1 = \Delta g_2 = 50°$。

利用附近长期验潮站的调和常数计算 Δg 值时，可能会出现如 $g_{S_2}=20°$，$g_{M_2}=330°$，这样直接计算会有 $g_{S_2}-g_{M_2}=-310°$，实际计算时应取（20°+360°）–330°=50°。Δg 通常取–130°至+230°之间的值，若直接算得的值超出这个范围，则应加上或减去 360°。

一个月水位资料的潮汐调和分析所选取的典型分潮见附表 5（方国洪等，1986），表中每个分潮包括两个数字编号，第一个数字按主分潮的顺序排列，第二个数字 1 是该群的主要分潮，大于 1 的为随从分潮。表中共选取了 30 个主分潮，并列出了每个随从分潮与主分潮的振幅比 κ 以及比值 $\alpha = \dfrac{\sigma_q - \sigma_p}{\Delta\sigma}$。其中振幅比 κ 值以两种形式给出：对于小振幅次要分潮，κ 值取相应平衡潮分潮系数的理论比值；对一些较重要的随从分潮，κ 值取附近长期验潮站相应分潮的实际振幅比，如 P_1 分潮的 $\kappa = P/K$ 表示取附近港口分潮实际振幅比值 H_{P_1}/H_{K_1}。

对于浅水分潮的差比关系，根据非线性非摩擦条件下浅水分潮的生成机制，各浅水分潮之间的振幅比应当按如下关系式取决于源分潮的振幅比：

（1）对二次非线性分潮，如果只考虑主要的半日源分潮 M_2 和 S_2 两个分潮，则它们将生成浅水分潮 M_4、MS_4、S_4 和 $\overline{M}S_f$。这些浅水分潮的振幅比与源分潮的振幅比之间的关系为

$$H_{MS_4}/H_{M_4} = 2H_{S_2}/H_{M_2}$$

$$H_{S_4}/H_{M_4} = H_{S_2}^2/H_{M_2}^2$$

（2）对三次非线性分潮，在只考虑主要的半日源分潮 M_2、S_2 和 N_2 三个分潮时，由它们生成的浅水分潮主要有 M_6、$2MS_6$、$2MN_6$、$2SM_6$、MSN_6、$2M\overline{S}_2$、$2M\overline{N}_2$、$2SM_2$、$MS\overline{N}_2$ 和 $MN\overline{S}_2$ 等。这些浅水分潮之间的振幅比存在以下关系

$$H_{2MN6}/H_{M_6} = 3H_{N_2}/H_{M_2}$$

$$H_{MSN_6}/H_{M_6} = 6H_{S_2}\cdot H_{N_2}/H^2{}_{M_2}$$

$$H_{MSN_6}/H_{2MS_6} = 2H_{N_2}/H_{M_2}$$

3. 分潮选取表

由于分潮的选取与资料长度有关，当资料长度为几个月或者几个周日（一个周日为 25 小时）时，为保证主要分潮调和常数的分析精度，需在满足 Rayleigh

准则的基础上，利用逐次迭代的理念，通过差比关系引入次要分潮。典型的长期资料和中期资料调和分析时选取的分潮见附表 4 和附表 5。

3.3.4 交点因子和交点订正角的计算

根据调和分析的基本原理，准确计算每个分潮的调和常数需要已知各个分潮的交点因子 f 和交点订正角 u 的取值。对于周日或者多次周日观测资料，调和分析时选入的分潮为多个 Doodson 调和分潮合并后的准调和分潮，对于这样的准调和分潮，其振幅和幅角的变化不再是 18.61 年的缓慢变化，我们引入 D 和 d 两个新变量来刻画每个准调和分潮的振幅和幅角的变化，其意义与 f、u 类似。因此 f 和 u（或 D 和 d）的计算对调和常数的求解至关重要。

1. 中长期资料交点因子和交点订正角的计算

假设某一亚群中有 M 个实际分潮，它们相应的引潮势分潮系由引潮势的同一项展开得出，则把它们合起来有

$$\xi=\sum_{i=1}^{M}H_i\cos[n_1\tau+n_2s+n_3h+n_4^ip+n_5^iN'+n_6^ip'-g^i] \tag{3.65}$$

由于同属于同一亚群，故前三个 Doodson 数相同。如果第 K 个分潮最大，可建立其余 M–1 个分潮与这个主分潮之间的关系

$$\begin{cases}H^i=\alpha^iH^K\\ g^i=g^K\end{cases} \tag{3.66}$$

式中，$\alpha^i=\dfrac{C^i}{C^K}$ 是两个分潮引潮势系数之比，如此式（3.65）变为

$$\begin{aligned}\xi&=H^k\sum_{i=1}^{M}\alpha_i\cos[n_1\tau+n_2s+n_3h+n_4^Kp+n_5^KN'+n_6^Kp'-g^K+\Delta n_4^ip+\Delta n_5^iN'+\Delta n_6^ip']\\&=H^K\sum_{i=1}^{M}[\alpha^i\cos(\Delta n_4^ip+\Delta n_5^iN'+\Delta n_6^ip')\cos(v^K-g^K)\\&\quad-\alpha^i\sin(\Delta n_4^ip+\Delta n_5^iN'+\Delta n_6^ip')\sin(v^K-g^K)]\end{aligned}$$

其中，$\Delta n_j=n_j^i-n_j^K\,(j=4,5,6)$。令

$$\begin{cases}f\cos u=\sum\limits_{i=1}^{M}\alpha^i\cos(\Delta n_4^ip+\Delta n_5^iN'+\Delta n_6^ip')\\ f\sin u=\sum\limits_{i=1}^{M}\alpha^i\sin(\Delta n_4^ip+\Delta n_5^iN'+\Delta n_6^ip')\end{cases} \tag{3.67}$$

从而这 M 个分潮可合并成一个分潮

$$\xi = fH\cos(v+u-g)$$

式中，H、v、g 为第 i 个分潮，为简便省去了上标，f、u 是相对于第 i 个分潮确定的。值得注意的是，上面表达式中的分潮已不是严格意义上的调和分潮，因为它的振幅不是常数，且相角中的 u 也不是匀速变化的量。但由于 f 和 u 主要与 N 有关，部分地与 p 有关，变化很慢，在相当长时间如一年的时期内可近似地看作不变，因此由上式所表示的项仍被认为是调和分潮。

下面以 M_2 为例给出 f、u 的计算实例。在 Doodson 展开中，对一年期资料，只有属于不同亚群的分潮才能分开，在其展开式中 M_2 分潮附近能分辨开的分潮共有三项：

幅角	系数	系数相对值
$30°t-2s+2h=2\tau$	0.90809	1.00000
$30°t-2s+2h+N=2\tau+N$	−0.03390	−0.03733
$30°t-2s+2h+2N=2\tau+2N$	0.00047	0.00052

将以上三者叠加

$$\cos 2\tau - 0.03733\cos(2\tau+N) + 0.00052\cos(2\tau+2N)$$

它应等于 $f\cos(2\tau+u)$，对比 $\cos 2\tau$，$\sin 2\tau$ 的系数，得

$$\begin{cases} f\cos u = 1 - 0.03733\cos N + 0.00052\cos 2N \\ f\sin u = -0.03733\sin N + 0.00052\sin 2N \end{cases}$$

从而可得

$$\begin{aligned} f &= 1.0004 - 0.03733\cos N + 0.0002\cos 2N \\ u &= -2.14°\sin N \end{aligned}$$

其他各主要分潮的 f，u 见表 3.4。表中共给出了 11 个基本分潮的 f、u，实际上其他所有分潮的 f、u 都可由这 11 个基本分潮的 f、u 导出。

表 3.4　各主要分潮的 f 和 u

	f	u
M_m	$1.0000-0.1300\cos N+0.0013\cos 2N$	0
M_f	$1.0429+0.4135\cos N-0.004\cos 2N$	$-23.74°\sin N+2.68°\sin 2N-0.38°\sin 3N$
O_1	$1.0089+0.1871\cos N-0.0147\cos 2N+0.0014\cos 3N$	$10.80°\sin N-1.34°\sin 2N+0.19°\sin 3N$
K_1	$1.0060+0.1150\cos N-0.0088\cos 2N+0.0006\cos 3N$	$-8.86°\sin N+0.68°\sin 2N-0.07°\sin 3N$

续表

	f	u
J_1	$1.0129+0.1676\cos N-0.0170\cos 2N+0.001\,6\cos 3N$	$-12.94°\sin N+1.34°\sin 2N-0.19°\sin 3N$
OO_1	$1.1027+0.6504\cos N+0.0317\cos 2N-0.0014\cos 3N$	$-36.68°\sin N+4.02°\sin 2N-0.57°\sin 3N$
M_2	$1.0004-0.0373\cos N+0.0003\cos 2N$	$-2.14°\sin N$
K_2	$1.0241+0.2863\cos N+0.0083\cos 2N-0.0015\cos 2N$	$-17.74°\sin N+0.68°\sin 2N-0.04°\sin 3N$
M_3	$1+1.5(f-1)_{M_2}=-0.5+1.5f_{M_2}$	$1.5u_{M_2}$
M_1	$f\cos u=2\cos p+0.4\cos(p-N)$ $f\sin u=\sin p+0.2\sin(p-N)$	
L_2	$f\cos u=1.0000-0.2505\cos^2 p-0.1103\cos(2p-N)-0.0156\cos(2p-2N)-0.0366\cos N+0.0047\cos(2p+N)$ $f\sin u=-0.2505\sin^2 p-0.1103\sin(2p-N)-0.0156\sin(2p-2N)-0.0366\sin N+0.0047\sin(2p+N)$	

表中升交点的黄经可由公式（3.24）和（3.26）算出，代入以上各式便可求得各主要分潮的量值，其他各个分潮的 f，u 都可由这些分潮的 f，u 计算出来。

2. 短期资料交点因子和交点订正角的计算

由前面的讨论知道，调和分析时分潮的选取与观测时段的长度有关，如果只有一天观测资料，则对每个潮族只能允许有一个主要分潮，若观测数据是若干组一天观测的资料，则可以允许每个潮族有少数几个主要分潮，但是一般不能由这类观测数据求得长周期分潮的调和常数。

当次要分潮无法与主分潮分离时，必须引入已知的关系由主分潮的调和常数确定次要分潮的调和常数。这样以一个分潮为主，而其他分潮的调和常数通过与这个主要分潮调和常数的一定关系求取，这从理论上实际上相当于把这些分潮合并成了这个主要分潮而成为一项。只是这一分潮的振幅和角速率不再是常量，而是随时间作缓慢地变化，因而称这样的项为准调和分潮。

1）准调和分潮的合并

Doodson 和 Warburg（1941）曾把所有较大的全日分潮合并成 O_1 和 K_1 两个分潮，而把所有较大的半日分潮合并成 M_2 和 S_2 两个分潮。如果有两个周日以上的观测资料，就可直接分析出这四个分潮的调和常数。方国洪（1974，1981）更加详细地介绍了准调和分潮分析方法，下面介绍其中的主要结论。

在引潮势展开的基本公式（3.63）中，保留太阴视差以及太阴的真黄经不予展开，便可得出准调和分潮的表达式（3.52）。该式中共展出 8 项，除掉前两项为长周期项和最后一项很小外，还有 5 项。同样，太阳引潮势也可展出类似的 5 项，再加上辐射潮 S_2，这样共有 11 项（表 3.5）。

表 3.5　子分潮系数及包含的主要调和分潮

子分潮		系数 W	天文相角 $n_1 15^\circ t - w$	包含的主要调和分潮
O_1		$(\frac{\overline{R}}{R})^3 \sin I \cos^2 \frac{I}{2}$	$15^\circ t-(2\lambda-h'+\nu-2\xi+90^\circ)$	O_1,Q_1,ρ_1,M_1（部分），$2Q_1,\sigma_1,\cdots$
$[K_1]$	K_{11}	$(\frac{\overline{R}}{R})^3 \frac{\sin 2I}{2}$	$15^\circ t-(-h'+\nu-90^\circ)$	K_1（太阴部分），J_1 M_1（部分），$\chi_1,\theta_1,\cdots$
	K_{12}	$(\frac{\overline{R}}{R})^3 \sin I \sin^2 \frac{I}{2}$	$15^\circ t-(-2\lambda-h'+\nu+2\xi-90^\circ)$	$OO_1,\cdots$
	K_{13}	$(\frac{\overline{R'}}{R'})^3 s \sin \omega \cos^2 \frac{\omega}{2}$	$15^\circ t-(2\lambda'-h'+90^\circ)$	$P_1,\pi_1,\cdots$
	K_{14}	$(\frac{\overline{R'}}{R'})^3 s \frac{\sin 2\omega}{2}$	$15^\circ t-(-h'-90^\circ)$	K_1（太阳部分），$\psi_1,\cdots$
	K_{15}	$(\frac{\overline{R'}}{R'})^3 s \sin \omega \sin^2 \frac{\omega}{2}$	$15^\circ t-(-2\lambda'-h'-90^\circ)$	$\varphi_1,\cdots$
M_2		$(\frac{\overline{R}}{R})^3 \cos^4 \frac{I}{2}$	$30^\circ t-(2\lambda-2h'+2\nu-2\xi)$	M_2,N_2,L_2（部分），$2N_2,\nu_2,\lambda_2,\mu_2,\cdots$
S_2	S_{21}	$(\frac{\overline{R}}{R})^3 \frac{\sin^2 \omega}{2}$	$30^\circ t-(2\lambda'-h'+90^\circ)$	K_2（太阴部分），L_2(部分),$\cdots$
	S_{22}	$(\frac{\overline{R'}}{R'})^3 s \cos^4 \frac{\omega}{2}$	$30^\circ t-(2\lambda'-2h')$	$S_2,T_2,R_2,\cdots$
	S_{23}	$(\frac{\overline{R'}}{R'})^3 s \frac{\sin^2 \omega}{2}$	$30^\circ t-(-2h')$	K_2(太阳部分),$\cdots$
	S_{24}	$0.101 s \cos^4 \frac{\omega}{2}$	$30^\circ t-112^\circ$	S_2(辐射)

表中每一项叫一个子分潮，略去公共因子的振幅记为 W，相角 $n_1 15^\circ t - w$。相角中时间 t 是从太阳下中天算起的，因此 $15^\circ t = T + 180^\circ$，其中 T 是平太阳时角。每个子分潮都包含若干个主要调和分潮，把它们合并成 M_2、S_2、O_1 和 K_1 四个准调和分潮。下面只给出准调和分潮 M_2 的合并过程。

准调和分潮 M_2 展开后，包含 $M_2, N_2, L_2, \cdots$ 等许多纯调和分潮，可以表示为

$$W\cos(30^\circ t - w) = \sum_i C_i \cos(\sigma_i t + v_{0i}) \tag{3.68}$$

其中 $W = (\overline{R}/R)^3 \cos^4 \dfrac{I}{2}$，$w = 2s' - 2h + 2\nu - 2\xi$，$C_i$ 是 Darwin 展开式中各理论纯调和分潮的系数。假定和号中 $i=1$ 对应着纯调和分潮 M_2，令 $\Delta\sigma_i = 30^\circ - \sigma_i$，则上式可写成

$$\begin{aligned}&W\cos w \cos 30^\circ t + W \sin w \sin 30^\circ t\\&=[\sum_i C_i \cos(\Delta\sigma_i t - v_{0i})]\cos 30^\circ t + [\sum_i C_i \sin(\Delta\sigma_i t - v_{0i})]\sin 30^\circ t\end{aligned}$$

对比两边 $\cos 30°t$ 和 $\sin 30°t$ 的系数，可得

$$\begin{cases} W\cos w = \sum_i C_i \cos(\Delta\sigma_i t - v_{0i}) \\ W\sin w = \sum_i C_i \sin(\Delta\sigma_i t - v_{0i}) \end{cases} \tag{3.69}$$

与式（3.68）右边各引潮势理论调和分潮相对应的实际调和分潮为

$$\sum_i H_i \cos(\sigma_i t + v_{0i} - g_i) = \sum_i H_i \cos(30^\circ t - \Delta\sigma_i t + v_{0i} - g_i) \tag{3.70}$$

下面把这些分潮都合并到第一个纯调和分潮 M_2 中。假定各调和常数之间满足

$$\begin{cases} H_2/H_1 = C_2/C_1, & H_3/H_1 = C_3/C_1, \cdots, \\ g_2 - g_1 = (\sigma_2 - \sigma_1)A, & g_3 - g_1 = (\sigma_3 - \sigma_1)A, \cdots, \end{cases} \tag{3.71}$$

其中 A 为常量。从而式（3.70）化为

$$\begin{aligned} &\sum_i H_i \cos(\sigma_i t + v_{0i} - g_i) \\ &= \frac{H_1}{C_1}\sum_i C_i \cos[30^\circ t - \Delta\sigma_i(t-A) + v_{0i} - (30^\circ - \sigma_1)A - g_1] \\ &= \frac{H_1}{C_1}\{[\sum_i C_i \cos(\Delta\sigma_i(t-A) - v_{0i})]\cos(30^\circ t - (30^\circ - \sigma_1)A - g_1) \\ &+ [\sum_i C_i \sin(\Delta\sigma_i(t-A) - v_{0i})]\sin(30^\circ t - (30^\circ - \sigma_1)A - g_1)\} \end{aligned} \tag{3.72}$$

在式（3.69）中以 $t-A$ 代替 t，则可得到 $t-A$ 时刻的 W 和 w，分别记为 W_{t-A} 和 w_{t-A}，即

$$\begin{cases} W_{t-A}\cos w_{t-A} = \sum_i C_i \cos[\Delta\sigma_i(t-A) - v_{0i}] \\ W_{t-A}\sin w_{t-A} = \sum_i C_i \sin[\Delta\sigma_i(t-A) - v_{0i}] \end{cases}$$

代入上式可以得到

$$\begin{aligned} \sum_i H_i \cos(\sigma_i t + v_{0i} - g_i) &= \frac{H_1}{C_1} W_{t-A}\cos[30^\circ t - w_{t-A} - (30^\circ - \sigma_1)A - g_1] \\ &= DH_1 \cos(30^\circ t - d - g_1) \end{aligned} \tag{3.73}$$

其中

$$\begin{cases} D = W_{t-A}/C_1 \\ d = w_{t-A} + (30^\circ - \sigma_1)A \end{cases} \tag{3.74}$$

类似于 f 和 u 的叫法，与天文情况有关的变量 D 和 d 分别叫做准调和分潮的振幅订正和迟角订正。

从上面的推导可以看出，引潮势展开得到的一组理论调和分潮可以通过式（3.68）由一个引潮势准调和分潮来代表，相应地，实际海洋中的一组调和分潮也可以通过如式（3.73）由一个实际的准调和分潮代表。如果条件（3.71）成立，那么实际准调和分潮的振幅和相角与 A 小时前的引潮势展开的理论调和分潮的相应量有关，而与其余时刻，尤其是与当时的引潮势无关。A 称为这个准调和分潮的潮龄。

参照上面 M_2 的合并过程，可以类似地给出 O_1 分潮的合并。而 S_2 和 K_1 也可作类似处理，只是此时子分潮不止一个，因此，式（3.69）的左边应是若干个子分潮相应项的和。对 K_1 分潮有

$$\begin{cases} \sum\limits_{i=1}^{5} W_i \cos w_i = \sum\limits_{i} C_i \cos(\Delta\sigma_i t - \nu_{0i}) \\ \sum\limits_{i=1}^{5} W_i \sin w_i = \sum\limits_{i} C_i \sin(\Delta\sigma_i t - \nu_{0i}) \end{cases}$$

这样只要令

$$\begin{cases} W \cos w = \sum\limits_{i=1}^{5} W_i \cos w_i \\ W \sin w = \sum\limits_{i=1}^{5} W_i \sin w_i \end{cases} \tag{3.75}$$

问题就转化成与 M_2 完全类似的情形。

对 S_2 分潮有

$$\begin{cases} W \cos w = \sum\limits_{i=1}^{4} W_i \cos w_i = \sum\limits_{i} C_i \cos(\Delta\sigma_i t - \nu_{0i}) \\ W \sin w = \sum\limits_{i=1}^{4} W_i \sin w_i = \sum\limits_{i} C_i \sin(\Delta\sigma_i t - \nu_{0i}) \end{cases} \tag{3.76}$$

如果令

$$\begin{cases} D = W_{t-A}/C_1 \\ d = w_{t-A} + (30^\circ - \sigma_1)A \end{cases}$$

则有

$$\sum_i H_i \cos(\sigma_i t + v_{0i} - g_i) = DH_1 \cos(30^\circ t - d - g) \tag{3.77}$$

式中，i=1 对应着引潮势的调和分潮 S_2 所对应的实际分潮。由于实际 S_2 分潮包含辐射分潮 S_2，这样就需要把引潮势潮换算成实际合成分潮。而合成 S_2 分潮的振幅是引潮势分潮 S_2 的 0.967 倍，位相比引潮势 S_2 分潮落后 5.6°，从而 D、d 应换为

$$\begin{cases} D = \dfrac{W_{t-A}}{0.967C_1} \\ d = w_{t-A} + (30^\circ - \sigma_1)A - 5.6^\circ \end{cases} \tag{3.78}$$

由上面的推导可以把潮位表达式写为，

$$\zeta(t) = S_0 + \sum_{i=1} D_i H_i \cos(n_1 15^\circ t - d_i - g_i) \tag{3.79}$$

式中，S_0 为平均海面，求和指标 i 指对准调和分潮 M_2、S_2、O_1、K_1、M_4 和 MS_4 求和。

2）D、d 值的实际计算公式

正像在年资料和月资料的调和分析之前要预先知道每个分潮的 f、u，在进行准调和分潮分析之前也要先知道 M_2、S_2、O_1 和 K_1 各准调和分潮的 D 和 d。在这里，由于它们都变化比较快，分析时必须要用每个具体时刻的值，而不能用观测中间时刻的值来代替真实值。这里只给出零时的计算公式，其余时刻的值可由相邻的零时值内插得出。

本章第二节中曾给出过基本天文元素 s、h、p、N' 和 p' 的计算公式，但这里要考虑准调和分潮的潮龄 A

$$\begin{cases} s_0 = 277.025^\circ + 129.38481^\circ(y - 1900) + 13.17640^\circ[D + Y + \dfrac{1}{24}(t - A)] \\ h_0 = 280.190^\circ - 0.23872^\circ(y - 1900) - 0.98565^\circ[D + Y + \dfrac{1}{24}(t - A)] \\ p_0 = 334.385^\circ + 40.66249^\circ(y - 1900) + 0.11140^\circ[D + Y + \dfrac{1}{24}(t - A)] \\ N_0 = 259.157^\circ - 19.32818^\circ(y - 1900) - 0.05295^\circ[D + Y + \dfrac{1}{24}(t - A)] \\ p'_0 = 281.221^\circ + 0.01718^\circ(y - 1900) + 0.00047^\circ[D + Y + \dfrac{1}{24}(t - A)] \end{cases} \tag{3.80}$$

式中各参量意义与公式（3.26）中相同。这说明，为了得到某天 t 时的订正因子 D 和 d，需以这时刻前 A 小时来取代这个时刻。

潮龄 A 通常有两种取法。一种是利用式（3.71）对 4 个准调和分潮 M_2、S_2、O_1 和 K_1 分别取各自的数值，这样会准确一点，但要计算每一个时刻的 D、d 值，就要计算 4 组（对应 4 个分潮）不同的基本天文元素，有些复杂。另一种更常用的方法则是取全日潮的视差潮龄 $\dfrac{g_{O_1}-g_{Q_1}}{\sigma_{O_1}-\sigma_{Q_1}}$（全日潮海区）或半日潮视差潮龄 $\dfrac{g_{M_2}-g_{N_2}}{\sigma_{M_2}-\sigma_{N_2}}$（半日潮海区）来代替所有四个准调和分潮的潮龄。这是因为在被合并掉的纯调和分潮中，Q_1 和 N_2 分别是最主要的全日次分潮和半日次分潮，而且它们是由月地距离的变化，即月球视差的变化引起的，因而这种潮龄反映了实际潮汐落后于视差变化的时间间隔，称为视差潮龄。

由式（3.80）、（3.53）、（3.54）、（3.59）、（3.60）、（3.61）和（3.62）便可以计算表 3.4 中每子分潮的 W 和 w，进而计算出每个准调和分潮的 D、d。

（1）四个基本准调和分潮的 D、d

对 M_2 准调和分潮，有

$$\begin{cases} D_{M_2}=\dfrac{W_{M_2}}{C_{M_2}}=1.1012W_{M_2} \\ d_{M_2}=w_{M_2}+(30°-\sigma_{M_2})A=w_{M_2}+1.0159°A \end{cases} \tag{3.81}$$

对 S_2 准调和分潮，有

$$\begin{cases} D_{S_2}=\dfrac{W_{S_2}}{0.967C_{S_2}}=2.4478W_{S_2} \\ d_{S_2}=w_{S_2}+(30°-\sigma_{S_2})A-5.6°=w_{S_2}-5.6° \end{cases} \tag{3.82}$$

其中 W_{S_2} 和 w_{S_2} 由式（3.76）求取。

对 O_1 准调和分潮，有

$$\begin{cases} D_{O_1}=\dfrac{W_{O_1}}{C_{O_1}}=2.6529W_{O_1} \\ d_{O_1}=w_{O_1}+(15°-\sigma_{O_1})A=w_{O_i}+1.0570°A \end{cases} \tag{3.83}$$

对 K_1 准调和分潮，有

$$
\begin{cases}
D_{K_1}=\dfrac{W_{K_1}}{C_{K_1}}=1.8864W_{K_1} \\
d_{K_1}=w_{K_1}+(15°-\sigma_{K_1})A=w_{K_i}+0.0411°A
\end{cases}
\tag{3.84}
$$

其中 W_{K_1} 和 w_{K_1} 由式（3.75）求取。

（2）两个基本浅水分潮的 D、d

在浅水海区通常还要引入几个主要的浅水分潮，最显著的浅水分潮有 M_4、MS_4 和 S_4。由浅水潮波的动力学理论可知其振幅和迟角订正分别为

$$
\begin{cases}
D_{M_4}=D_{M_2}^2, & d_{M_4}=2d_{M_2} \\
D_{MS_4}=D_{M_2}D_{S_2}, & d_{MS_4}=d_{M_2}+d_{S_2} \\
D_{S_4}=D_{S_2}^2, & d_{S_4}=2d_{S_2}
\end{cases}
\tag{3.85}
$$

真实海洋中 S_4 是一个很小的分潮，而且一个潮族出现三个分潮时分析比较麻烦，因而将其略去。为了将 S_4 的影响也考虑进来，通常是把 S_4 合并到 MS_4 中，合成后的分潮仍称作 MS_4，这个合成 MS_4 的 D、d 值为

$$
\begin{cases}
D_{MS_4}\cos d_{MS_4}=D_{M_2}D_{S_2}\cos(d_{M_2}+d_{S_2})+D_{S_2}^2H'_{MS_4}\cos(2d_{S_2}+g'_{MS_4}) \\
D_{MS_4}\sin d_{MS_4}=D_{M_2}D_{S_2}\sin(d_{M_2}+d_{S_2})+D_{S_2}^2H'_{MS_4}\sin(2d_{S_2}+g'_{MS_4})
\end{cases}
\tag{3.86}
$$

式中，$H'_{MS_4}=H_{S_4}/H_{MS_4}$，$g'_{MS_4}=g_{S_4}-g_{MS_4}$。由于浅水分潮受地形影响显著，这两个值通常不太稳定，实际分析中常取它们的理论值 $\dfrac{1}{2}\dfrac{H_{S_2}}{H_{M_2}}$ 和 $g_{S_2}-g_{M_2}$，在我国近海也可近似取作 0.17 和 52°。

3.3.5　潮流的调和常数和椭圆要素

潮流是矢量，这与前面介绍的标量水位资料不同，下面首先介绍一下如何刻画潮流的特征，即引入潮流椭圆要素。

1. 潮流的调和常数和椭圆要素

潮流的表达式与潮位表达式是平行的，但潮流是矢量。为了直观地掌握潮流的变化特征，通常引入潮流椭圆表示法，而刻画潮流性质的椭圆要素容易由南北和东西分量的潮流调和常数得出。

实际海流中，由引潮力直接引起的或由于开边界潮振动胁迫引起的流动叫潮流，其他原因（主要是气象）引起的叫非潮流，总的流动叫海流。在物理海洋的术语中有时海流也仅指非潮流。余流通常是指扣除全日、半日等主要潮流之后剩

余的海流部分，其主要成分是非潮流，但也包含一些由潮汐引起的长周期或超低频率的流动——潮汐余流。

海水水平流动的方向叫流向，记作 θ，通常向北为 0°，顺时针度量的角度为正；水流动的速率叫流速，记作 w。为了分析方便，通常把流速分解为北、东分量，分别记为 u 和 v

$$\begin{cases} u = w\cos\theta \\ v = w\sin\theta \end{cases} \tag{3.87}$$

与潮汐一样，潮流也可表示为许多分潮潮流之和

$$\begin{cases} u = U_0 + \sum\limits_{i=1} U_i \cos(v_i - \xi_i) = U_0 + \sum\limits_{i=1} U_i \cos(\sigma_i t + v_{0i} - \xi_i) \\ v = V_0 + \sum\limits_{i=1} V_i \cos(v_i - \eta_i) = V_0 + \sum\limits_{i=1} V_i \cos(\sigma_i t + v_{0i} - \eta_i) \end{cases} \tag{3.88}$$

其中，U_0、V_0 为余流；U_i、ξ_i 为潮流北分量的调和常数；V_i、η_i 为东分量的调和常数。它们的意义与潮位调和分析中的 H、g 相似。

在潮流北、东分量的各个分潮的调和常数求取后，潮流预报的问题就已经解决了。但是如果想更清晰地了解潮流的变化特征，则潮流调和常数就显得很不直观。实践中通常是推算出某些特殊日期的潮流随时间的变化过程，或者是对几个主要的分潮，分别讨论各分潮流北、东分量合成的流矢量随时间变化的特点，即潮流椭圆。

对于某一个角速率为 σ 的分潮，如果取 $v_{0i} = n\cdot 2\pi$ 时为时间原点，则由式（3.15）这个分潮的北、东分潮流可写为

$$\begin{cases} u = U\cos(\sigma t - \xi) \\ v = V\cos(\sigma t - \eta) \end{cases} \tag{3.89}$$

引入

$$\begin{cases} z = \sigma t \\ u' = U\cos\xi,\ \ u'' = U\sin\xi \\ v' = V\cos\eta,\ \ v'' = V\sin\eta \end{cases} \tag{3.90}$$

则式（3.89）可写为

$$\begin{cases} u = U\cos(z - \xi) = u'\cos z + u''\sin z \\ v = V\cos(z - \eta) = v'\cos z + v''\sin z \end{cases} \tag{3.91}$$

此式是一个椭圆参数方程，即 u 和 v 的矢端画出的轨迹是一个椭圆，只是这个椭圆的长短轴不与 u、v 重合，而是有一个倾斜角度（图 3.10）。

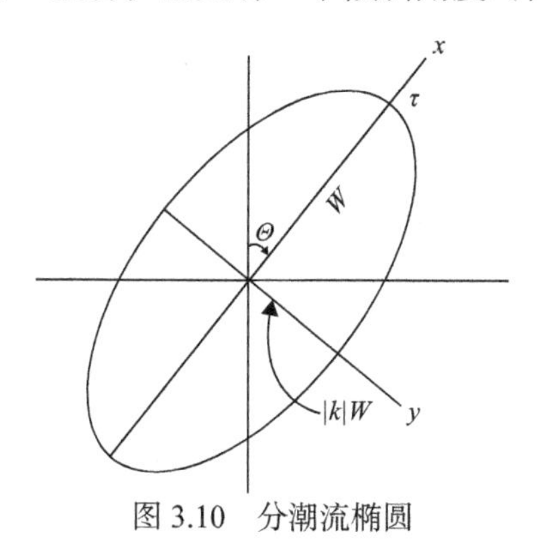

图 3.10　分潮流椭圆

潮流椭圆的长半轴和短半轴是这个分潮流速可能达到的最大和最小潮流，常记作 W 和 w，最大分潮流的方向 Θ 规定为从正北顺时针旋转的角度。最小潮流与最大潮流的比值叫旋转率，记为 κ，如果潮流矢量随着时间按逆时针方向旋转则 κ 为正，否则为负。最大分潮流流速 W、方向 Θ、发生的时刻 τ 以及旋转率 κ 决定了分潮流椭圆的基本特征，叫做潮流的椭圆要素。由于在一个分潮周期内，分潮流两次达到其最大值和最小值，且这两次之间相差半个潮周期，因此有两组 W、Θ 和 τ，不能混淆。

2. 调和常数和椭圆要素之间的换算

（1）由椭圆要素计算调和常数

将原来的 u、v 轴旋转一个角度 Θ，使之位于椭圆的两轴之上，新的坐标轴记为 x、y（图 3.10）。用 ζ 记 $\sigma\tau$，它代表最大分潮流落后于该分潮最大引潮力的角度，那么（u，v）和（x，y）之间的关系为

$$\begin{cases} x = u\cos\Theta + v\sin\Theta = (u'\cos\Theta + v'\sin\Theta)\cos z + (u''\cos\Theta + v''\sin\Theta)\sin z \\ y = v\cos\Theta - u\sin\Theta = (v'\cos\Theta - u'\sin\Theta)\cos z + (v''\cos\Theta - u''\sin\Theta)\sin z \end{cases} \quad (3.92)$$

由于 x、y 轴分别与潮流椭圆的长、短轴重合，考虑到旋转率的正负号规定，在（x, y）坐标系内椭圆参数方程可写为

$$\begin{cases} x = W\cos\sigma(t-\tau) = W\cos\zeta\cos z + W\sin\zeta\sin z \\ y = -kW\sin\sigma(t-\tau) = kW\sin\zeta\cos z - kW\cos\zeta\sin z \end{cases} \quad (3.93)$$

即当 $t=\tau$ 时，潮流指向 x 方向，如果 $k>0$，那么 1/4 周期后即 $\sigma t = \sigma\tau + \pi/2$ 时，潮流要逆时针旋转 90°而指向负 y 方向。比较式（3.92）和（3.93）两式有

$$\begin{cases} u'\cos\Theta + v'\sin\Theta = W\cos\zeta \\ u''\cos\Theta + v''\sin\Theta = W\sin\zeta \\ v'\cos\Theta - u'\sin\Theta = kW\sin\zeta \\ v''\cos\Theta - u''\sin\Theta = -kW\cos\zeta \end{cases} \tag{3.94}$$

从而有

$$\begin{cases} u' = W\cos\zeta\cos\Theta - kW\sin\zeta\sin\Theta \\ u'' = W\sin\zeta\cos\Theta + kW\cos\zeta\sin\Theta \\ v' = W\cos\zeta\sin\Theta + kW\sin\zeta\cos\Theta \\ v'' = W\sin\zeta\sin\Theta - kW\cos\zeta\cos\Theta \end{cases} \tag{3.95}$$

进而可以由式（3.90）求出各分潮流的调和常数。

（2）由调和常数计算椭圆要素

由式（3.91）可得分潮流速 w、流向 θ 与调和常数的关系

$$\begin{cases} w = [U^2\cos^2(z-\xi) + V^2\cos^2(z-\eta)]^{1/2} \\ \quad = [(u'^2+v'^2)\cos^2 z + (u''^2+v''^2)\sin^2 z + (u'u''+v'v'')\sin 2z]^{1/2} \\ \\ \theta = \arctan\dfrac{V\cos(z-\eta)}{U\cos(z-\xi)} \end{cases} \tag{3.96}$$

如果知道发生最大流速的时刻以及最大流速的流向，便可得到潮流椭圆要素。由上式第一式可得

$$\begin{cases} \dfrac{\mathrm{d}(w^2)}{\mathrm{d}z} = -A\sin 2z + B\cos 2z \\ \dfrac{\mathrm{d}^2(w^2)}{\mathrm{d}z^2} = -2A\cos 2z - 2B\sin 2z \end{cases}$$

式中

$$\begin{cases} A = u'^2 - u''^2 + v'^2 - v''^2 = U^2\cos 2\xi + V^2\cos 2\eta \\ B = 2(u'u'' + v'v'') = U^2\sin 2\xi + V^2\sin 2\eta \end{cases}$$

当 $z=\zeta$ 时发生最大流速，应有

$$\frac{\mathrm{d}(w^2)}{\mathrm{d}z} = 0, \qquad \frac{\mathrm{d}^2(w^2)}{\mathrm{d}z^2} < 0$$

从而可得 $\tan 2\zeta = \dfrac{B}{A}$，并且 $\cos 2\zeta$ 和 $\sin 2\zeta$ 要分别与 A 和 B 同符号，这样必须取

$$\zeta = \frac{1}{2}\arctan\frac{B}{A} \tag{3.97}$$

代入式（3.96）中可得最大流速和流向

$$\begin{cases} W = [U^2\cos^2(\zeta-\xi) + V^2\cos^2(\zeta-\eta)]^{1/2} \\ \Theta_{\max} = \arctan\dfrac{V\cos(\zeta-\eta)}{U\cos(\zeta-\xi)} \end{cases} \tag{3.98}$$

当 $z=\zeta\pm\pi/2$ 时对应着最小分潮流，此时有

$$\frac{\mathrm{d}(w^2)}{\mathrm{d}z} = 0, \qquad \frac{\mathrm{d}^2(w^2)}{\mathrm{d}z^2} > 0$$

以 $\zeta\pm\pi/2$ 代替式（3.96）中的 z 可得最小流速和流向

$$\begin{cases} w = [U^2\sin^2(\zeta-\xi) + V^2\sin^2(\zeta-\eta)]^{1/2} \\ \Theta_{\min} = \arctan\dfrac{V\sin(\zeta-\eta)}{U\sin(\zeta-\xi)} \end{cases} \tag{3.99}$$

从而可以算得旋转率 $|k|=w/W$。至于 k 的符号，可根据以下方法确定。将式（3.96）中流向对时间求导数

$$\frac{\mathrm{d}\theta}{\mathrm{d}z} = \frac{UV\sin(\eta-\xi)}{w^2}$$

当 $\sin(\eta-\xi)>0$ 时，$\dfrac{\mathrm{d}\theta}{\mathrm{d}t} = \sigma\dfrac{\mathrm{d}\theta}{\mathrm{d}z} > 0$，此时流向随着时间而增加，即顺时针旋转，规定旋转率为负。相反，$\sin(\eta-\xi)<0$ 时，为逆时针旋转，旋转率为正。因此 $0<\eta-\xi<\pi$ 时 $k<0$；$\pi<\eta-\xi<2\pi$ 时 $k>0$；$\sin(\eta-\xi)=0$ 或量值很小时潮流为往复流。

利用式（3.97）～（3.99）便可由潮流调和常数把椭圆要素计算出来。

3.3.6　调和分析步骤

这里给出用最小二乘法在计算机上进行分析的过程。

1. 分潮的选取

编程时首先要选取需要计算调和常数的分潮。一般可采用附表 4 中的所有分潮，当然也可根据需要予以增减。在程序中要给出各分潮的 $n_0, n_1, \cdots, n_6$ 值及 f、u

的计算式。由公式（3.25）可算出各分潮的角速率σ。

2. 数据的准备

分析中已知的数据应包括:

（1）数据维数 DI（=1 为潮位或 2 为潮流）。

（2）第一个观测记录的年份 Y，月份 M，日期 D 和时间 t_0。

（3）参与分析的记录个数 N，相邻两个观测记录的时间间隔Δt（单位：小时）。N 取奇数，$N\Delta t$ 要在一年左右，至少不得短于 10 个月，最佳长度为 369 天。

（4）依时间前后排列出等时间间隔的 N 个水位观测值$\zeta(t_{-N'}), \zeta(t_{-N'+1}), \cdots, \zeta(t_{N'-1}), \zeta(t_{N'})(N' = (N-1)/2)$。

3. 计算中间时刻各分潮的振幅 $\boldsymbol{R}$ 和位相 θ

（1）按照式（3.54）～（3.57）计算法方程（3.58）和（3.59）的系数行列式和傅里叶系数F_t'和F_t''。

（2）法方程（3.58）和（3.59）的求解可利用任一求解线性方程组的标准程序。

（3）R 和 θ 由下式计算

$$\begin{cases} R_j = \sqrt{a_j^2 + b_j^2} \\ \theta_j = \arctan \dfrac{b_j}{a_j} \end{cases}$$

4. 调和常数的计算

（1）首先由式（3.24）和（3.26）计算中间时刻的 s、h、p、N'和 p'。

（2）根据表 3.4 中的f、u，由中间时刻的τ、s、h、p、N'和 p'计算该时刻各分潮的f及$V_0 + u$，然后得调和常数

$$\begin{cases} H_j = \dfrac{R_j}{f_j} \\ g_j = \theta_j + V_{0j} + u_j \end{cases}$$

3.4 潮汐特征值与工程水位

潮汐特征值是表征一个海区潮汐基本特征的参数值，不同类型海区的潮汐性质需要不同的特征值来表征。由于不同类型的港口潮汐特征差别很大，所以不能用同一类特征值描述不同类型的潮汐变化，如全日潮和半日潮的典型特征值就不相同。在半日潮为主的港口，可以通过平均大、小潮差分别描述朔、望和上、下弦期间潮差的平均状况，以及潮差随月相的变化；但对日潮港，这两个特征值却

没有什么意义，因为这里的潮汐主要不是随月相变化，而是随月赤纬变化。本节主要介绍这些主要的潮汐特征值的概念，至于这些潮汐特征的具体计算方法就不再详细介绍。工程水位、海平面及深度基准面是潮汐特征值中非常重要的三种，它们在实践中有非常广的应用，这里将主要介绍它们的统计计算方法。

通过长期潮汐观测记录统计得到的潮汐特征值通常是最可靠的。因此潮汐特征值应当尽可能用长期验潮站的观测资料统计得出。但多半站没有长期验潮资料，因而只能由调和常数计算潮汐特征值，或通过某些特殊方法求解，这里将只介绍长期资料统计分析方法。

3.4.1　潮汐特征值

本节介绍一些主要潮汐特征值的概念，由于工程水位和海平面具有其独特的重要性，我们将单独介绍。值得说明的是，既然是特征值，所以原则上讲所有这些潮汐特征值都需要由长期验潮资料（资料长度大于 18.61 年）统计得到。

1. 平均潮位

（1）半日潮海区潮汐特征值

①平均半潮面：所有高潮位和低潮位的平均值。

②平均高潮位（平均低潮位）：所有高潮位的平均值。平均高潮位事实上只在半日潮港有实际意义。在日潮较大或日潮为主的港口，由于潮汐日不等现象很显著，尤其是回归潮时期和分点潮时期的潮汐特征差别很大，一天中两个高潮的高度也可以差别很大，而且每天发生高潮或低潮的次数甚至都不一样，有时只有一个高潮或一个低潮。这种情况下，平均高潮位不能代表高潮位的基本状况。

③大潮平均高潮位（大潮平均低潮位）：半日潮大潮期间高潮位的平均值。为了减小偶然误差的影响，通常先在朔望日附近取潮差最大的连续三天（大多发生在朔望之后）高潮位计算其平均值作为一次大潮的高潮位，然后计算多年各月朔望大潮高潮位的平均值。显然，只有在半日潮为主的港口其大潮平均高潮位才有意义。

④小潮平均高潮位（小潮平均低潮位）：半日潮小潮期间高潮位的平均值。与大潮平均高潮位相对应，是计算上、下弦附近潮差最小的连续三天（一般在上、下弦之后）的高潮位平均值，这也只适用于半日潮港。

（2）全日潮海区潮汐特征值

①平均高高潮位（平均低低潮位）：所有高高潮位的平均值。在日潮较大的港口，通常日潮不等现象比较显著，一个太阴日内两个高潮中较高的一个为高高潮，较低的一个为低高潮；而两个低潮中较低的一个为低低潮，较高的一个为高低潮。

②平均低高潮位（平均高低潮位）：所有低高潮位的平均值。在不规则日潮港和规则日潮港，不统计平均低高潮位和平均高低潮位。

③平均高潮不等（平均低潮不等）：平均高高潮位与平均低高潮位之差反映了高潮不等的量值。而平均高低潮位与平均低低潮位之差则反映了低潮不等的量值。

④回归潮平均高高潮位（回归潮平均低低潮位）：回归潮期间高高潮位的平均值。类似于大潮平均高潮位，通常是选在月赤纬最大日期附近取潮差最大的连续三天高高潮位计算其平均值，然后计算所有这些平均高高潮位的平均值。

⑤回归潮平均低高潮位（回归潮平均高低潮位）：回归潮期间低高潮位的平均值。在日潮为主的港口不计算这两种潮位。

⑥回归潮平均高潮不等（回归潮平均低潮不等）：回归潮期间平均高高潮位与平均低高潮位之差反映了回归潮期间高潮不等。回归潮期间的平均高低潮位与平均低低潮位之差则反映了回归潮期间低潮不等的量值。

⑦分点潮平均高潮位（分点潮平均低潮位）：分点潮期间所有高潮位的平均值。与回归潮不同，在分点潮期间日潮通常很小，一般可不予考虑，因此实际分析时不需区分高高潮和低高潮。

2. 平均潮差

①平均潮差：高潮位与低潮位之差的平均值，或平均高潮位与平均低潮位之差。

②平均大潮差：大潮平均高潮位与大潮平均低潮位之差。

③平均小潮差：小潮平均高潮位与小潮平均低潮位之差。平均大潮差与平均小潮差之间的差别反映了潮汐振幅随月相变化幅度的平均状况。

④平均大的潮差：平均高高潮位与平均低低潮位之差。

⑤平均小的潮差：平均低高潮位与平均高低潮位之差。

⑥回归潮平均大的潮差：回归潮期间平均高高潮位与平均低低潮位之差。

⑦回归潮平均小的潮差：回归潮期间平均低高潮位与平均高低潮位之差。

⑧分点潮平均潮差：分点潮时的平均高潮位与平均低潮位之差。

3. 平均间隙

①平均高潮间隙：高潮间隙的平均值。为了统一起见，通常约定月球中天时刻是指月球在 Greenwich 上、下中天的时刻（Greenwich 区时时间），而高潮时刻则是地方用的标准时间——区时。以半日潮为主的海区，相邻两个高潮的时间差约为半个太阴日，故统计分析时可以不区分月球的上中天还是下中天，即如果第一个高潮间隙是从月球上中天时刻算起的，那么相继的第二个高潮间隙就要从月球下中天时刻算起。

②平均低潮间隙：低潮间隙的平均值。低潮间隙是从月球中天时刻到发生第一个低潮的时间间隔。而且对于半日潮海区，低潮间隙与高潮间隙也有相类似的特点，即在统计分析时也要算出每天两次的低潮间隙。

平均高（低）潮间隙一般只适用于半日潮为主的海区，此外，对于日潮较大或日潮为主的海区其分点潮时期也进行分析计算，因为分点潮时期潮汐一般呈半日潮性质，统计分析时可在每个分点潮时期取连续三天的观测值计算高（低）潮间隙的平均值。

③回归潮平均高高潮间隙（平均低低潮间隙、平均低高潮间隙、平均高低潮间隙）：回归潮期间高高潮间隙的平均值。

对于半日潮为主但有显著日潮不等的海区，除了平均高（低）潮间隙外，还有回归潮期间的这些平均间隙。统计这些间隙时，除了月中天时刻外，还必须考虑月球赤纬是北半球的还是南半球的。为了统一，通常约定这些间隙为：当月球处于北赤纬时，高（低）潮发生时刻与月球上中天时刻的时间差；当月球处于南赤纬时，所有这些间隙都应加或减 12.42 小时。而在日潮为主的海区，由于这里的日不等现象很弱，只需要分析计算回归潮的高高潮间隙和低低潮间隙。

这里不再介绍上述各种潮汐特征值的计算方法，对于工程水位、海平面和深度基准面这三种特殊的潮汐特征值，我们将单独进行详细介绍，并给出它们的统计计算方法。

3.4.2 工程水位

海港工程设计中一般需要三种基本水位参数：设计高（低）水位、校核高（低）水位和乘高（低）潮作业水位。正像前面介绍的，这些工程水位也是潮汐特征值的一部分，由于其特殊性，这里单独介绍它们，并给出其统计分析方法。

1. 设计高低水位

1）设计高（低）水位的定义

设计高（低）水位是海港工程设计中所依据的主要海洋水位参数之一。设计高（低）水位的标准是由工程结构、使用要求和潮汐情况等几方面的因素综合确定的。对码头而言，它的高程是根据设计高水位加某一数值（由具体工程性质决定，通常为 1.3～2.0m）确定的。它是指该码头在该设计高水位时，能保证设计要求的最大船舶在各种装载情况下，都能够安全靠泊码头进行装卸作业，而且要求码头结构及地基强度和稳定性等还能满足各种设计荷载。对海港工程中航道的水深，则是以设计低水位为标准，它是在该水位下按设计规定的最大船舶满载吃水及一定的预留深度确定的。由于设计水位的定义比较模糊，下面给出港口工程技术规范中的计算方法。

在港口工程设计中，设计水位根据原始资料的不同类型有两种计算方法。设计高水位（1）采用高潮累积频率 10%的潮位（简称高潮 10%或写为 10%HW）或（2）历时累积频率 1%的潮位。设计低水位采用（1）低潮累积频率 90%的潮位或（2）历时累积频率 98%的潮位。上面计算方法中所指的百分比都是针对水位由高到低累积的情况，如果排序是由低到高累积，则对应的频率应该是用 100%减去由高到低积累时对应的百分数。

要想得到真实的潮位频率分布，需要有足够长的实际观测资料。对半日潮为主的港口，一般要求观测资料不少于一年。而对日潮较大或日潮为主的港口，由于白道升交点的影响较大，观测资料应当更长，或者选择 K_1 和 O_1 分潮的交点因数接近其平均值的年份。当然最好是有超过 18.61 年的资料。

2）高潮频率分布分析方法

下面以高潮位为例介绍频率分布的统计分析计算方法。

①对观测所得的水位区间进行分级：水位级的划分一般采用由潮位零点开始，分别向上和向下进行分级，每间隔 10cm（或 5cm，注意分析也不能太细，太细会增加出现在某级上的偶然性）做为一级，例如 0～9cm 为一级，10～19cm 为一级，100～109cm 为一级，–1～–10cm 为一级等。注意水位级要由高到低排序。

②统计出不同水位级高（低）潮出现的次数：对每次高（低）潮位进行分级统计，对同一水位级中出现的次数进行相加，得各水位级中出现的次数。

③计算各水位级出现频率：以统计时段的全部高（低）潮次数除各水位级出现的次数，得各水位级出现潮次的频率，并以%表示。

④计算累积频率：由高至低将各水位级出现的次数进行累加，求得由高至低各水位级出现次数的累积频率值。

⑤绘制高（低）潮累积频率曲线图：以纵坐标代表潮位值，横坐标代表累积频率值，把各水位级的累积频率点画在相应于该水位级的中间值处（如 110～119cm 一级的累积频率点其纵坐标潮位值相当于 114.5cm）（图 3.11）。

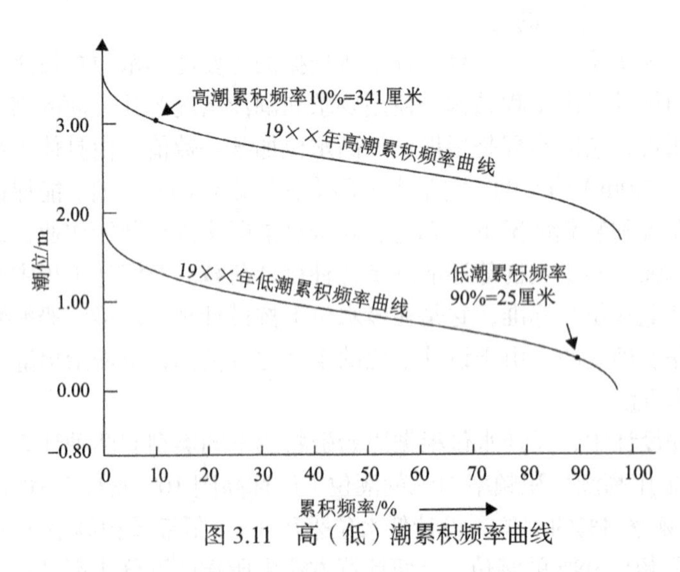

图 3.11　高（低）潮累积频率曲线

⑥读取设计高（低）水位：在高（低）潮累积频率曲线上读取累积频率相当

于 10%（90%）的潮位值，即得设计高（低）水位值。

在拟建沿海工程处绝大多数没有长期验潮资料，这样就不可能利用上述方法进行统计分析求取水位的频率分布，一般可与邻近有长期验潮资料港口的设计高（低）水位找同步差比关系进行计算，或由拟建港已有的一个月或几个月的平均潮差或几个主要分潮的调和常数进行计算。下面介绍由方国洪等（1986）提出的一种称为 BPF 的方法，它可以用较短的观测资料分析计算出较准确的潮位频率分布。

3）BPF 方法计算累积频率水位

所谓 BPF 即是潮位的标准差、偏度和峰度的缩写，方国洪等（1986）给出了利用 BPF 方法分析计算对应各累积频率的潮位值 Z_p。

用 μ_n 表示潮位 ζ 的 n 阶中心矩，则 ζ 的

$$\text{标准差} \quad \delta = \sqrt{\mu_2} \tag{3.100}$$

$$\text{偏度} \quad s = \frac{\mu_3}{\delta^3} \tag{3.101}$$

$$\text{峰度} \quad \kappa = \frac{\mu_4}{\delta^4} - 2.25 \tag{3.102}$$

上式中定义的峰度中减去了一个常数，是因为对潮位来说 $\frac{\mu_4}{\delta^4}$ 通常变化于 1.5 到 3.0 之间，即平均值为 2.25，如此当 ζ 的四阶标准中心矩为 2.25 时，表征的是潮位具有中等峰度，此时的峰度 κ=0。

如果有长期观测资料，则通过统计分析可以得到比较准确的 δ、s 和 κ，这里给出用潮汐调和常数和气象扰动水位的标准差计算这 3 个参量的方法。

①标准差

$$\delta = [\frac{1}{2}(1.077H_{O_1}^2 + 1.138H_{K_1}^2 + 1.042H_{M_2}^2 + 1.084H_{S_2}^2 + H_{S_a}^2 + H_{S_{Sa}}^2) + \delta_b^2]^{1/2} \tag{3.103}$$

②偏度

$$\begin{aligned} s = \frac{1}{\delta^3}[&1.75H_{O_1}H_{K_1}H_{M_2}\cos(g_{O_1} + g_{K_1} - g_{M_2}) \\ &+1.5(H_{M_2}^2 H_{M_4}\cos(2g_{M_2} - g_{M_4}) + H_{MS_f}H_{M_2}H_{S_2})] \end{aligned} \tag{3.104}$$

③峰度

$$k = 0.75 - \frac{0.375}{\delta^4}(H_{O_1}^4 + H_{K_1}^4 + H_{M_2}^4 + H_{S_2}^4 + H_{S_a}^4 + H_{S_{Sa}}^4) \tag{3.105}$$

求得 δ、s 和 κ 后，可用下式拟合对应任意累积频率 p 的水位 Z_p：

$$Z_p = (A_P + B_P s + C_P k)\delta \tag{3.106}$$

式（3.103）中 δ_b 是气象扰动水位的方差，即实际观测水位减去天文潮位后增减水位的方差，它是由附近长期验潮站的实测和回报潮位之差而分析计算得到的，由于它随地理位置的变化一般比较缓慢，因此这种替代可以有足够高的精度。如果周围有两个长期站，也可在两个长期站之间内插确定。方国洪等（1986）利用中国沿岸 75 个站的长期验潮资料统计所得的潮位频率分布（表 3.6），提取了各累积频率所对应的水位 Z_p，再通过回归分析确定了式（3.106）中的系数 A_P、B_P 和 C_P 见表 3.6，表中 q=1–p 称为保证率，在港口工程设计中常常用保证率 q。

表 3.6　对应各累积频率的系数 *A*，*B*，*C* 及相应的复相关系数和标准偏差

q/%	p/%	A	B	C	复相关系数	标准偏差/cm	q/%	p/%	A	B	C	复相关系数	标准偏差/cm
99.9	0.1	−2.33	0.81	−0.94	0.978	14.4	40	60	0.33	−0.27	−0.18	0.994	1.9
99.8	0.2	−2.25	0.79	−0.85	0.984	12.2	30	70	0.64	−0.15	−0.25	0.996	2.5
99.7	0.3	−2.20	0.77	−0.79	0.987	10.5	20	80	0.96	0.01	−0.18	0.996	3.3
99.6	0.4	−2.15	0.75	−0.73	0.990	9.4	10	90	1.34	0.25	0.03	0.997	3.6
99.5	0.5	−2.12	0.74	−0.69	0.992	8.5	9	91	1.38	0.28	0.06	0.997	3.6
99.4	0.6	−2.09	0.73	−0.66	0.993	8.0	8	92	1.43	0.32	0.09	0.998	3.5
99.3	0.7	−2.06	0.71	−0.63	0.994	7.4	7	93	1.48	0.35	0.13	0.998	3.5
99.2	0.8	−2.04	0.70	−0.61	0.994	7.0	6	94	1.53	0.39	0.17	0.998	3.4
99.1	0.9	−2.01	0.69	−0.58	0.995	6.7	5	95	1.60	0.43	0.22	0.998	3.6
99	1	−1.99	0.68	−0.57	0.995	6.4	4	96	1.66	0.48	0.27	0.998	3.7
98	2	−1.85	0.59	−0.43	0.997	4.9	3	97	1.75	0.53	0.34	0.998	4.0
97	3	−1.75	0.53	−0.34	0.998	4.1	2	98	1.85	0.59	0.43	0.997	4.70
96	4	−1.66	0.48	−0.27	0.998	3.9	1	99	1.99	0.68	0.57	0.996	5.9
95	5	−1.60	0.43	−0.22	0.998	3.7	0.9	99.1	2.01	0.69	0.58	0.996	6.1
94	6	−0.53	0.39	−0.17	0.998	3.8	0.8	99.2	2.04	0.70	0.61	0.996	6.1
93	7	−1.48	0.35	−0.13	0.998	3.8	0.7	99.3	2.06	0.71	0.63	0.995	6.4
92	8	−1.43	0.32	−0.09	0.997	3.9	0.6	99.4	2.09	0.73	0.66	0.995	6.7
91	9	−1.38	0.28	−0.06	0.997	3.8	0.5	99.5	2.12	0.74	0.69	0.994	7.1
90	10	−1.34	0.25	−0.03	0.997	3.8	0.4	99.6	2.15	0.75	0.73	0.993	7.7
80	20	−0.96	0.01	0.18	0.996	3.6	0.3	99.7	2.20	0.77	0.79	0.997	8.3
70	30	−0.64	−0.15	0.25	0.995	2.8	0.2	99.8	2.25	0.79	0.85	0.990	9.4
60	40	−0.33	−0.27	0.18	0.990	2.6	0.1	99.9	2.33	0.81	0.94	0.988	10.6
50	50	0.00	−0.30	0.00	0.897	2.5							

注：实测分析表明，当 p_1+p_2=100%时，对应于 p_1 的 A、B、C 和对应于 p_2 的 A、B、C 之绝对值相近，表中的值是取绝对值后的平均值。

需要指出的是，某些特殊情况下可能需要计算某个季节或某个月份的潮位频率分布，这时式（3.106）中的系数 A、B、C 就不能继续用上表中的值，而要分季节或分月重新通过回归分析确定。在计算余水位的标准差 δ 时，应是该月份或该季节的 δ_b 值。

4）短期同步差比法计算累积频率水位

对于有短期观测资料的拟建沿海工程，其设计水位也可通过相似差比法由附近长期站（主港）的设计水位求取。这要求满足两个站的潮位过程曲线以及潮汐特征相似，这可通过求两站水位过程曲线的相关系数进行评估，也可将两条过程曲线画在一个坐标系下通过肉眼观察其变化过程的相似性，尤其是周期和位相的相似性。

（1）拟建港与主港的相似性

可以检验以下 4 个特性来确定是否相似。

①潮汐类型分析：潮汐类型按主要全日潮振幅和主要半日潮振幅的比值来划分，即

$$k = \frac{H_{K_1} + H_{O_1}}{H_{M_2}}$$

根据此值可以初步判断两处潮汐特性的相似性。

②潮汐过程曲线比较：将拟建工程处和主港同期水位过程曲线绘在一个坐标系下。注意调整两条曲线的位相，这样可以很容易比较两条曲线的相似性，注意比较其潮型、潮汐不等以及潮差这些特性。

③同步相关分析：由拟建工程处和主港同期水位资料求其高（低）潮潮位的相关系数，以判断其相似性。

④主要潮汐特征分析：计算拟建工程海区与主港的主要潮汐特征，如主要潮汐类型、主要全日分潮、主要半日分潮以及主要耦合分潮的相应比值、平均潮差、平均涨潮历时、平均落潮历时等。通过这些分析可以判断主港潮汐与拟建港潮汐特征的相似性如何。

（2）设计高（低）水位的推算

设拟建工程的设计水位、平均潮差和多年平均海平面分别为 h_y、R_y、A_y，而附近长期验潮站的设计水位、平均潮差和多年平均海平面分别为 h_x、R_x、A_x，根据同步差比相似性，有

$$h_y = A_y + \frac{R_y}{R_x}(h_x - A_x)$$

注意，这里必须考虑多年平均海面与观测时段的平均海面的差值的影响，即上式中的 A_y 要由观测时期的平均海面订正成全年平均海面高度。

2. 校核高（低）水位

校核高（低）水位一般是沿海工程在非正常天气条件下的极端高（低）潮位。对港口而言，并不要求该港口在这种特殊高（低）潮位条件下还能正常使用，但要求在这种极端高潮位时码头不能被淹没，同时码头各部分结构及地基仍能够保持必要的较高安全度。

（1）长期验潮资料的分析统计方法

在沿海工程设计中，校核高（低）水位一般采用重现期为五十年一遇的高（低）潮位（核电工程要求 1000 年一遇）。校核高（低）水位一般用第一型极值分布律对连续二十年以上的实测年最高（低）水位资料进行分析计算所得。

设有连续 n 个年最高（低）水位值 h_i，则对应于年频率 p 的极值水位为

$$h_P = \bar{h} \pm \lambda_{pn} S \tag{3.107}$$

式中，h_p 为与年频率 p 对应的高（低）潮位值，正、负号分别对应于高、低潮位，$\bar{h}$ 为 n 年极值水位 h_i 的平均值，即

$$\bar{h} = \frac{1}{n}\sum_{i=1}^{n} h_i$$

λ_{pn} 为与年频率 p 及资料年数 n 有关的系数，可由附表 6 查得，S 为 n 年极值水位 h_i 的均方差

$$S = \sqrt{\frac{1}{n}\sum_{i=1}^{n} h_i^2 - \bar{h}^2}$$

由式（3.107）计算出对应于不同频率 p 的极值水位 h_p，将这些理论高（低）潮位和理论频率绘制在机率格纸上；同时将观测极值水位和经验频率点也点在该图上，这样可以检验理论频率曲线与观测点拟合的程度。

经验频率可以按如下求得，首先按递减（对低潮按递增）的次序把 h_i 排列起来，则对应于第 m 项极值水位 h_m 的经验频率 p 为

$$p = \frac{m}{n+1} \times 100\% \tag{3.108}$$

对应于理论年频率 p（%）的重现期 T_R（年）为

$$T_R = \frac{100}{p} \tag{3.109}$$

如此，只要知道校核水位的重现期，就可根据校核水位的理论公式由（3.107）式计算出（表 3.7）。

表 3.7　核水位的计算实例

原始资料		顺序	年份	水位 h/cm	经验频率 $p=\frac{m}{n+1}\times 100\%$	计算过程			
年份	水位 h/cm								
1956	415	1	1963	430	4.4	理论频率 p/%	$\lambda_{n,p}$	$s\cdot\lambda$	$h_p = h+s\cdot\lambda$
1957	397	2	1956	415	8.7				
1958	384	3	1971	410	13.0				
1959	380	4	1964	403	17.4	0.1	5.933	117.9	499
1960	374	5	1957	397	21.7	0.2	5.288	105.1	486
1961	364	6	1972	386	26.1	0.5	4.435	88.2	469
1962	356	7	1965	385	30.4	1	3.788	75.3	456
1963	430	8	1958	384	34.8	2	3.139	62.4	443
1964	403	9	1973	384	39.1	4	2.484	49.4	430
1965	385	10	1966	382	43.5	5	2.272	45.2	426
1966	382	11	1959	380	47.8	10	1.603	51.9	413
1967	375	12	1974	378	52.2	25	0.669	13.3	394
1968	368	13	1967	375	56.5	50	−0.149	−3.0	378
1969	361	14	1960	374	60.9	75	−0.794	−15.8	365
1970	354	15	1975	370	65.2	90	−1.265	−25.1	356
1971	410	16	1968	368	69.6	95	−1.510	−30.0	351
1972	386	17	1961	364	73.9	97	−1.657	−32.9	348
1973	384	18	1976	363	78.3	99	−1.910	−38.0	343
1974	378	19	1969	361	82.6	99.9	−2.287	−45.5	335
1975	370	20	1962	356	87.0				
1976	363	21	1977	354	91.3				
1977	354	22	1970	354	95.6				

（2）短期观测资料的同步相似差比法

对拟建工程的短期资料，同样首先要借助于主港的长期验潮资料求取 50 年一遇的校核高（低）潮位，然后求出主港的校核高水位与设计高水位的差值 K，以及设计低水位与校核低水位的差值 K'。

在拟建工程海域的潮汐性质与主港潮汐性质相似的前提下，拟建工程的校核高（低）水位推算中的 K 值取主港不同重现期的校核高（低）潮位与设计高（低）潮位之差。由此得拟建港不同重现期的高（低）潮位（表 3.8）。

表 3.8　短期观测资料的校核水平计算结果

港名	项目	重现期/年			
		100	50	30	20
主港	校核高水位	556.0	545.0	530.0	518.0
	设计高水位	436.0			
	K	120.0	109.0	94.0	82.0
拟建港	设计高水位	409.3			
	校核高水位	529.3	518.3	503.3	491.3
主港	校核低水位	−93.0	−84.0	−71.0	−61.0
	设计低水位	35.0			
	K	128.0	119.0	106.0	96.0
拟建港	设计低水位	52.5			
	校核低水位	−75.5	−66.5	−53.5	−43.5

3. 乘潮作业水位和乘潮作业时间

乘潮水位又分为乘高潮水位和乘低潮水位两种，它们的频率分布在航运、沿岸工程以及军事上都有应用。例如，某些浅水港口，大型船往往要乘高潮前后的高水位进出港口；再如，乘高潮登陆作战等。相反地，在工程施工过程中有时还需要利用低潮干出的间隙作业，如有的建筑物平时淹没在水面下，而工程又要求其混凝土构件需现场浇注，这时就要利用低潮前后的低水位进行施工。

乘高（低）潮水位可定义为：对于预先设定的时间间隔 I，在高潮前后满足

$$\begin{cases} I = t_2 - t_1 \\ Z = \zeta(t_2) = \zeta(t_1) \end{cases} \tag{3.110}$$

的水位 Z，就是对应乘潮时间间隔 I 的乘高潮水位。$\zeta(t_1)$ 和 $\zeta(t_2)$ 是对应于高潮前与高潮后两个时刻 t_1 和 t_2 的水位高度。

与其他工程水位的分析计算一样，当乘高（低）潮作业持续时间 I 确定后，利用逐时水位资料统计乘潮水位的频率分布时，一般也需要不少于一年的资料，最好有 18.61 年的资料。在潮位过程曲线上量取每次高潮峰（谷）前后历时 I 的水位值 Z（图 3.12），统计其在不同水位级内的出现次数。其余步骤与统计高（低）潮累积频率时相同。做出乘高（低）潮作业水位的累积频率曲线后，结合实际工程及设计要求，就可选取与某累积频率相应的水位作为设计高（低）水位。

实际拟建工程海区的资料往往只有短期资料，这样可以利用主港的长期验潮资料分析计算出乘高（低）潮 n 小时的累积频率曲线，然后从曲线上取某累积频率（如 75%）所对应的值作为乘高潮水位值和乘低潮水位值。由于拟建工程海域的潮差与主港不一致，可以经差比法订正后得拟建工程海域的乘高潮水位和乘低潮水位。

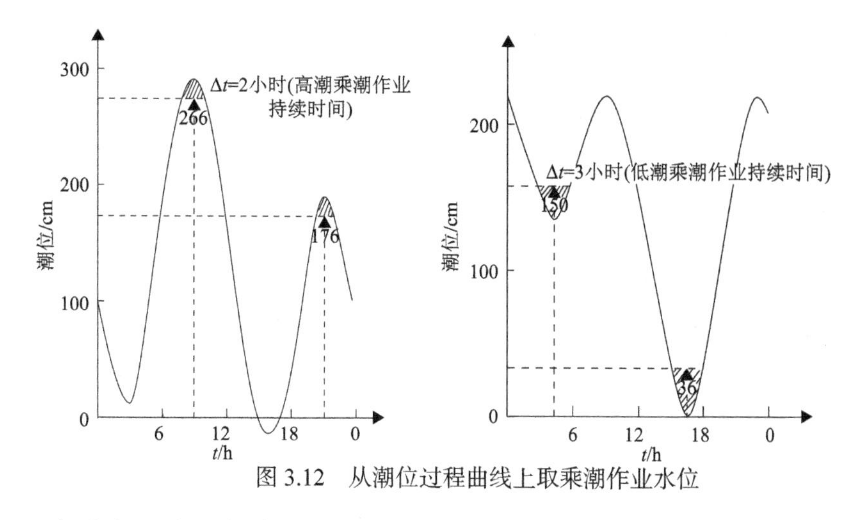

图 3.12　从潮位过程曲线上取乘潮作业水位

相应的，当设定乘高潮水位和乘低潮水位的具体高度后，也可以利用每个高潮时段的历时或每个低潮时段的历时进行累加，得到相应的乘调定水位高度的乘潮作用时间的具体值。

3.4.3　陆地高程基准和海图深度基准面

一个国家或地区必须有一个统一的高程基准面。这个基准面必须科学、稳定。因为它对从事生产建设和国防建设，涉及测绘、制图、河川整治、河口防洪、防潮（风暴潮）、海岸带开发利用、地震监测、地壳升降以及监测海面长期变化等科学研究都是必要的基准。一个国家的高程基准是由选定的一个验潮站的海平面确定的。

海平面是大地测量的基准面，高度向上计算，而深度向下计算。对于深度计算来说，由于海洋中潮汐的升降作用，实际海面大约有一半左右的时间要低于平均海面，因此如果从平均海面向下计算的深度作为水深，那么实际上将有大约一半的时间里水没有那么深。为了应用上的方便，海图上所标注的深度是从海图深度基准面向下计算的水深。在下面介绍深度基准面时会介绍海平面与深度基准的关系。

1. 海平面

平均海面是指某段时间内的水位的平均值，理论上是指滤掉周期比该时段短的所有振动后的一个理想面，这可以通过滤波而获得

$$A_0 = \frac{1}{T}\int_0^T \zeta(t)\mathrm{d}t \tag{3.111}$$

式中，A_0 为平均海面高度，T 为观测时间的长度。一种简便的方法是由长期验潮

观测记录水位进行平均，即对观测记录每一整小时潮高进行统计平均。显然平均海面总是指某时段的平均值。

海平面是一种特殊的平均海面，它的时间尺度要足够长，是指消除了所有的物理振动后稳定的平均海面，这就要求至少要有 18.61 年的水位资料，当然即便如此，也无法消除所有的物理振动，因此这只能是个相对稳定的平均海面。

海平面是作为计算陆地高度的起算面。我国以黄海（青岛验潮站）海平面作为计算我国陆地高程的标准。

2. 陆地高程基准的确立

一个国家的高程基准是由选定的一个验潮站的海平面确定的，单站的海平面作为一个国家或地区的高程基准是国际上的惯例。如美国以缅因州的波特兰验潮站、日本以东京灵岸岛验潮站、欧洲地区以阿姆斯特丹验潮站的海平面作为这个国家或地区的高程基准。

作为确定高程基准面的验潮站的选择必须具备下列条件：①验潮站要选择在该区域沿海近岸适中的地点；且该站附近没有大的河流入海，也不要选在岛屿上。因为大河流入海将使该地区不能完全反映海洋的情况，而岛屿目前尚难以精确地和国家水准点（网）直接联测。②验潮站地质条件必须稳定，避免选在断裂带和烈震区附近。③验潮站必须建筑坚固、设备完善；验潮井消波性能好，井中潮位能完全反映该点海潮涨落的规律。④验潮资料要连续完整、准确可靠。最好要有 18.61 或 19 年每小时的连续潮位资料，而观测精度应达到±1cm。⑤验潮站所在海区或海湾受海流和浅海效应的影响愈小愈好。

确定海平面的基本数据是验潮站的潮位资料。取某时段的记录经滤波处理得出平均海面。平均海面是该站所处海区一定范围内、该时段海洋水位在潮波系统的控制下，受海洋水文、海洋动力学、沿岸陆地水文和气候等多种要素综合作用下的响应。一般取 18.61 年或 19 年的平均海面叫该站的海平面。它除了包含有长期极为缓慢的趋势变化和反映验潮站地壳升降变化外，还具有相对稳定的特点。因为它既消除了多种长期和短期的变化，也消除了年周期和反映月球轨道升交点西退对潮位的影响；而米顿周期和沙罗周期与此相近，其影响基本上也被消除。为了求得相对稳定的平均海面，关键在于选取适当的时段，对该时段的潮位作低通滤波运算，尽可能地消除各种周期振动。为了求得具有代表性的国家高程基准，不仅要分析计算一个站，还得求出我国沿海各主要验潮站的平均海面和海平面的分布及变化规律。

（1）“1985 国家高程基准”的确定

我国现行的高程基准为 1985 国家高程基准。以黄海（青岛验潮站）海平面作为计算我国陆地高程的标准。1985 国家高程基准出现以前，国内曾经使用和现在仍然在用的高程基准主要有：坎门零点、1954 年黄海平均海水面、大连平均海水面（关外）、大沽平均海水面、1956年黄海平均海水面、大连平均海水面（关内）、废黄河零点、珠江假定基面、吴淞平均海水面、大沽零点、吴淞零点、罗星塔零点、榆林（54～56）年平均海水面、榆林（57.4.1～75.11.9）平均海面等。这些基准与“1985国家高程基准”的关系，除“1954和1956黄海平均海水面”是确知的以外，其他均不确知，尚待统计。这些基准与“1985国家高程基准”的关系如图3.13。

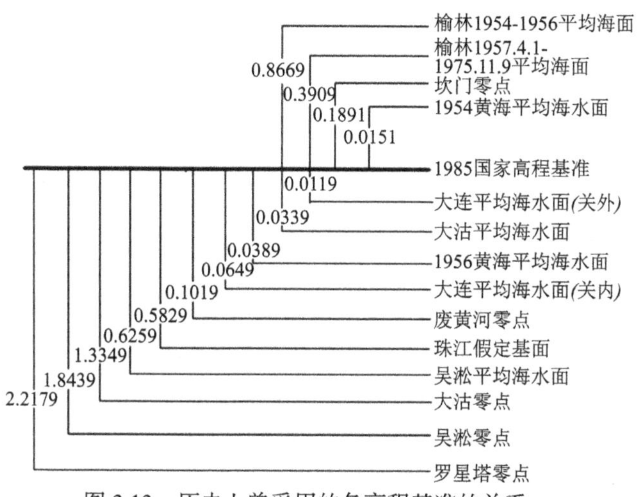

图3.13　历史上曾采用的各高程基准的关系

“1985国家高程基准”的确定考察分析了中国沿岸40多个主要验潮站的验潮资料，对这些资料进行了考证、审核、整理、插补、订正后做连续时间序列资料处理，并采用5种低通滤波公式计算和分析，得出平均海面、海平面变化和分布规律。中国沿海海平面呈现南高北低的趋势，其差值为（70±10）cm。按曲线求中值，得知中国沿海海平面为2.62m。从水准系统的延续性和方便性出发，考虑到1956年所确定的黄海平均海水面高程不致做太大的变动，“1985国家高程基准”采用青岛单站海平面2.429m作为全国高程基准。考虑到季节变化对海平面的影响，要比由于月球轨道升交点西退对海平面的影响来得重要，同时由于19年是太阳和月球的重合周期，因此以取整年19年的资料分析为宜。取青岛验潮站19年的海平面为全国高程基准，还由于青岛地区地壳比较稳定（陈宗镛等，1989）等原因。

对青岛站1952年到1979年每小时潮位资料，按M_0、X_0、Z_0、N_0和G_0等5种低通滤波器得到的青岛验潮站海平面分别为2.428m和2.429m。分析计算中选取10组19年海平面的量值，若取至毫米，这五种滤波公式的结果都相同。因此，取1985国家高程基准从青岛验潮站水尺零点起算的高度为：2.429m。而国家高程起算原点，即中华人民共和国水准原点，从1985年国家高程基准起算，采用1980

年观测的中华人民共和国水准原点网、备用水准原点网共同平差的水准成果推算的高程为：72.260m。其相互关系见图 3.14。

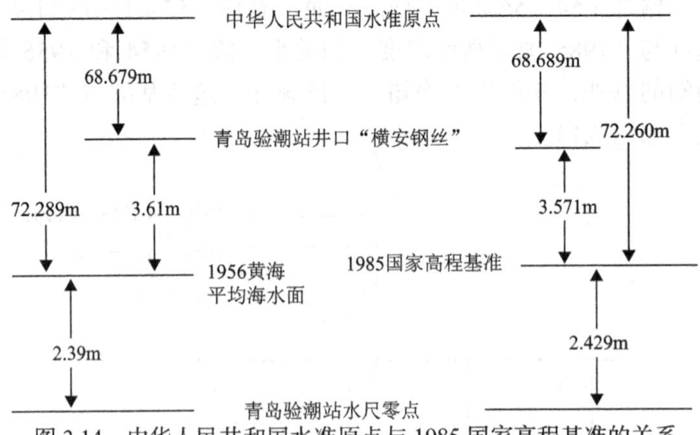

图 3.14　中华人民共和国水准原点与 1985 国家高程基准的关系

（2）我国沿海海平面高度分布及其与“1985 国家高程基准”的关系

我国沿海根据水文气象状况，划分为渤海与北黄海、南黄海、东海和南海北部四个区域。根据全国沿海主要验潮站的平均海面和沿海 2 万多公里的一等水准测量成果，分析计算了上述四个区域平均海面的高度、分布变化，及其与“1985 国家高程基准”的关系（陈宗镛等，1988a，1988b）。分析中取了 12 个验潮站两年的同步观测资料，按包括与不包括大江河口处的验潮站两种情况，分别计算出整个沿海各区域年平均海面高度（表 3.9）。

表 3.9　中国沿海年平均海面高度（m）

	包括大江河口	不包括大江河口
渤海与北黄海	2.343	2.341
南黄海	2.423	2.423
东海	2.716	2.673
南海北部	2.960	2.916
整个沿海	2.651	2.620

中国沿岸的平均海面分布规律是沿海海面呈现南高北低的趋势。根据多年平均海面计算结果，南北最大高度差为（70±10）cm，而各个区域的平均值之间，南海北部比渤海与北黄海约高 60cm，比南黄海约高 50cm，而比东海约高 25cm。“1985 国家高程基准”比渤海与北黄海约高 10cm，而比东海低 25cm，比南海北部约低 50cm；比我国整个沿海平均海面约低 20cm。

由于我国沿海海面呈现着南高北低的趋势，且最大达（70±10）cm，这就使得无论采用哪种方案所确定的高程基准，必然都会与当地的平均海面有差异，只是差异的大小不同而已。

3. 深度基准面

深度基准面是海图深度的起算面，海图上所标注的深度是从海图深度基准面向下计算的水深。从实际应用角度，海图上所标注的深度最好是近似的最小深度，如此能保证实际水深在大多数情况大于海图上所标注的深度值。如果刚好取潮位的起算面与海图深度基准面一致，实际水深就等于海图上的水深加上潮汐表上的潮位预报值，这样会给使用带来极大的方便。

关于海图深度基准面的确定，根据实际海区的潮汐性质不同，各国都确定了自己的计算方法。如美国在大西洋沿岸取平均低潮面，太平洋沿岸取平均低低潮面作为深度基准面；法国采用观测的可能最低低潮面，意大利、德国、加拿大等国采用平均大潮低潮面，印度、日本采用略最低低潮面等。我国 1956 年以前常采用略最低低潮面，此后多采用理论深度基准面和近最低潮面。

无论采用哪种方法，深度基准面都需满足实际海面应当能够但很少落到海图基准面以下，即实际海面落到海图深度基准面以下的概率是一个不等于零的小量。不同的方法计算出的深度基准面的保证率（实际海面不低于海图深度基准面的概率）有所不同。

1）理论深度基准面

（1）理论深度基准面的分析计算方法

理论上可能最低潮面习惯上称为理论深度基准面，它是按照前苏联弗拉基米尔斯基方法计算的。该方法是通过对 8 个主要分潮 M_2、S_2、N_2、K_2、K_1、O_1、P_1、Q_1 进行组合从而求出理论上可能出现的最低水位作为深度基准面。当浅水分潮较大时，还要考虑 M_4、MS_4 和 M_6 等三个主要浅水分潮。

以平均海面作为起算面的潮高公式为

$$\begin{aligned}\zeta=&(fH)_{M_2}\cos[\sigma_{M_2}t+(V_0+U)_{M_2}-g_{M_2}]+\cdots\\&+(fH)_{Q_1}\cos[\sigma_{Q_1}t+(V_0+U)_{Q_1}-g_{Q_1}]\end{aligned}\tag{3.112}$$

式中，(V_0+u) 为 Greenwich 1 月 1 日 0 时的天文相角，t 为平太阳时，由区时 1 月 1 日 0 时算起。为了使上式组合出最高、最低潮面，需要选择适当的交点因子 f。由引潮势的展开可知，

$$f_{M_2,N_2}=\cos^4\frac{I}{2}/0.9154$$

$$f_{O_1,Q_1}=\sin I\cos^2\frac{I}{2}/0.3799$$

$$\cdots$$

其中，$\cos I = \cos i \cos\omega - \sin i \sin\omega \cos N$，$i$ 为黄白交角 5°9′，ω 为黄赤交角 23°27′。因此，f 是升交点黄经 N 的函数，根据这些公式升交点因子随升交点黄经的变化可列成表 3.10。

表 3.10 交点因子随黄经的变化

分潮	升交点黄经 N			
	0°	90°	180°	270°
M_2	0.963	1.000	1.038	1.000
S_2	1.000	1.000	1.000	1.000
N_2	0.963	1.000	1.038	1.000
k_2	1.317	1.016	0.748	1.016
K_1	1.113	1.015	0.882	1.015
O_1	1.183	1.024	0.806	1.024
P_1	1.000	1.000	1.000	1.000
Q_1	1.183	1.024	0.807	1.024
M_4	0.928	1.000	1.077	1.000
MS_4	0.963	1.000	1.038	1.000
M_6	0.894	1.000	1.118	1.000

分析上表中的值可归纳如下：

①对半日潮海区，各分潮的交点因子取对应于 N=180°的值，这时大部分主要半日分潮的交点因子可以取最大值，从而潮差可达最大值。

②对全日潮海区，各分潮的交点因子取对应于 N=0°的值，这时大部分主要全日分潮的交点因子可以取最大值，从而潮差可达最大值。

③对混合潮港，首先把所有分潮的交点因子取为 1.000 而计算出最高和最低潮面 $H_{最高}$和$H_{最低}$，找出$(\phi_{K_1})_{最高}$和$(\phi_{K_1})_{最低}$，然后再根据$(\phi_{K_1})_{最高}$和$(\phi_{K_1})_{最低}$，由 N=0°和 N=180°的交点因子计算出最高潮面和最低潮面，最后取它们的绝对值较大者，其中 ϕ 的意义见后面。为方便起见，引入下面符号

$$(fH)_{M_2} = M_2, \ \cdots, (fH)_{Q_1} = Q_1$$

$$\sigma_{M_2} t + (V_0 + u)_{M_2} - g_{M_2} = \phi_{M_2}, \ \cdots, \sigma_{Q_1} t + (V_0 + u)_{Q_1} - g_{Q_1} = \phi_{Q_1}$$

代入式（3.112）有

$$\begin{aligned} \zeta = & M_2 \cos\phi_{M_2} + S_2 \cos\phi_{S_2} + N_2 \cos\phi_{N_2} + K_2 \cos\phi_{K_2} + K_1 \cos\phi_{K_1} \\ & + O_1 \cos\phi_{O_1} + P_1 \cos\phi_{P_1} + Q_1 \cos\phi_{Q_1} \end{aligned} \tag{3.113}$$

由平衡潮引潮势的展开式知

$$\phi_{M_2}=2t+2h-2s-g_{M_2}\,,\quad \phi_{S_2}=2t-g_{S_2}$$

$$\phi_{N_2}=2t+2h-3s+p-g_{S_2}\,,\quad \phi_{k_2}=2t+2h-g_{K_2}$$

$$\phi_{K_1}=t+h+90^\circ-g_{K_1}\,,\quad \phi_{O_1}=t+h-2s+270^\circ-g_{O_1}$$

$$\phi_{P_1}=t-h+270^\circ-g_{p_1}\,,\quad \phi_{Q_1}=t+h-3s+p+270^\circ-g_{Q_1}$$

引入符号

$$\phi_{M_2}-\phi_{O_1}=\phi_{K_1}+(g_{K_1}+g_{O_1}-g_{M_2})=\phi_{K_1}+a_1=\tau_1$$

$$\phi_{S_2}-\phi_{P_1}=\phi_{K_1}+(g_{K_1}+g_{p_1}-g_{S_2})=\phi_{K_1}+a_2=\tau_2$$

$$\phi_{N_2}-\phi_{Q_1}=\phi_{K_1}+(g_{K_1}+g_{Q_1}-g_{N_2})=\phi_{K_1}+a_3=\tau_3$$

$$\phi_{K_2}=2\phi_{K_1}+2g_{K_1}-180^\circ-g_{K_2}=2\phi_{K_1}+a_4$$

从而较次要分潮 O_1、P_1、Q_1 和 K_2 的位相可由较主要分潮 M_2、S_2、N_2 和 K_1 的位相表示

$$\phi_{O_1}=\phi_{M_2}-\tau_1$$

$$\phi_{P_1}=\phi_{S_2}-\tau_2$$

$$\phi_{Q_1}=\phi_{N_2}-\tau_3$$

$$\phi_{K_2}=2\phi_{K_1}+a_4$$

水位公式（3.113）可改为

$$\begin{aligned}\zeta=&M_2\cos\phi_{M_2}+O_1\cos(\phi_{M_2}-\tau_1)+S_2\cos\phi_{S_2}+P_1\cos(\phi_{S_2}-\tau_2)\\&+N_2\cos\phi_{N_2}+Q_1\cos(\phi_{N_2}-\tau_3)+K_1\cos\phi_{K_1}+K_2\cos(\phi_{K_2}+a_4)\end{aligned}\tag{3.114}$$

上式只依赖于 M_2、S_2、N_2 和 K_1 的位相及 ϕ_{K_1} 的辅助角 τ_1、τ_2 和 τ_3。而且还可看出水位表达式中各分潮是成对出现的，如 M_2 和 O_1，S_2 和 P_1，N_2 和 Q_1，K_2 和 K_1 等，与每一对分潮相对应的项可由下面的通式表示

$$\begin{aligned}&A\cos\phi+B\cos(\phi-\tau)=A\cos\phi+B\cos\phi\cos\tau+B\sin\phi\sin\tau\\&=(A+B\cos\tau)\cos\phi+B\sin\tau\sin\phi\\&=R\cos(\phi-\varepsilon)\end{aligned}$$

其中

$$A+B\cos\tau=R\cos\varepsilon$$

$$B\sin\tau=R\sin\varepsilon$$

从而

$$R=\sqrt{A^2+B^2+2AB\cos\tau}$$

$$\tan\varepsilon=\frac{B\sin\tau}{A+B\cos\tau}$$

这样式（3.114）可变成

$$\begin{aligned}\zeta = & K_1\cos\phi_{K_1} + K_2\cos(2\phi_{K_1} + a_4) + R_1\cos(\phi_{M_2} - \varepsilon_1) \\ & + R_2\cos(\phi_{S_2} - \varepsilon_2) + R_3\cos(\phi_{N_2} - \varepsilon_3)\end{aligned} \tag{3.115}$$

其中

$$\begin{cases} R_1 = \sqrt{M_2^{\ 2} + O_1^{\ 2} + 2M_2O_1\cos\tau_1}, & \tan\varepsilon_1 = \dfrac{O_1\sin\tau_1}{M_2 + O_1\cos\tau_1} \\ R_2 = \sqrt{S_2^{\ 2} + P_1^2 + 2S_2P_1\cos\tau_2}, & \tan\varepsilon_2 = \dfrac{P_1\sin\tau_2}{S_2 + P_1\cos\tau_2} \\ R_3 = \sqrt{N_2^{\ 2} + Q_1^{\ 2} + 2N_2Q_1\cos\tau_3}, & \tan\varepsilon_3 = \dfrac{Q_1\sin\tau_3}{N_2 + Q_1\cos\tau_3} \end{cases} \tag{3.116}$$

式（3.115）中各分潮的相角都化为 K_1 分潮相角 ϕ_{K_1} 的函数。当 ϕ_{K_1} 从 0°变化到 360°时可算出各 $K_1\cos\phi_{K_1}$ 的值，以及对应的 $\tau_1 = \phi_{K_1} + a_1$，$\tau_2 = \phi_{K_1} + a_2$，$\tau_3 = \phi_{K_1} + a_3$，$2\phi_{K_1} + a_4$，$R_1$，$R_2$，$R_3$，$\varepsilon_1$，$\varepsilon_2$，$\varepsilon_3$ 的值。

下面介绍如何确定水位 ζ 的极值。由式（3.115）可知当

$$\begin{cases} \phi_{M_2} - \varepsilon_1 = 0° \\ \phi_{S_2} - \varepsilon_2 = 0° \\ \phi_{N_2} - \varepsilon_3 = 0° \end{cases}$$

$\cos 0° = 1$，则 ζ 就可能达到极大值。当

$$\begin{cases} \phi_{M_2} - \varepsilon_1 = 180° \\ \phi_{S_2} - \varepsilon_2 = 180° \\ \phi_{N_2} - \varepsilon_3 = 180° \end{cases}$$

$\cos 180° = -1$，则 ζ 就可能达到极小值。

因而潮位的可能极大值和极小值分别为

$$\begin{cases} H = K_1\cos\phi_{K_1} + K_2\cos(2\phi_{K_1} + a_4) + (R_1 + R_2 + R_3) \\ L = K_1\cos\phi_{K_1} + K_2\cos(2\phi_{K_1} + a_4) - (R_1 + R_2 + R_3) \end{cases} \tag{3.117}$$

从而理论深度基准面从平均海面算起为

$$\text{理论深度基准面} = K_1\cos\phi_{K_1} + K_2\cos(2\phi_{K_1} + a_4) - (R_1 + R_2 + R_3)$$

如此可以分别绘出（ϕ_{K_1}，H）和（L，ϕ_{K_1}）图，ϕ_{K_1} 从 0°变化到 360°，分别从两个潮高曲线上查出它们的最大值 $H_{最高}$ 和最小值 $L_{最低}$，从而得到该海区可能的

最高和最低潮位值，而最低潮面即是要求的理论深基准面高度。

如果除了 8 个主要分潮外，其他一些浅水分潮和长期分潮的振幅还比较大，则还要考虑这些分潮对最高和最低潮面的影响。

（2）长周期分潮或平均海面季节订正

由于中国沿海除南海外都是大陆架浅海，平均海面的季节变化都较大，如渤海的季节变化有 60cm，南海也有 35cm 左右，因此在分析最高和最低潮位时需要考虑这种季节变化的影响。这可由长期分潮 S_a 和 S_{Sa} 的潮汐调和常数进行订正。如欲求 S_a 及 S_{Sa} 的订正值，首先计算其位相值

$$\phi_{Sa} = \phi_{K_1} - \frac{1}{2}\varepsilon_2 + g_{K_1} - \frac{1}{2}g_{K_2} - 180° - g_{Sa}$$
$$\phi_{S_{Sa}} = 2\phi_{K_1} - \varepsilon_2 + 2g_{K_1} - g_{K_1} - g_{S_{Sa}}$$

其订正值为

$$H_{Sa}\cos\phi_{Sa} + H_{S_{Sa}}\cos\phi_{S_{Sa}}$$

通常也可采用平均季节海面进行订正，这样只要通过多年验潮资料（最好是 18.61 年以上）分析出最高季节海面和最低季节海面高度即可。

在短期验潮地点，要借用附近长期验潮站的季节订正，也可利用前面介绍的相似差比法进行计算。

（3）浅水分潮订正

当 $H_{M_4} + H_{M_6} + H_{MS_4} > 20\text{cm}$ 时，就应该考虑浅海分潮对最高和最低潮位的订正。由 $H_{最高}$ 和 $L_{最低}$ 的 $(\phi_{K_1})_{最高}$ 和 $(\phi_{K_1})_{最高}$ 和 $(\phi_{K_1})_{最低}$ …等值按其相对应的方程式计算出各分潮位相 ϕ，计算出各分潮的潮高 $fH\cos\phi$ 并把各分潮高累加起来，即得到对最高和最低潮位的订正。其中浅海分潮的位相

$$\phi_{M_4} = 2\phi_{M_2} + 2g_{M_2} - g_{M_4}$$
$$\phi_{M_6} = 3\phi_{M_2} + 3g_{M_2} - g_{M_6}$$
$$\phi_{MS_4} = \phi_{M_2} + \phi_{S_2} + g_{S_2} + g_{M_2} - g_{MS_4}$$

2）近最低潮位-海图深度基准面的 BPF 方法

根据对我国 50 多个港口的分析，理论深度基准面的保证率在黄、东、南海的广阔海域基本是稳定的，但在渤海基准面明显偏高，而在河口海域又显明偏低。因此提出采用近最低潮位（即 BPF 方法）作为基准面高度。

近最低潮位是指实际水位低于海图基准面的概率为 0.14%所对应的水位，这相当于每月大约累积有一小时的实际海面低于基准面，这通常发生在大潮低潮时

或强烈风减水时。

对于长期验潮站，可从潮位的频率分布曲线上读取对应 p=0.14%或 q=99.86%的潮位值作为近最低潮面。而对于只有短期验潮资料的海区，则 BPF 方法是有效的方法。参见公式（3.106），这要通过中国沿海的实际观测资料来确定对应于 p=0.14%的系数 A、B、C。通过对我国沿海 18 个主要港口的长期验潮资料的频率分布分析摘取了 p=0.14%所确定的水位 $Z_{0.14\%}$，它是从平均海平面向下算起的，所以总是负值，用 d 表示海图基准面在平均海平面下的深度，则 $d=-Z_{0.14\%}$。经过回归分析，得到各系数为 A=2.341，B=−0.913，C=0.764。从而得近最低潮面为

$$d=(2.341-0.913s+0.764\kappa)\delta$$

把式（3.103）～（3.105）代入上式即可求得近最低潮面。

第四章　海流资料分析方法

海流是指海水大规模相对稳定的流动，是海水重要的普遍运动形式之一。所谓“大规模”是指它的空间尺度大，具有数百、数千千米甚至全球范围的流动；“相对稳定”的含义是在较长的时间内，例如一个月、一季、一年或者多年，其流动方向、速率和流动路径大致相似。

海流一般是三维的，即不仅在水平方向存在流动，在铅直方向上也有流动。当然，由于海洋的水平尺度（数百至数千千米甚至上万千米）远远大于其铅直尺度，因此水平方向的流动远比铅直方向上的流动强得多。尽管后者相当微弱，但它在海洋学中却有其特殊意义。习惯上常狭义地将海流的水平分量定义为海流，而其铅直分量单独命名为上升流或下降流。

海洋环流一般是指海域中的海流形成首尾相接的相对独立的环流系统或流旋。就整个世界大洋而言，海洋环流的时空变化是连续的，它把世界大洋联系在一起，使世界大洋的各种水文、化学要素及热盐状况得以保持长期相对稳定。

4.1　海流的构成

海流形成的原因很多，但归纳起来不外乎两种。第一是海面上的风力驱动，形成风生海流。由于海水运动中海水的黏滞性对动量的消耗，这种流动随深度的增大而减弱，直至小到可以忽略，其所涉及的深度通常只为几百米，相对于几千米深的大洋而言是一薄层。海流形成的第二种原因是海水的温盐变化。因为海水密度的分布与变化直接受温度、盐度的支配，而密度的分布又决定了海洋压力场的结构，所以实际海洋中的等压面往往是倾斜的，即等压面与等势面并不一致，这就在水平方向上产生了一种引起海水流动的力，从而导致了海流的形成。另外海面上的增密效应又可直接地引起海水在铅直方向上的运动。海流形成之后，由于海水的连续性，在海水产生辐散或辐聚的地方，将导致垂向的升、降流。

为了方便讨论，也可根据海水受力情况及其成因等，从不同角度对海流进行分类和命名。例如，由风引起的海流称为风海流或漂流，由温盐变化引起的海流称为热盐环流；从受力情况分又有地转流、惯性流等；考虑发生的区域不同又有洋流、陆架流、赤道流、东西边界流等。

假定在北半球稳定风场长时间作用在无限广阔、无限深海的海面上，海水密度均匀，海面（等压面）是水平的；不考虑科氏力随纬度的变化；只考虑由铅直湍流导致的水平湍切应力，且假定铅直湍流黏滞系数 K_z 为常量。在上述假定条件下，排除了引起地转流的水平压强梯度力，排除了海洋陆地边界的影响，这种流动仅是由风应力通过海面，借助于水平湍切应力向深层传递动量而引起的海水的运动，在运动过程中同时受到科氏力的作用。由于海面无限宽广，风场稳定且长时间作用，因此当湍切应力与科氏力取得平衡时，海流将趋于稳定状态，即风生流。

惯性流又称余流，指海水受到某一外力强迫后，如风吹几个小时后停止，如果不考虑分子摩擦的作用，海水将在科氏力作用下做惯性运动。

在水平压强梯度力的作用下，海水将在受力的方向上产生运动。与此同时科氏力便相应起作用，不断地改变海水流动的方向，直至水平压强梯度力与科氏力大小相等、方向相反取得平衡时，海水的流动便达到稳定状态。若不考虑海水的湍应力和其他能够影响海水流动的因素，则这种水平压强梯度力与科氏力取得平衡时的定常流动，称为地转流。

4.2 海流的计算

4.2.1 Ekman 风漂流的计算

风作用在均匀密度的海水中产生的流动称为风生海流。因为海水密度是均匀的，风生海流实际上仅仅考虑动力学问题。

4.2.1.1 *无限深海的漂流*

定常恒速的风持续地作用于无限广阔的海面时，海水产生的一种定常运动被称为漂流。漂流理论为 Ekman（1905）首创，因此又称为 Ekman 漂流理论，对于这种流动可以得到一种严格的解。

Ekman 漂流可以发生在不同水深的海区，故漂流理论根据水深的不同可以分为无限深海漂流和有限深海漂流两种情形。对于无限深海漂流，海底对其不起影响，而对于有限深海漂流，海底的摩擦效应就必须加以考虑。这一小节讨论无限深海的漂流，有限深海的漂流将在下一小节进行讨论。

在远离海岸的深水大洋里，定常持久的风作用于海面会产生定常的大尺度流动。由于风生海流的实际铅直尺度 D 与 Ekman 深度同量级，因此铅直湍流摩擦力必须考虑。此外，假定海水密度是常量，持续的定常风力是均匀的，因此认为海面无升降，水平压强梯度力为零。以上条件表明漂流是铅直湍流所产生的摩擦力与科氏力相平衡的产物。描述该运动的基本方程如下（叶安乐等，1992）：

$$
\left.\begin{aligned}
&0 = fv + A_z \frac{\partial^2 u}{\partial z^2} \\
&0 = -fu + A_z \frac{\partial^2 v}{\partial z^2} \\
&\frac{\partial u}{\partial x} + \frac{\partial v}{\partial y} + \frac{\partial w}{\partial z} = 0
\end{aligned}\right\} \tag{4.1}
$$

取坐标系为左手坐标系，取 z 轴向下为正。设风力为恒速且仅沿 y 方向作用，即风应力 $\tau_x = 0$， $\tau_y =$ 常量；又海水为无限深，因此求解方程（4.1）的相应边界条件是

$$
\left.\begin{aligned}
&z = 0\,(\text{海面})：\rho A_z \frac{\partial u}{\partial z} = 0,\ \rho A_z \frac{\partial v}{\partial z} = -\tau_y \\
&z \to \infty : u = v = 0
\end{aligned}\right\} \tag{4.2}
$$

为方便求解，引进复数形式的速度 $\boldsymbol{W}$ 和复数形式的风应力 $\boldsymbol{\tau}$ ，即

$$
\begin{aligned}
&\boldsymbol{W} = u + iv \\
&\boldsymbol{\tau} = \tau_x + i\tau_y
\end{aligned} \tag{4.3}
$$

于是式（4.2）中的两个运动方程可合并写成

$$
\frac{\mathrm{d}^2 \boldsymbol{W}}{\mathrm{d}z^2} - j^2 \boldsymbol{W} = 0 \tag{4.4}
$$

其中

$$
j^2 = \frac{if}{A_z} = \frac{(1+i)^2 f}{2A_z} = (1+i)^2 a^2,
$$

$$
a = \sqrt{\omega \sin\phi / A_z}。
$$

边界条件则相应地变为

$$
\left.\begin{aligned}
&z = 0 \quad \rho A_z \frac{\partial \boldsymbol{W}}{\partial z} = -\tau \\
&z \to \infty \quad \boldsymbol{W} = 0
\end{aligned}\right\} \tag{4.5}
$$

式（4.3）的一般解为

$$
\boldsymbol{W} = Ae^{jz} + Be^{-jz}, \tag{4.6}
$$

利用海底边界条件可以得到：$A=0$，运用海面边界条件得：$B=\tau/(j\rho A_z)$，于是式（4.6）即为

$$W=\frac{\tau}{jA_z\rho}e^{-jz}=\frac{\tau_y}{\sqrt{2}a\rho A_z}e^{-az+i(\frac{\pi}{4}-az)}。 \quad (4.7)$$

若引进深度 D_0

$$D_0=\pi/a=\pi\sqrt{A_z/\omega\sin\phi} \quad (4.8)$$

于是式（4.7）可改写为

$$W=\frac{\tau_y}{\sqrt{2}aA_z\rho}e^{-\frac{\pi}{D_0}z+i(\frac{\pi}{4}-\frac{\pi}{D_0}z)} \quad (4.9)$$

其分量形式为

$$\left.\begin{aligned}u&=\frac{\tau_y}{\sqrt{2}aA_z\rho}e^{-\frac{\pi}{D_0}z}\cos(\frac{\pi}{4}-\frac{\pi}{D_0}z),\\ v&=\frac{\tau_y}{\sqrt{2}aA_z\rho}e^{-\frac{\pi}{D_0}z}\sin(\frac{\pi}{4}-\frac{\pi}{D_0}z)。\end{aligned}\right\} \quad (4.10)$$

根据式（4.9），在海面 $z=0$ 处的漂流

$$W_0=\frac{\tau_y}{\sqrt{2}aA_z\rho}e^{i\frac{\pi}{4}},$$

其大小$|W_0|=\frac{\tau_y}{\sqrt{2}aA_z\rho}$，方向与 x 轴成 45°。在任意深度 z 处，漂流的大小为 $|W_z|=\frac{\tau_y}{\sqrt{2}aA_z\rho}e^{-\frac{\pi}{D_0}z}$，说明流速随深度增加而呈指数形式减小，而式中 $e^{i(\frac{\pi}{4}-\frac{\pi}{D_0}z)}$ 部分表明流向随深度加大而向右偏。在 $z=D_0$ 处，流的大小为 $|W_{D_0}|=\frac{\tau_y e^{-\pi}}{\sqrt{2}aA_z\rho}=e^{-\pi}|W_0|=0.043|W_0|$，流向与 x 轴成−135°，即量值为海面漂流量值的 0.043 倍（约百分之四），方向与海面的流向相反。图 4.1 表现了漂流的大小和方向随深度的变化，流矢量端点的连线所构成的曲线称为 Ekman 螺旋，而它在水平面上的投影称为 Ekman 螺线。

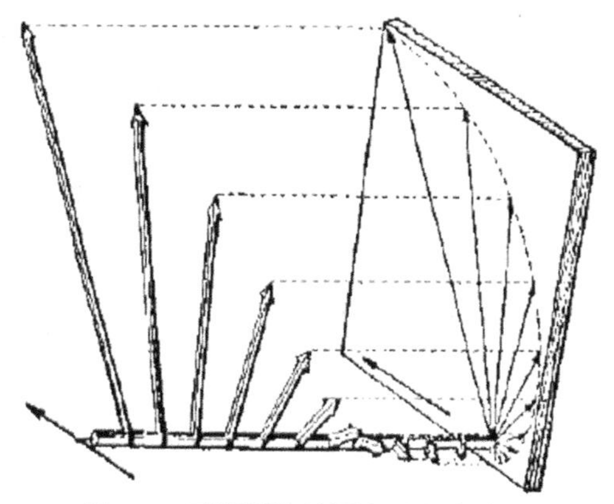

图 4.1　无限深海的漂流（北半球）

以上讨论是漂流发生在北半球的情形。如果漂流发生在南半球，则漂流大小随深度增加而减小，但流向随深度增加却不断向左偏。

将式（4.10）对深度 z 从 0 到 ∞ 积分，可以得无限深海漂流的水平体积输运表达式

$$\left.\begin{aligned} S_x &= \int_0^\infty u\mathrm{d}z = \frac{\tau_y}{2\omega\sin\phi\rho} \\ S_y &= \int_0^\infty v\mathrm{d}z = 0 \end{aligned}\right\} \tag{4.11}$$

此时风力仅沿 y 方向，故上式表明：漂流的水平体积运输只存在于与风向垂直的方向上（即此时的 x 方向），在北半球沿风向右方，在南半球沿风向左方。

将漂流表达式（4.9）对 z 求导并乘以 $-\rho A_z$，得铅直湍流水平切应力表达式

$$\boldsymbol{\tau}'_z = -\rho A_z \frac{\partial \boldsymbol{W}}{\partial z} = \tau_y \exp[-\frac{\pi}{D_0}z + i(\frac{\pi}{2} - \frac{\pi}{D_0}z)]\ , \tag{4.12}$$

其分量为

$$\left.\begin{aligned} \tau'_{zx} &= \tau_y e^{-\frac{\pi}{D_0}z} \cos(\frac{\pi}{2} - \frac{\pi}{D_0}z) \\ \tau'_{zy} &= \tau_y e^{-\frac{\pi}{D_0}z} \sin(\frac{\pi}{2} - \frac{\pi}{D_0}z) \end{aligned}\right\} \tag{4.13}$$

式（4.12）或式（4.13）说明了湍流切应力随深度变化的特征。在海面 $z=0$ 处，$\boldsymbol{\tau}'_0 = \tau_y$。于任意深度 z 处，切应力的量值 $|\boldsymbol{\tau}'_z| = \tau_y e^{-\frac{\pi}{D_0}z}$，表明其量值随深度以指数形式减小；由 $e^{i(\frac{\pi}{2}-\frac{\pi}{D_0}z)}$ 可以确定切应力的方向随深度的增加而向右偏。在 $z = D_0$ 处，

$\left|\boldsymbol{\tau}'_{D_0}\right| = \tau_y e^{-\pi} = 0.043\left|\boldsymbol{\tau}'_0\right|$，切应力的方向与 x 轴成–90°，正好与海面的风向（与 x 轴成 90°）相反。因此可以得出结论，无限深海的铅直湍流的水平切应力也构成一个与 Ekman 螺旋完全相似的螺旋，只不过两者方向相差 45°。

在以风生海流为主的大洋和深海区域，实测海流大致符合以上所得的流动规律，特别是流偏角 α（表面漂流方向偏离风向之角）的符合程度很好。例如在我国南海海域，根据大量实测资料统计结果发现，流偏角在 0～45°之间的出现率最高，如图 4.2 所示。

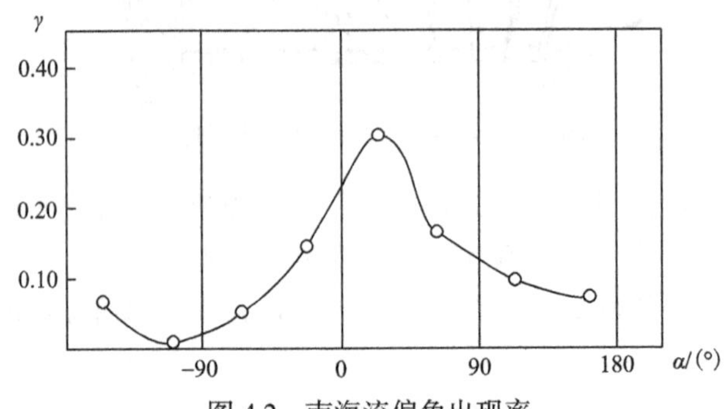

图 4.2　南海流偏角出现率

由前面的结论可知，无限深海的漂流流速在距海面深度为 D_0 处已仅为海面流速的 0.043 倍了，由此可见漂流仅存在于深海大洋的薄薄的一上层中，这一薄层称为 Ekman 边界层。式（4.8）所定义的深度 D_0 曾被称为 Ekman 深度或 Ekman 摩擦深度，但根据 1985 年 UNESCO No.45 的规定，Ekman 深度现在被定义为 $D = \sqrt{\dfrac{A_z}{\omega \sin\phi}}$，与式（4.8）相比两者相差一个因子 π。

实际数据处理中，可利用地球自转角速率 ω、纬度 ϕ、海水密度 ρ、表面风应力 τ、铅直湍流摩擦系数 A_z，由式（4.10）计算出不同深度 z 处的 x、y 方向的漂流速度 u、v，其中 τ 需要公式计算得到，A_z 的确定至今有很多方法，常常会被取为一个常数进行计算。现给出一个用北极考察期间获取的海流剖面数据计算在极区 Ekman 无限深海漂流的实例（刘国昕，2012）。

冰下海水的垂向剪切主要是海冰在风的作用下漂移，对海水形成拖曳，在科氏力的作用下发生偏转，形成了 Ekman 螺旋。海冰对海水的拖曳力为

$$\boldsymbol{\tau}_w = \rho_w C_w \left|\boldsymbol{V}_{wi}\right| \boldsymbol{V}_{wi}$$

式中：ρ_m 为海水密度；C_w 为海冰对海水的拖曳系数，相对流速 $\boldsymbol{V}_{wi} = \boldsymbol{V}_w - \boldsymbol{V}_i$，其中 $\boldsymbol{V}_w$ 为海水流速，$\boldsymbol{V}_i$ 为海冰流速。以往的研究表明，在极区和 MIZ 海冰中可以取 $C_w = 5\times10^{-3}$。

在 Ekman 漂流理论中，表层流速最大，随深度增加，流速呈指数递减，各层流速矢量端点的连线构成 Ekman 螺线。研究大洋中的 Ekman 漂流，在无限深海仅考虑湍流摩擦与科氏力的平衡的方程为式（4.1），方程的解即为式（4.10）。在海冰漂移的情形下，表面风应力 τ 对应于表面冰应力。

式（4.10）的解只适用于密度均匀的定常运动水体，实际上，由于密度层化，抑制了湍流运动，垂向湍流黏性系数是深度的函数，无法得出简单的解。根据以往的研究，可以采用 Pacanowski and Philander（1981）的参数化方案（简称 PP 参数化方案）确定垂向湍流黏性系数 A_z

$$A_z = \frac{v_0}{(1+\alpha R_i)^2} + v_b \tag{4.14}$$

其中，$\alpha = 5$，$v_0 = 0.01\mathrm{m}^2/\mathrm{s}$，$v_b = 1\times10^{-3}\mathrm{m}^2/\mathrm{s}$。对于 60m 以浅的水体，理查森数 R_i 可以由实际观测的密度梯度和流速剪切求出

$$R_i = -\frac{(\mathrm{d}\rho / \mathrm{d}z)g / \rho}{(\partial U / \partial z)^2 + (\partial V / \partial z)^2} \tag{4.15}$$

其中，u 和 v 为实测的流速分量剖面，g 为重力加速度。式（4.14）建立了垂向湍黏性系数 A_z 与理查森数 R_i 直接的密切联系。

由于上层海洋中漂流的剪切最强，式（4.15）中的 u 和 v 主要由漂流的剪切引起，可以用 U 和 V 代替。为了研究海洋层化对 Ekman 漂流的影响，用实际 CTD 数据获得的密度场代入式（4.15），联立方程（4.1）、（4.14）和（4.15），可以求解出 U，V 和 A_z。其中，U 和 V 就是需要求取的密度层化条件下的 Ekman 漂流场，计算结果可以用同步观测的 ADCP 数据进行验证。

在图 4.3 和图 4.4 中，将用式（4.1）和（4.10）确定的计算 Ekman 流（红线）与实测 Ekman 流的 u、v 分量（蓝线）进行对比，图中分别为 8 月 9 日 21 点 22 分（86.82°N，178.04°W）、8 月 10 日 2 点 5 分（86.84°N，177.68°W）、8 月 10 日 4 点 7 分（86.84°N，177.35°W）、8 月 10 日 7 点 20 分（86.83°N，177.09°W）的 CTD 测量剖面的计算 Ekman 流与前后 2.5 个小时内的实测 Ekman 流的对比。

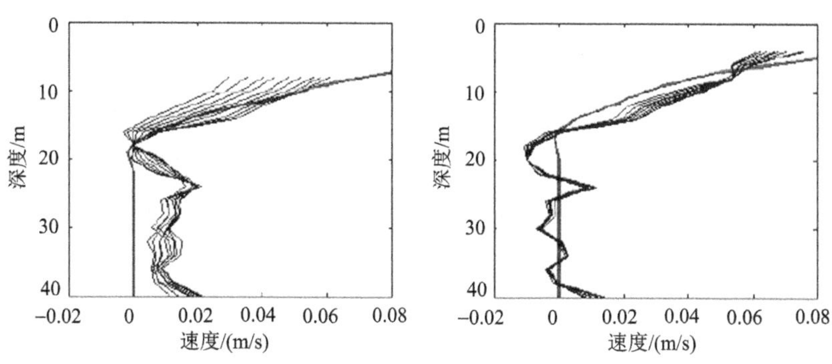

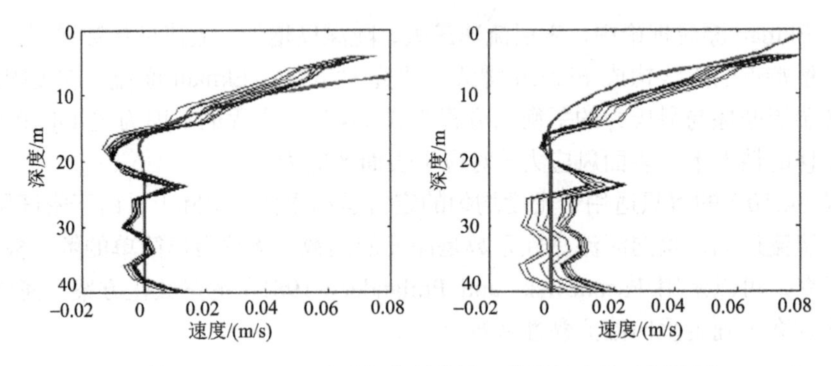

图 4.3 计算得出的 Ekman 流速与实测数据 u 分量的比较（刘国昕，2012）

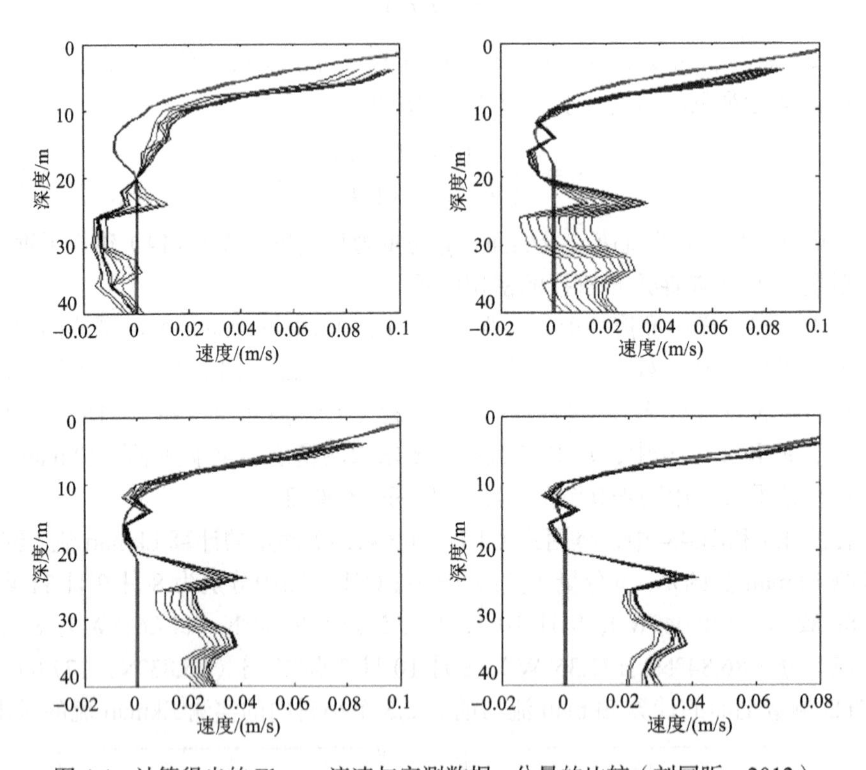

图 4.4 计算得出的 Ekman 流速与实测数据 v 分量的比较（刘国昕，2012）

从图 4.3 和图 4.4 中可以看出，实测流速剖面并不十分稳定，有一定的时间变化。另外，20m 以下 v 分量并不接近零，显然是地转流的成分。由于受未完全分离的地转流的影响，图中部分流速下部实测与计算结果存在一定差异，但是整体上体现了 Ekman 漂流的结构。

4.2.1.2　有限深海的漂流

对于有限深海的漂流，假定深度有限，其余的假定与无限深海的情形相同。描述有限深海漂流的运动方程和连续方程仍为式（4.1）：

$$\left.\begin{aligned} &0 = fv + A_z \frac{\partial^2 u}{\partial z^2} \\ &0 = -fu + A_z \frac{\partial^2 v}{\partial z^2} \\ &\frac{\partial u}{\partial x} + \frac{\partial v}{\partial y} + \frac{\partial w}{\partial z} = 0 \end{aligned}\right\} \tag{4.16}$$

边界条件则改为

$$\left.\begin{aligned} &z = 0\text{处，} \rho A_z \frac{\partial u}{\partial z} = 0,\ \rho A_z \frac{\partial v}{\partial z} = -\tau_y \\ &z = h\text{(海底)处，} u = v = 0 \end{aligned}\right\} \tag{4.17}$$

做变量代换 $z = h - \zeta$ ，于是运动方程和边界条件变为

$$\left.\begin{aligned} &0 = fv + A_z \frac{\partial^2 u}{\partial \zeta^2} \\ &0 = -fu + A_z \frac{\partial^2 v}{\partial \zeta^2} \end{aligned}\right\} \tag{4.18}$$

$$\left.\begin{aligned} &\text{在海面}\zeta=h\text{处} \quad \rho A_z \frac{\partial u}{\partial \zeta} = 0,\ \rho A_z \frac{\partial v}{\partial \zeta} = \tau_y \\ &\text{在海底}\zeta=0\text{处} \quad u=v=0 \end{aligned}\right\} \tag{4.19}$$

与无限深海漂流求解类似，引进复数速度 $\boldsymbol{W} = u + iv$ ，复数应力 $\boldsymbol{\tau} = \tau_x + i\tau_y$ ，结果可得满足边界条件的解

$$\boldsymbol{W} = \frac{(1+i)\tau_y}{2aA_z\rho} \frac{\sinh(1+i)a\zeta}{\cosh(1+i)ah} \tag{4.20}$$

其分量形式为

$$\left.\begin{aligned} u &= A\sinh a\zeta \cos a\zeta - B\cosh a\zeta \sin a\zeta \\ v &= A\cosh a\zeta \sin a\zeta + B\sinh a\zeta \cos a\zeta \end{aligned}\right\} \tag{4.21}$$

式中

$$A = \frac{\tau_y}{aA_z\rho}\frac{\cosh ah\cos ah + \sinh ah\sin ah}{\cosh 2ah + \cos 2ah}$$

$$B = \frac{\tau_y}{aA_z\rho}\frac{\cosh ah\cos ah - \sinh ah\sin ah}{\cosh 2ah + \cos 2ah}$$

下面对有限深海漂流的解（4.20）或（4.21）进行一些讨论。

在海面$\zeta = h$处，由式（4.20）和式（4.21）得

$$\boldsymbol{w}_0 = \frac{(1+i)\tau_y}{2aA_z\rho}\tanh(1+i)ah \tag{4.22}$$

$$\left.\begin{aligned} u_0 &= \frac{\tau_y}{2aA_z\rho}\frac{\sinh 2ah - \sin 2ah}{\cosh 2ah + \cos 2ah} \\ v_0 &= \frac{\tau_y}{2aA_z\rho}\frac{\sinh 2ah + \sin 2ah}{\cosh 2ah + \cos 2ah} \end{aligned}\right\} \tag{4.23}$$

由式（4.23）可得表面漂流流向与风向之间的夹角（即表层流流偏角）

$$\alpha_0 = \arctan\frac{u_0}{v_0} = \arctan\frac{\sinh 2ah - \sin 2ah}{\sinh 2ah + \sin 2ah} \tag{4.24}$$

按式（4.24）和式（4.23），取不同海深h进行计算，求得表层流偏角α_0和表层流大小$|\boldsymbol{W}_0| = \sqrt{u_0^2 + v_0^2}$；再求出$|\boldsymbol{W}_0|$与无限深海的表层漂流流速大小$\tau_y/(\sqrt{2}aA_z)$之比值$\gamma_0$。将不同$h$下的$\alpha_0$和$\gamma_0$列制成表4.1。由表可得，当相对水深$h/D_0 \geqslant 2$时，有限深海表面漂流的大小和方向均与无限深海的表面漂流一致；当相对水深$h/D_0 < 2$时，表面漂流比值γ_0在1左右变动，表面流偏角在45°左右变动；在相对水深h/D_0很小时，γ_0和α_0都很小。

表 4.1　不同海深 h 情况下的表层流偏角 α_0 和表层流大小与无限深海表层流大小之比值 γ_0 [D_0 依式（4.8）定义]

h/D_0	1/10	1/4	1/2	3/4	1	2	∞
$\alpha_0/(°)$	3.7	21.5	45	45.5	45	45	45
$\gamma_0 = \lvert\boldsymbol{W}_0\rvert / \frac{\tau_y}{\sqrt{2}aA_z}$	0.6027	1.0904	1.0948	1.0002	0.9963	1.0000	1.0000

利用式（4.20）或式（4.21）计算有限深海漂流量值和方向随深度的变化。图4.5给出了相对水深h/D_0=0.1，0.25，0.5，1.25情况下的Ekman螺线。可以看出：水深越浅，流速随深度增加而向右偏转的角度越小；在水深很浅的海洋里，漂流

从海面到海底几乎都沿着风向流动，水深越深，漂流随深度增加所发生的变化情形就越接近无限深海漂流的情形。

将 $z=h-\zeta$ 代入有限深海漂流公式（4.20）得

$$\begin{aligned}\boldsymbol{W}&=\frac{(1+i)\tau_y}{2aA_z\rho}\frac{\sinh(1+i)a(h-z)}{\cosh(1+i)ah}\\&=\frac{(1+i)\tau_y}{2aA_z\rho}[\tanh(1+i)ah\cdot\cosh(1+i)az-\sinh(1+i)az]\end{aligned}$$

当 $h\geqslant 2D_0$ 时， $\tanh(1+i)ah\to 1$ ，于是有

$$\begin{aligned}\boldsymbol{W}&=\frac{(1+i)\tau_y}{2aA_z\rho}[\cosh(1+i)ahaz-\sinh(1+i)az]\\&=\frac{(1+i)\tau_y}{2aA_z\rho}e^{-(1+i)az}\\&=\frac{\tau_y}{\sqrt{2}aA_z\rho}e^{-az+i(\frac{\pi}{4}-az)}\end{aligned}\tag{4.25}$$

该式与无限深海漂流表达式（4.7）一致。

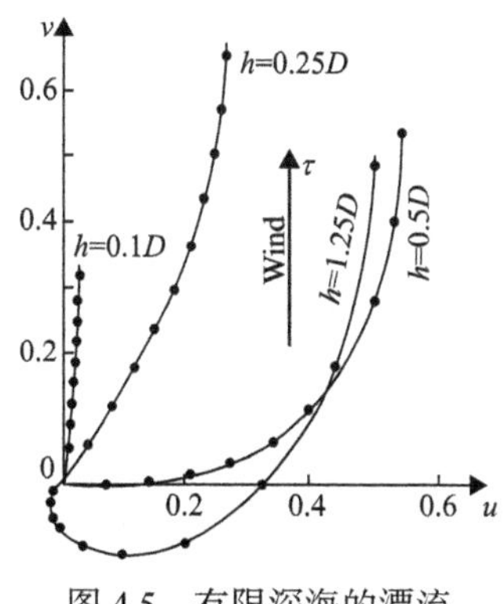

图 4.5　有限深海的漂流

将有限深海漂流的水平流速式（4.20）对 ζ 从海底到海面积分得

$$S=\int_0^h\boldsymbol{W}\mathrm{d}\zeta=\frac{\tau_y}{2a^2A_z\rho}\left[\frac{\cosh 2ah+\cos 2ah-2\cosh ah\cos ah}{\cosh 2ah+\cos 2ah}+i\frac{2\sinh ah\sin ah}{\cosh 2ah+\cos 2ah}\right]\tag{4.26}$$

实部和虚部为

$$\left.\begin{aligned} S_x &= \frac{\tau_y}{2a^2 A_z \rho} \frac{\cosh 2ah + \cos 2ah - 2\cosh ah \cos ah}{\cosh 2ah + \cos 2ah} \\ S_y &= \frac{\tau_y}{a^2 A_z \rho} \frac{\sinh ah \sin ah}{\cosh 2ah + \cos 2ah} \end{aligned}\right\} \tag{4.27}$$

由式（4.27）可以看出，有限深海漂流的体积输送与无限深海的情形不同，除了有 x 方向（即沿风向的右方）的输送而外，还有沿 y 方向（沿风向）的输送。S_x 恒为正值，而 S_y 则可正可负。当 $0<h\leqslant D_0$ 时，$ah\leqslant\pi$，因此 $S_y\geqslant 0$；当 $D_0<h\leqslant 2D_0$ 时，$\pi<ah\leqslant 2\pi$，因此 $S_y\leqslant 0$；当 $h>2D_0$ 时，式（4.27）简化成

$$S_z = \frac{\tau_y}{2a^2 A_z \rho},\quad S_y = 0 \tag{4.28}$$

此时与无限深海漂流的体积输送情形一样。

将式（4.20）对 z 求导并乘（$-\rho A_z$）便得到有限深海漂流的湍流应力表达式

$$\boldsymbol{\tau}_z' = -\rho A_z \frac{\partial W}{\partial z} = i\tau_y \frac{\cosh(1+i)a\zeta}{\cosh(1+i)ah} \tag{4.29}$$

分解为实部和虚部后得

$$\left.\begin{aligned} \tau_{zx}' &= A_1 \cosh a\zeta \cos a\zeta - B_1 \sinh a\zeta \sin a\zeta \\ \tau_{zy}' &= A_1 \sinh a\zeta \sin a\zeta + B_1 \cosh a\zeta \cos a\zeta \end{aligned}\right\} \tag{4.30}$$

其中

$$A_1 = \frac{2\tau_y \sinh ah \sin ah}{\cosh 2ah + \cos 2ah}$$

$$B_1 = \frac{2\tau_y \operatorname{ch} ah \cos ah}{\operatorname{ch} 2ah + \cos 2ah}$$

应力 τ_z' 与风向的夹角为

$$\beta = \arctan \frac{\tau_{zx}'}{\tau_{zy}'} \tag{4.31}$$

由式（4.30）和式（4.31）可以计算出应力大小随深度增加而减小，其方向在北半球随深度增加也是逐渐向右偏。

实际数据处理中，与无限深海的情形类似，可利用地球自转角速率 ω、纬度 ϕ、海水密度 ρ、表面风应力 τ、铅直湍流摩擦系数 A_z，由式（4.20）或（4.21）

计算出漂流速度量值。其中利用式（4.21）计算得到的是不同深度ζ处的x、y方向的漂流速度u、v。以上所给的解是在风力沿y方向作用情形下的解。

以下是一个用实测资料计算 Ekman 有限深海漂流的实例（梁兼霞等，2005）。2001、2002、2003 年夏季在南黄海各布设 10、6、17 个漂流浮标，来观测近表层某一深度处海水的 Lagrange 流速。2001、2002 年浮标的水帆中心位于水下 15m（常规设置），2003 年使其位于水下 4m。夏季时，当水帆位于水深 4m 时，必须考虑风场对浮标轨迹的影响，而位于水深 15m 时则不需要考虑。

利用来自 Quick SCAT/NCEP 混合风场资料去除风场影响。用 Ekman 有限深海风漂流计算公式（4.21）分别计算水深 15m、4m 处的风漂流流速：

$$\left.\begin{aligned}u &= A_1\sinh a\zeta\cos a\zeta - B_1\cosh a\zeta\sin a\zeta + A_2\cosh a\zeta\sin a\zeta + B_2\sinh a\zeta\cos a\zeta \\ v &= A_1\cosh a\zeta\sin a\zeta + B_1\sinh a\zeta\cos a\zeta - A_2\sinh a\zeta\cos a\zeta + B_2\cosh a\zeta\sin a\zeta\end{aligned}\right\} \tag{4.32}$$

式中

$$A_1 = \frac{\tau_y}{aA_z\rho}\frac{\cosh ah\cos ah + \sinh ah\sin ah}{\cosh 2ah + \cos 2ah},$$

$$B_1 = \frac{\tau_y}{aA_z\rho}\frac{\cosh ah\cos ah - \sinh ah\sin ah}{\cosh 2ah + \cos 2ah},$$

$$A_2 = \frac{\tau_x}{aA_z\rho}\frac{\cosh ah\cos ah + \sinh ah\sin ah}{\cosh 2ah + \cos 2ah},$$

$$B_2 = \frac{\tau_x}{aA_z\rho}\frac{\cosh ah\cos ah - \sinh ah\sin ah}{\cosh 2ah + \cos 2ah},$$

$$\zeta = z - h\text{。}$$

坐标系为左手坐标系，即取z轴向下为正，此时x轴指向正东方向，y轴指向正北方向。注意到此解与上文中不同，因为式（4.21）是风应力方向设为y轴方向得到的解。其中h为水深，τ_x，τ_y分别是风应力沿x，y的分量；A_z为垂直项黏性系数。

由式（4.21）计算得到风生漂流流场如图 4.6、图 4.7 和图 4.8。风漂流流向大致为风向右偏一角度，4m 层相对于 15m 层受风影响大从而流速较大，偏转角度较小。在黄海，夏季一般为南风或东南风，然而，在 2002 年 8 月 21 日，风场方向基本为东北向，与东北风场相应的风漂流流场，即东北向向右偏某一角度。但事实上公式只考虑了风场本身和水深对风漂流的影响，没有考虑岸线、边界等真实地形的影响，因此计算的风漂流场与实际流场有一定差距。

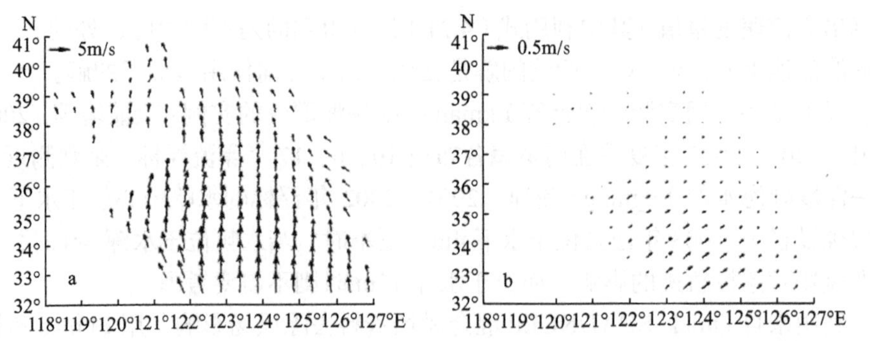

图 4.6　2001 年 7 月 21 日风场（a）与公式所得 15m 层风漂流流场（b）（梁兼霞等，2005）

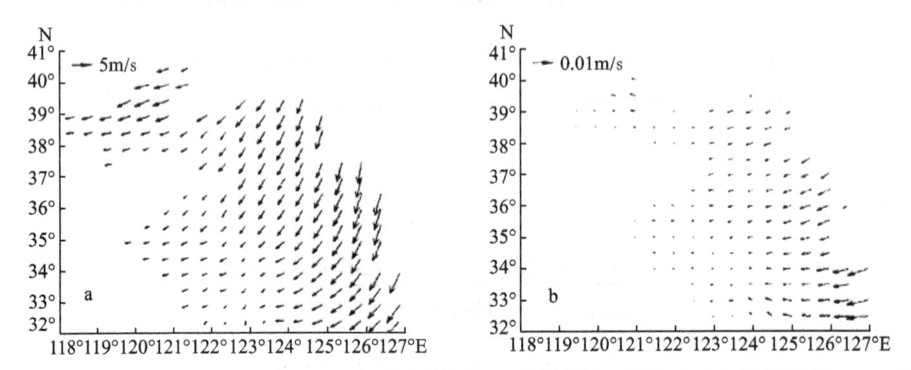

图 4.7　2002 年 8 月 21 日风场（a）与公式所得 15m 层风漂流流场（b）（梁兼霞等，2005）

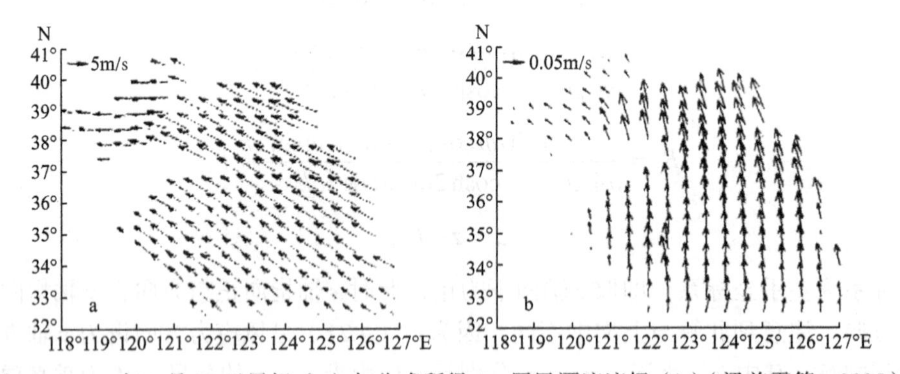

图 4.8　2003 年 8 月 21 日风场（a）与公式所得 4m 层风漂流流场（b）（梁兼霞等，2005）

4.2.2　惯性流

当风力维持的漂流一旦流出风力强制作用的海区后，便由强制的漂流转变为自由的流动。在广阔大洋里，其运动的铅直尺度远小于水平尺度，因此是科氏力、铅直湍流摩擦力与质点加速度三者的平衡。如果不考虑摩擦力，则此时的运动可用下述方程描述（叶安乐等，1992）

$$\left.\begin{aligned}\frac{\mathrm{d}u}{\mathrm{d}t}&=fv\\\frac{\mathrm{d}v}{\mathrm{d}t}&=-fu\end{aligned}\right\}\tag{4.33}$$

如将上式的第一式乘以u，第二式乘以v，然后相加并对时间t积分，即得

$$u^2+v^2=常量=V_0^2\tag{4.34}$$

其中V_0为流速量值，为一常值。因此对固定地点(x,y)处、不同时刻的流速向量端点的轨迹为一个圆。又由式（4.34）可得

$$\left.\begin{aligned}\frac{\mathrm{d}y}{\mathrm{d}t}&=v=\frac{1}{f}\frac{\mathrm{d}u}{\mathrm{d}t}\\\frac{\mathrm{d}x}{\mathrm{d}t}&=u=-\frac{1}{f}\frac{\mathrm{d}v}{\mathrm{d}t}\end{aligned}\right\}\tag{4.35}$$

上式对t积分，再利用式（4.34），有

$$(x-x_0)^2+(y-y_0)^2=V_0^2/f^2=r^2\tag{4.36}$$

这说明水质点沿半径为r的圆周作匀速运动。这个圆称之为惯性圆，对应的流动称之为惯性流。

在这种惯性流动中，沿惯性圆作圆周运动的单位质量海水所受的向心力$\frac{V_0^2}{r}$与科氏力fV_0相平衡。即有

$$\frac{V_0^2}{r}=2\omega\sin\varphi V_0\tag{4.37}$$

于是惯性流流速为

$$V_0=2\omega\sin\varphi r\tag{4.38}$$

惯性圆半径为

$$r=\frac{V_0}{2\omega\sin\varphi}\tag{4.39}$$

由式（4.39）知，惯性圆半径随纬度φ的增加而减小，在赤道附近水质点的轨迹是平直的；如果流动海区的纬度变化不大，则轨迹的半径几乎不变。

惯性流中水质点运动的周期为

$$T_i = \frac{2\pi r}{V_0} = \frac{\pi}{\omega \sin\varphi} \tag{4.40}$$

与半摆日周期相同。

惯性流中水质点运动的形式有两种：一是当无其他外加流动存在时，所有惯性圆的圆心均位于同一条铅直线上，因而海水就像以角速度 $2\omega\sin\varphi$ 旋转的刚体一样；另一是有其他外加流动存在时，同一水平面上的所有海水质点的运动则是沿惯性圆的圆周运动与外加流动的合成。

Gustafson 和 Kullenberg（1936）在波罗的海表层观测到了第二种形式的惯性流动。观测时间自 1933 年 8 月 17 日起共计 162h，海水密度垂向分层显著，跃层发生在 29～30m。由流速乘以时间间隔得到时间步长内的位移矢量，由此绘制前进矢量图，即海水质点的轨迹图（图 4.9）。

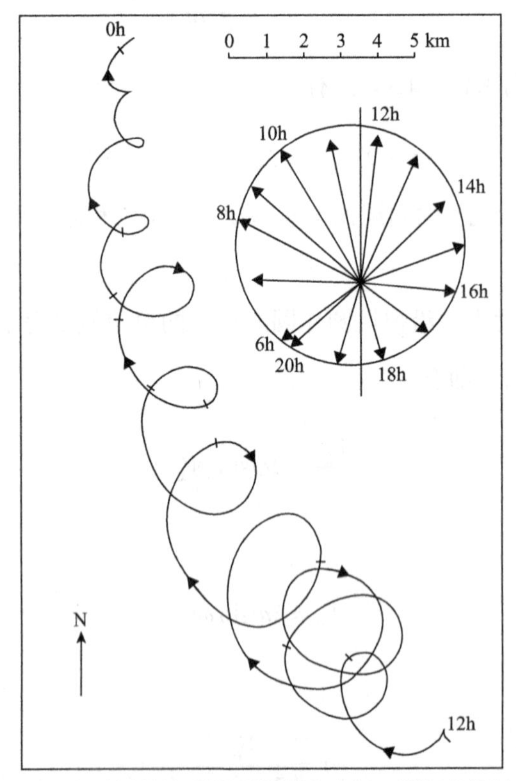

图 4.9 在波罗的海观测到的具有半摆日周期的惯性流

左图表示从 1933 年 8 月 17 日到 8 月 24 日的前进矢量图；右图表示 8 月 21 日 6 点与 20 点之间的中央矢量图（Gustafson 和 Kullenberg，1936）

由于叠加了背景流，海水质点的移动轨迹先向西北后转向北。惯性圆半径在摩擦力的作用下由大变小。在北半球，惯性流在科氏力的作用下向右偏转，导致海水质点在惯性圆圆周上沿顺时针方向运动。惯性流流速矢量分布如图 4.9 的右上角附图，矢量端点基本在同一圆周上，矢量沿顺时针方向旋转，圆心也有一定的速度，方向指向西北。另外根据 8 个完整的惯性圆所求得的周期 T_i=13h59 min，与该纬度的半摆日周期 14h08 min 相近。惯性流的最大流速可达 V_0= 0.15m/s，根据式（4.40）得最大惯性圆半径 r =1.2km。

4.2.3 地转流计算

当不考虑海面风的作用时，远离沿岸的大洋中部的大尺度海水流动基本上是接近水平的，并近似认为是定常的，因此流动是压强梯度力和科氏力平衡的产物。这种流动称之为地转流，是海洋中的一种最基本的流动形式。由于均匀密度场和非均匀密度场中，压强梯度力的分布规律不同，则相应的地转流也有所差异。为了区别起见，将均匀密度场中的地转流称为倾斜流，而非均匀密度场中的地转流称为梯度流。

4.2.3.1 由水文资料计算地转流

1. 地转流与密度场、质量场之间的关系

利用断面水文资料可以得到垂直于断面的斜压海流（Margules，1906；Defant，1961）。考虑两水体之间的一个稳定的界面（图 4.10），可以在地转平衡下计算穿过水体界面的流动。

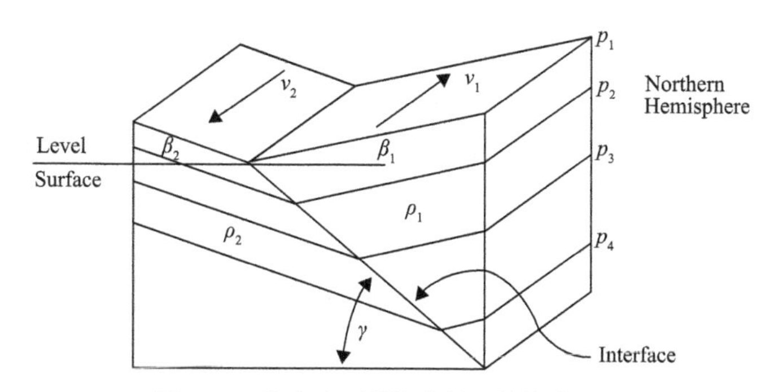

图 4.10 北半球两种海水界面的海水流动

界面上的压强变化是

$$\delta p = \frac{\partial p}{\partial x}\delta x + \frac{\partial p}{\partial z}\delta z \qquad (4.41)$$

垂直方向和水平方向的压强梯度为

$$\frac{\partial p}{\partial z} = -\rho_1 g + \rho_1 f v_1 \tag{4.42}$$

因此有

$$\left.\begin{aligned} \delta p_1 &= -\rho_1 f v_1 \delta x + \rho_1 g \delta z \\ \delta p_2 &= -\rho_1 f v_2 \delta x + \rho_2 g \delta z \end{aligned}\right\} \tag{4.43}$$

如果边界不运动，那么边界上要求满足$\delta p_1 = \delta p_2$，从而有

$$\frac{\delta z}{\delta x} = \tan\gamma = \frac{f}{g}\left(\frac{\rho_2 v_2 - \rho_1 v_1}{\rho_2 - \rho_1}\right) \tag{4.44}$$

考虑到$\rho_1 \approx \rho_2$

$$\left.\begin{aligned} \tan\gamma &\approx \frac{f}{g}\left(\frac{\rho_1}{\rho_1 - \rho_2}\right)(v_2 - v_1) \\ \tan\beta_1 &= -\frac{f}{g} v_1 \\ \tan\beta_2 &= -\frac{f}{g} v_2 \end{aligned}\right\} \tag{4.45}$$

由于密度的内部差很小，两水体界面的倾角往往比等压面的倾角要大上千倍。

参见图 4.10，$\phi = 36°$，在深 500 dbar（非法定单位，1 dbar =1 meter sea water）处，$\rho_1 = 1026.7\,\text{kg/m}^3$，$\rho_2 = 1027.5\,\text{kg/m}^3$。如果用$\sigma_t = 27.1$的面估计两个水体的倾斜，则在 70km 的距离上这个面从 350m 变化到 650m。因此$\tan\gamma = 0.0043$，$\Delta v = v_2 - v_1 = -0.38\,\text{m/s}$。假设$v_2 = 0$，那么$v_1 = 0.38\,\text{m/s}$。这一估计与由水文资料取参考面在 2000 dbar 时得到的结果非常一致。

图 4.10 中等密度面存在明显的倾斜，画出等密度面可以很容易估计流向和流速的大体值。注意，等密面向东呈下降趋势，而海面形状向东却呈上升趋势。等压面和等密面呈相反的倾斜。如果两个水团的剧烈界面延伸到表面，这便是锋面。

中尺度涡可以产生冷涡或暖涡（图 4.11）。把 Virgules 方法应用到中尺度涡的分析可以得到流的方向。反气旋涡（北半球顺时针旋转）具有暖核结构（在涡中心ρ_1比周围要深，向下凹陷），涡中心的等压面向上弯曲（向上凸起），尤其是中心的海面会升高。气旋的情况刚好相反。

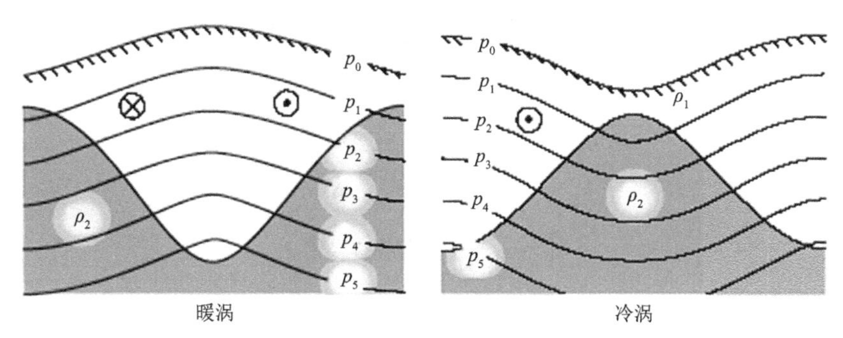

图 4.11　在上层旋转比下层快时等压面的形状和两水团的界面（Defant，1961）

2. 计算方法

1）地转流的计算

由地转流公式的一种形式[式（4.46）]知，只要知道等压面相对等势面的倾角，就可计算地转流速。但是等压面的倾角量级太小，至今难以直接测量。因此只有借助于海洋调查中的温度、盐度和深度（压力）资料，根据海水状态方程，首先计算海水的密度或比容，进而计算等压面之间的位势差，再进行地转流的计算（图 4.12）。

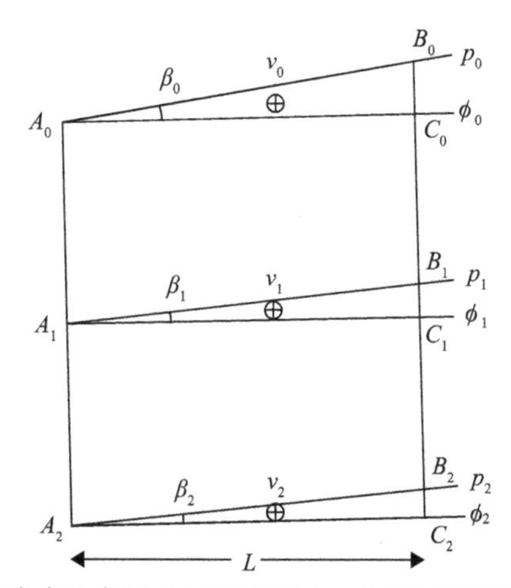

图 4.12　地转流计算公式示意图（⊕表示流入，⊙表示流出）（冯士筰等，1999）

设在垂直于地转流向的铅直断面上取相距 L 的两个测站 A_0 与 B_0，如图 4.9 所示。Φ_0、Φ_1、Φ_2 与 P_0、P_1、P_2 分别为等势面与等压面，β_0、β_1、β_2 为等压面的倾角，v_0、v_1、v_2 分别为等压面 P_0、P_1、P_2 上的流速，则

$$v_1 = \frac{g}{f}\tan\beta_1,\qquad v_2 = \frac{g}{f}\tan\beta_2 \tag{4.46}$$

$$v_1 - v_2 = \frac{g}{f}\tan\beta_1 - \frac{g}{f}\tan\beta_2 = \frac{g}{f}(\frac{B_1C_1}{L} - \frac{B_2C_2}{L}) = \frac{g}{f}(\frac{B_1B_2 - C_1C_2}{L}) = \frac{g}{fL}(B_1B_2 - A_1A_2)$$

$$B_1B_2 = \frac{9.8\Delta\Phi_B}{g}, \qquad A_1A_2 = \frac{9.8\Delta\Phi_A}{g}$$

$$v_1 - v_2 = \frac{9.8}{Lf}(\Delta\Phi_B - \Delta\Phi_A)$$

$$\left.\begin{aligned} v_0 &= \frac{g}{f}\tan\beta_0 \\ v_1 &= \frac{g}{f}\tan\beta_1 \\ v_2 &= \frac{g}{f}\tan\beta_2 \end{aligned}\right\}$$

于是

$$v_1 - v_2 = \frac{g}{f}(\tan\beta_1 - \tan\beta_2) = \frac{g}{fL}(B_1B_2 - A_1A_2)$$

其中 B_1B_2 与 A_1A_2 分别为等压面 P_1 与 P_2 之间在 B_0 与 A_0 站的铅直几何距离，根据关系式 $\mathrm{d}\Phi = \frac{1}{9.8}g\,\mathrm{d}z$，它们可以用位势差表示为

$$\left.\begin{aligned} B_1B_2 &= \frac{9.8\Delta\Phi_B}{g} \\ A_1A_2 &= \frac{9.8\Delta\Phi_A}{g} \end{aligned}\right\}$$

所以

$$v_1 - v_2 = \frac{9.8}{Lf}(\Delta\Phi_B - \Delta\Phi_A) \tag{4.47}$$

其中，$\Delta\Phi_B$、$\Delta\Phi_A$ 分别为等压面 P_1 与 P_2 之间在 B_0 与 A_0 站的位势差。而 $\Delta\Phi = \int_{P_1}^{P_2}\delta\,\mathrm{d}p$，$\alpha = \alpha_{35,0,p} + \delta\theta$，$\alpha$ 为比容。采用的单位为混合单位制，L 为 m，δ 为 cm^3/g，p 为 dbar，而相对流速为 m/s。

必须指出，由上式计算的流速是 P_1 等压面相对 P_2 等压面的流速，并非相对静止海底的绝对流速。同理可计算自海面至海底任何两等压面之间相对流速。

因此，采用 1980 年国际海水状态方程和地转关系，由 CTD 温盐压资料计算地转流的步骤可以归纳为：

（Ⅰ）利用 p、S 和 T 数据根据 EOS80 计算得到海水密度，各参量的单位：p，dbar；S，Psu；T，℃。

（Ⅱ）利用地转关系计算地转流

$$\left.\begin{aligned} u &= -\frac{1}{f\rho}\frac{\partial p}{\partial y} \\ v &= \frac{1}{f\rho}\frac{\partial p}{\partial x} \end{aligned}\right\} \tag{4.48}$$

$$p = p_0 + \int_{-h}^{\zeta} g(\phi, z)\rho(z)\,\mathrm{d}z \tag{4.49}$$

其中，p_0 是 $z=0$ 处的大气压力，ζ 是海面高度。从而有

$$\left.\begin{aligned} u &= \frac{1}{f\rho}\frac{\partial}{\partial y}\int_{-h}^{0} g(\phi, z)\rho(z)\,\mathrm{d}z - \frac{g}{f}\frac{\partial \zeta}{\partial y} \\ v &= \frac{1}{f\rho}\frac{\partial}{\partial x}\int_{-h}^{0} g(\phi, z)\rho(z)\,\mathrm{d}z + \frac{g}{f}\frac{\partial \zeta}{\partial x} \end{aligned}\right\} \tag{4.50}$$

在均匀海水中，上式右边第一项为 0，海洋中的水平压强梯度等于 $z=0$ 处的梯度，这即是正压梯度流。

如果海水是层化的，压力梯度有两项，一项是海表面的倾斜，另一项是水平密度差。上式中右边第一项是由于密度变化，称为相对速度，因此在计算由于密度分布而引起的速度时需要一个参考速度。

2）正压和斜压流

水平流速的垂向变化可分解为不随深度变化的正压部分和随深度变化的斜压部分。如果海水是均匀的，那么等压力面总是平行于海表面，因此地转流与深度无关。这种情况下相对速度为 0，水文要素值不能用来计算地转流。如果密度随深度变化，但不随水平位置变化，则等压力面总是平行于海表面和等密度面（跃层），这种情况下相对流速仍为 0。这两种情况都是正压流。

当海洋中的等压面总是平行于表面的定常密度面，就产生了正压流。有时也称垂向平均流为海流的正压分量。由于正压流的概念被用得很乱，因此 Wunsch（1996）认为这一概念已没有意义。

当等压面与等密度面存在夹角时便出现斜压流。这种情况下，密度随深度和水平位置都发生变化（图 4.13）。斜压流随深度变化，而相对速度可以由水文要素计算出来。要注意，当流体静止时，等密度面不会与等压面倾斜。

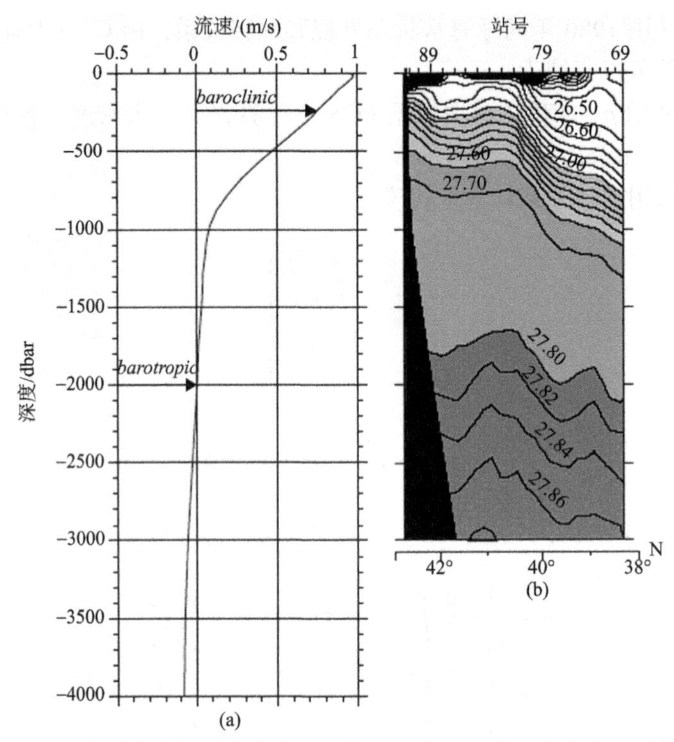

图 4.13　由水文要素计算的相对流速随水深的变化（a）和断面位势密度等值线图（b）
Introduction to physical oceanography，p.168，fig.10.8

3）流速参考零面的选取

为求得各层相对海底的绝对流速，必须在海洋中选取一个流速为零的参考面。在大洋中这个面是可以找到的，具体方法读者可参考有关文献。至于浅海中零面的选取，可近似地视海底为零面，然后对不同深度的海底进行订正即可。

由于动力计算方法是计算不同倾斜角度的两等压面之间的相对流速，所以它只适用于内压场引起的地转流的计算，对外压场导致的倾斜流，不能用此法进行计算。因为外压场中自表至底各等压面都是平行的，其倾角相同，因此各等压面之间的相对流速都为零。

实际应用中，由于无法事先了解地转流向，在布设调查断面时难以与其垂直。因此，通常在调查海区中布设多个测站，然后根据调查资料计算每个测站相应等压面的位势差，据此绘制位势高度等值线（图 4.14）。高值中心表示等压面上凸，低值中心表示等压面下凹。根据压力场与流场的关系，不难理解这些等位势高度线就是地转流向线。在北半球，绕高值中心的流动方向为顺时针，绕低值中心的流动方向为反时针；在南半球相反。而且等位势高度线密集处流速大，稀疏处流速小。

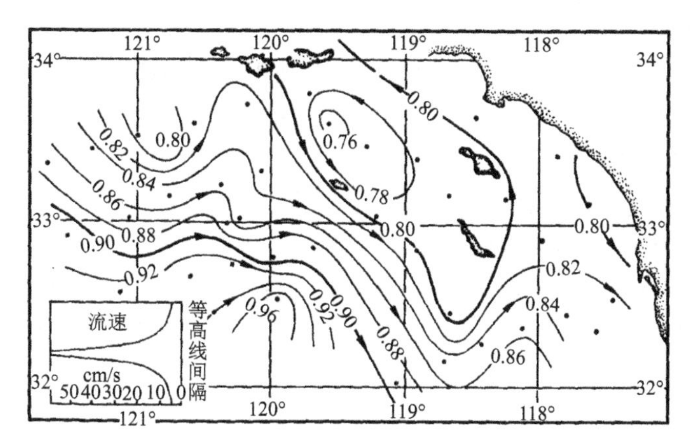

图 4.14 南加利福尼亚海区海面相对于 500hPa 等压面的位势等值（海洋科学导论，p.159，图 5-7）

4）计算相对地球的绝对地转流速的修订方法

水文要素计算得到的地转流是相对于某一参考面（不运动面）地转流的相对值，如果将这一相对速度转换成相对于地球的绝对速度，则需要参照如下方法进行修订。

（1）无运动面的假定

计算过程中常假定某一层上不存在运动，即参考面，其深度在海面以下 1000～2000m。相对速度是从该参考面向上积分到表面或向下积分到海底而得到的随深度变化的流速，试验发现平均流中存在这一参考面（Defant，1961）。

（2）利用已知的海流资料

如果有海流计和水文观测的同步资料，这样可以利用海流计资料调整由水文资料计算得到的地转流，从而避免假设无运动面的问题（图 4.15）。

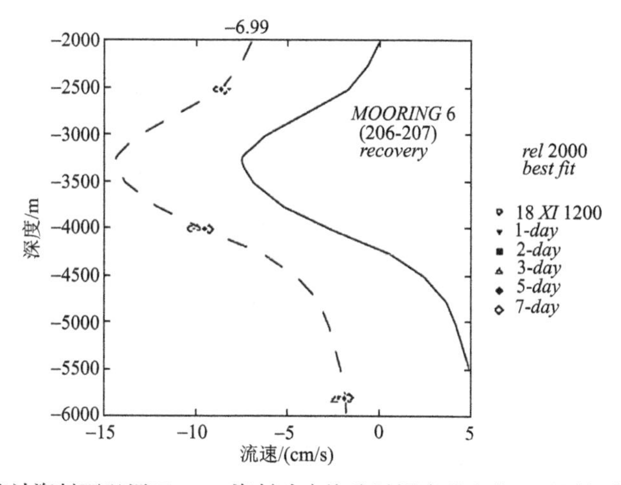

图 4.15 海流计资料可以用于 CTD 资料确定海流随深度的变化而无需假定无运动深度

（3）利用守恒方程

横跨某海峡或洋盆的断面水文资料可以利用质量和盐度守恒计算海流，这是一个反问题（Wunsch，1996）。Mercier 等（2003）介绍了如何利用 WOCE 的水文资料和直接海流观测在反方法约束下确定上层环流。

5）利用水文要素计算地转流的几个问题

（1）利用水文资料计算海流的缺点

水文资料只能计算相对于某一层的相对流速；无运动面的假定只在深水大洋中适用，在大陆架中一般不适用；当水文站位之间很近时不能由水文资料计算得到地转流，站间距要在几十公里以上。

（2）地转方程的局限性

地转平衡在解释几十公里和周期大于几天的时空尺度变化时精度较高，但这一平衡并不是完全的，如果是，那么大洋中的海洋将永远是不变的，因为这一平衡忽略了运动的加速度。因此地转假定存在以下一些局限性：地转流不能随时间演变；地转平衡忽略了运动的加速度，因此它不适用于空间尺度小于 50km、时间尺度少于几天的情况；地转平衡不适用于赤道上，这里科氏力近似为零，但稍微离开赤道的几度外，地转平衡就成立；地转平衡忽略了摩擦力的影响。

3. 由 CTD 资料计算地转流实例

表 4.2（a）和表 4.2（b）是两个站位的 CTD 观测和相应参量的计算值。通过式（4.47）及式（4.50），由前文所述的方法可以得到表 4.3 所示的地转流速度。

表 4.2（a）　A 站（41°55′N，50°09′W）的观测资料和相应参数

D/m	T/℃	S/Psu	σ_t	$\Delta_{s,t}$	$\delta_{s,p}$	$\delta_{t,p}$	δ	$\bar{\delta}$	$\bar{\delta}\times\Delta p$	$\sum(\bar{\delta}\times\Delta p)=\Delta\Phi_A$
				$/(10^{-8}\text{m}^3/\text{kg})$					$(\text{m}^3/\text{kg})\cdot\text{Pa}=\text{m}^2/\text{s}^2$	
0	5.99	33.71	26.56	148	0	0	48			6.638
								46	0.365	
25	6.00	33.78	26.61	144	0	0	44			6.273
								35	0.338	
50	10.30	34.86	26.81	125	0	1	26			5.935
								26	0.315	
75	10.30	34.88	26.83	123	0	2	25			5.620
								22	0.305	
100	10.10	34.92	26.89	117	0	2	119			5.315
								112	0.560	
150	10.25	35.17	27.06	101	0	3	104			4.755
								99	0.455	

续表

D/m	T/℃	S/Psu	σ_t	$\Delta_{s,t}$	$\delta_{s,p}$	$\delta_{t,p}$	δ	$\bar{\delta}$	$\bar{\delta}\times\Delta p$	$\sum(\bar{\delta}\times\Delta p)=\Delta\Phi_A$
				/$(10^{-8}m^3/kg)$					$(m^3/kg)\cdot Pa=m^2/s^2$	
200	8.85	35.03	27.19	89	0	4	93			4.300
								83	0.830	
300	6.85	34.93	27.41	68	0	5	73			3.470
								65	0.650	
400	5.55	34.93	27.58	52	0	5	57			2.820
								52	1.040	
600	4.55	34.95	27.71	39	0	7	46			1.780
								45	0.900	
800	4.25	34.95	27.74	37	0	8	45			0.880
								44	0.880	
1000	3.90	34.95	27.78	33	0	10	43			0

表 4.2（b）　B 站（41°28′N，50°09′W）的观测资料和相应参数

D/m	T/℃	S/Psu	σ_t	$\Delta_{s,t}$	$\delta_{s,p}$	$\delta_{t,p}$	δ	$\bar{\delta}$	$\bar{\delta}\times\Delta p$	$\sum(\bar{\delta}\times\Delta p)=\Delta\Phi_A$
				/$(10^{-8}m^3/kg)$					$(m^3/kg)\cdot Pa=m^2/s^2$	
0	13.04	35.62	26.88	118	0	0	118			
								119		
25	13.09	35.63	26.88	118	0	1	119			7.894
								119	0.298	
50	13.07	35.63	26.88	118	0	1	119			7.596
								119	0.298	
75	13.05	35.64	26.89	117	0	2	119			7.298
								120	0.298	
100	13.05	35.62	26.88	118	0	3	121			7.000
								122	0.300	
150	13.00	35.61	26.88	118	0	4	122			6.700
								122	0.610	
200	12.65	35.54	26.90	116	0	5	121			6.090
								117	1.170	
300	11.30	35.36	27.02	105	0	7	112			5.480
								98	0.980	
400	8.30	35.09	27.32	76	0	7	83			4.310
								70	1.400	

续表

D/m	T/℃	S/Psu	σ_t	$\Delta_{s,t}$	$\delta_{s,p}$	$\delta_{t,p}$	δ	$\bar{\delta}$	$\bar{\delta}\times\Delta p$	$\sum(\bar{\delta}\times\Delta p)=\Delta\Phi_A$
				$/(10^{-8}\mathrm{m^3/kg})$					$(\mathrm{m^3/kg})\cdot\mathrm{Pa}=\mathrm{m^2/s^2}$	
600	5.20	34.93	27.61	49	0	8	57			3.330
								52	1.030	
800	4.20	34.92	27.73	38	0	8	46			1.930
								45	0.900	
1000	4.20	34.97	27.77	34	0	10	44			0.900

表 4.3　由表 4.2（a）和 4.2（b）得到两站间的势能差及各层上平均相对速度

D/m	$\Delta\Phi_B$ /(m²/s²)	$\Delta\Phi_A$ /(m²/s²)	$\Delta\Phi_B-\Delta\Phi_A$ /(m²/s²)	V_{rel} /(m/s)
0	7.894	6.638	1.256	0.26
25	7.596	6.273	1.323	0.27
50	7.298	5.935	1.363	0.28
75	7.000	5.620	1.380	0.29
100	6.700	5.315	1.385	0.29
150	6.090	4.755	1.335	0.28
200	5.480	4.300	1.180	0.24
300	4.310	3.470	0.840	0.17
400	3.330	2.820	0.510	0.11
600	1.930	1.780	0.150	0.03
800	0.900	0.880	0.020	0.005
1000	0	0	0	0

4.2.3.2　由高度计资料计算地转流

表层地转流估计有一个简单关系，即认为表层地转流是单纯由海面倾斜引起的（图 4.16）。假设海表面以下 r 米内的密度和重力加速度基本不变，则 r 处的压强

$$p=\rho g(\zeta+r) \tag{4.51}$$

从而可得到海表面地转流的两个分量为

$$\left.\begin{aligned} u_s&=-\frac{g}{f}\frac{\partial\zeta}{\partial y}\\ v_s&=\frac{g}{f}\frac{\partial\zeta}{\partial x}\end{aligned}\right\} \tag{4.52}$$

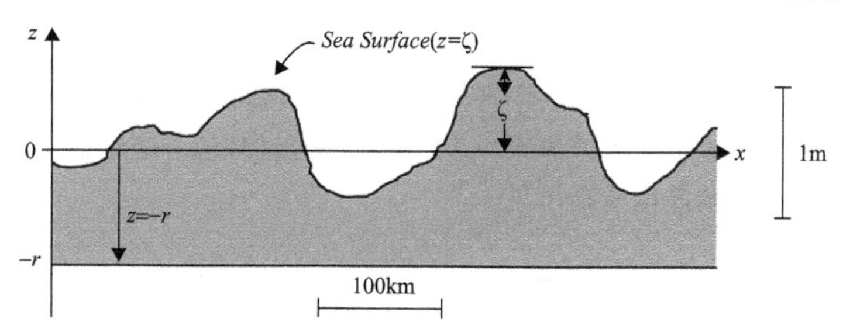

图 4.16　海面以下 r 处压强的计算示意图

如果参考面取在大地水准面上,而大地水准面又与海水静止后的面一致的话,那么表层地转流就正比于海面地形的倾斜（图 4.17），如果大地水准面是已知的，则这个值可以由高度计卫星测得。大地水准面是一个等势参考面，沿大地水准面移动不做功。

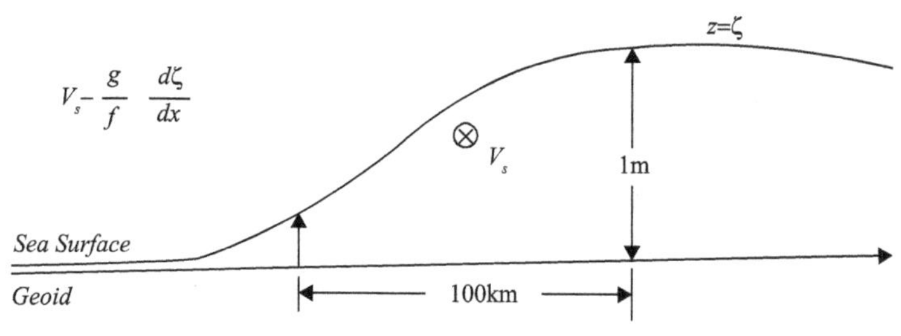

图 4.17　海面相对于大地水准面的倾斜

海面地形（ζ 相对于大地水准面的值）是由于海洋的运动过程引起的，如潮汐、海流以及气压变化引起的反气压效应等。由于海面地形是由于海洋动力过程引起的，所以也叫动力地形。动力地形差不多是大地水准面的千分之一，这意味着海面形状主要是由局地重力变化引起的。海面地形的典型幅度是±1m，典型倾斜度是 $\dfrac{\partial\zeta}{\partial x}=1\sim10$ 微弧度，相应的中纬度处的速度为 0.1～1.0m/s。

由于精确的大地水准面在局地并不十分清楚，高度计通常在精确的可重复的地面轨道上空运行，因此，T/P 和 Jason 卫星每隔 9.9156 天会在同一地面轨道上空飞过。将同一地面轨道的某个周期测得的海表面高度从另一个周期的观测值中减掉，就可以在大地水准面未知的情况下得到海面地形的变化。大地水准面不随时间变化，通过上述运算可以去掉大地水准面的影响，假定数据已去除了潮的成分，那么结果所揭示的是由海流变化引起的海面地形变化。

左军成等（2012）在研究黑潮流速的季节与年代际变化时，根据高度计资料，将 CLS01 模型的平均海平面减去 EGM08 全球重力场模型的大地水准面，得到了海面地形分布（图 4.18），再通过地转方程式（4.52）计算出全球海表面地转流分布（图 4.19）。图中可以看出计算得到的地转流分布与实际海洋表层环流分布基本一致，较好地呈现了世界大洋表层环流特征：北赤道流、黑潮、北太平洋暖流和加利福尼亚暖流组成了北赤道流系，并形成了顺时针环流；南赤道流、赤道逆流、阿拉斯加暖流和亲潮等也清晰可见。

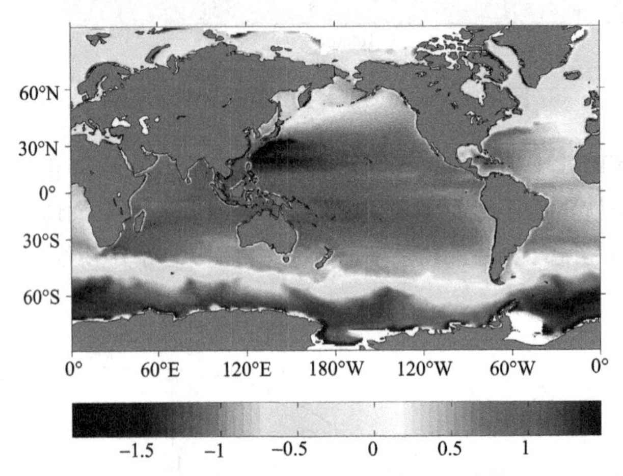

图 4.18　由卫星资料得到的基于 EGM08 大地水准面的平均海面地形分布

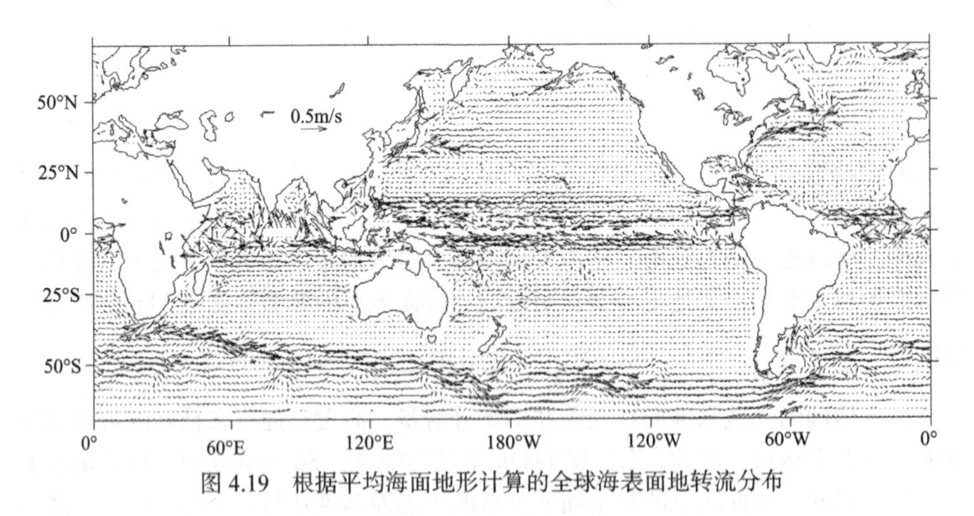

图 4.19　根据平均海面地形计算的全球海表面地转流分布

4.3　流场动力热力学特征分析

世界大洋上层环流的分布特征可以用风生环流理论加以解释。太平洋与大西洋的环流型相似，在南北半球都存在一个与副热带高压对应的巨大反气旋式大环流（北半球为顺时针方向，南半球为逆时针方向），在它们之间为赤道逆流，两大洋北半球的西边界流（在大西洋称为湾流，在太平洋称为黑潮）都非常强大，而南半球的西边界流（巴西海流与东澳海流）则较弱；北太平洋与北大西洋沿洋盆西侧都有来自北方的寒流；在主涡旋北部有一小型气旋式环流。印度洋南部的环流型，在总的特征上与南太平洋和南大西洋的环流型相似，而北部则为季风型环流，冬夏两半年环流方向相反。在南半球的高纬海区，与西风带相对应为一支强大的自西向东绕极流。另外在靠近南极大陆沿岸尚存在一支自东向西的绕极风生流。各大洋环流型的差别是由它们的几何形状不同造成的（图 4.20）。

在海流的分析计算中，流函数和涡度常用来表征流场的动力变化特征，流函数刻画速度场中有旋的部分，表征了流的方向和流通量的强弱，涡度刻画海流的旋转程度。海水的热、盐输运决定了其温盐结构变化，对气候和海洋物理、生物、化学环境产生重要影响，同时，它们又是大尺度海洋环流变化的调制因素。

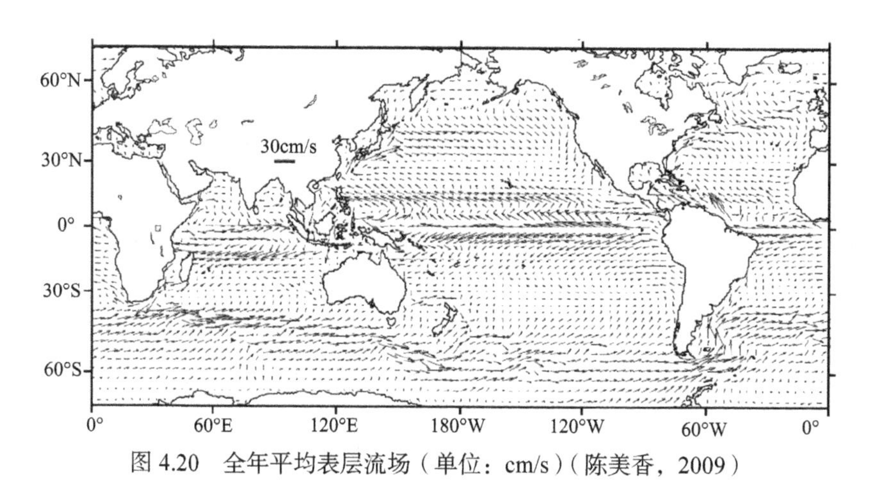

图 4.20　全年平均表层流场（单位：cm/s）（陈美香，2009）

4.3.1　流函数

在海流分析计算中，流函数是一个主要的表征方式，同时利用流函数可以方便地求出流线间的单宽流量，所以流函数的引入具有重要的物理意义。

对于不可压缩流体的二维流动，其连续性方程为 $\frac{\partial u_x}{\partial x}+\frac{\partial u_y}{\partial y}=0$，若某一标量函数 ψ 与速度分量有如下关系：

$$u_x=\frac{\partial \psi}{\partial y},u_y=-\frac{\partial \psi}{\partial x} \tag{4.53}$$

则满足连续性方程，式中 ψ 即为流函数。

流函数的第一个物理意义是：流函数的等值线（等 ψ 线）即为流线。这是因

为：由流线方程 $\dfrac{dx}{u_x}=\dfrac{dy}{u_y}$，可得出

$$u_x dy - u_y dx = 0 \tag{4.54}$$

将式（4.54）代入式（4.53），得

$$\frac{\partial \psi}{\partial y}dy - (-\frac{\partial \psi}{\partial x})dx = 0$$

即

$$d\psi = 0 \tag{4.55}$$

积分后得

$$\psi = 常数 \tag{4.56}$$

当所取的常数值不同时，就会得到不同的流线。由此可见，等 ψ 线即为流线，若给定一组常数值，就可以得到流线簇。或者说，只要给定流场中某一固定点的坐标 (x_0, y_0) 并代入流函数 ψ，便可得到一条过该固定点的确定的流线。因此，借助流函数可以形象地描述不可压缩的平面流场。

在不可压缩平面流动中，只要求出了流函数，就可以求出速度分布。反之，只要流动满足不可压缩流体的连续方程，不论流场是否有旋，流动是否定常，流体是理想流体还是黏性流体，必然存在流函数。对于不可压缩流体的三维轴对称流动，由于可作为二维流动处理，其流函数也能求出。

流函数的第二个物理意义是：两条流线的流函数数值之差等于这两条流线间所通过的单宽流量，如图 4.21 所示。

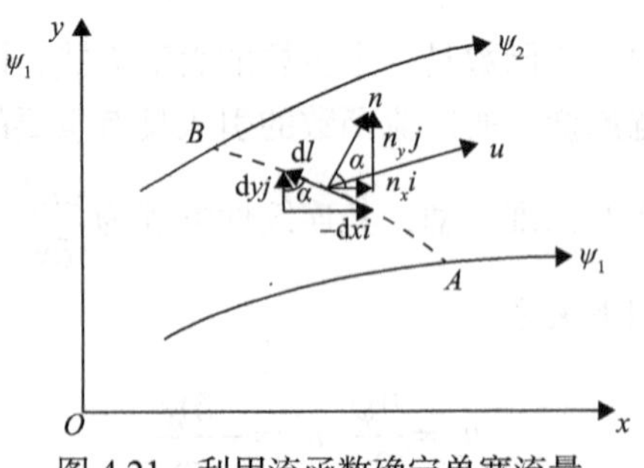

图 4.21　利用流函数确定单宽流量

$$q = \int_{\psi_1}^{\psi_2} d\psi = \psi_2 - \psi_1 \tag{4.57}$$

上式表明，两条流线间所通过的单宽流量等于两个流函数数值之差。因此，当已

知流函数后，利用式（4.57）能方便地计算单宽流量。

同样，引入ψ后可将求u_x，u_y的问题转化为求ψ的问题，可见引入流函数具有重要意义。

在海洋流场研究中通常会根据三维流场计算水平正压流函数和经向翻转流函数两个变量，而对于不可压缩流体的三维轴对称流动，可作为二维流动处理，可得到两种流函数的计算公式。水平正压流函数的计算式为

$$\psi = \int u\mathrm{d}y - v\mathrm{d}x \tag{4.58}$$

经向翻转流函数计算式为

$$\psi = \int u\mathrm{d}z - w\mathrm{d}x \tag{4.59}$$

式中，u、v、w分别为指纬向、经向以及垂向的流速分量。

水平正压流函数刻画了水平输送的强弱分布，经向翻转流函数刻画了南北向输送的垂向结构。根据数值模拟的结果，依据式（4.58）和式（4.59）计算得到水平正压流函数（图 4.22）和经向翻转流函数（图 4.23）两个结果（陈美香，2009）。

北太平洋副热带环流在西边界输运的最大值可以达到 60Sv（$1\mathrm{Sv}=10^6\mathrm{m}^3/\mathrm{s}$），北侧的副极地环流最大值约为 10Sv，棉兰老冷涡的流函数值最大达到 30Sv，南太平洋副热带环流的流函数达 40Sv。在大西洋，北半球副热带环流流函数最大数值在 30Sv 左右，其副极地环流的输运也能达到 30Sv，南大西洋的副热带环流流函数大约为 30Sv。北印度洋没有稳定的年均环流存在，赤道以南存在一个较小的反气旋式环流，流函数约为 20Sv，南侧的副热带环流流函数的最大值可以达到 60Sv。靠近南极大陆的流函数等值线密集且数值非常大，最大值为 180～190Sv，出现在大西洋最南端。

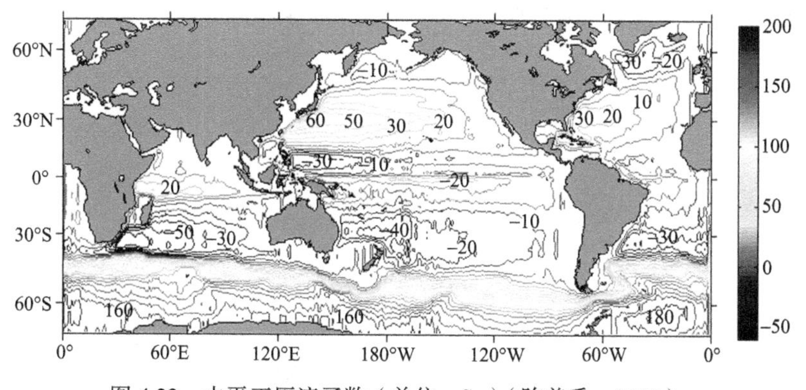

图 4.22　水平正压流函数（单位：Sv）（陈美香，2009）

经向翻转流抓住了上层海洋风生环流较浅这一特征，南北半球副热带环流的深度基本位于 500 米深度之上。南半球副热带环流流函数最大值超过 35Sv，北半球副热带环流流函数最大值超过 30Sv，南极大陆附近的经向翻转流可以达到 4000 米左右的深度，最大输运达 30Sv。

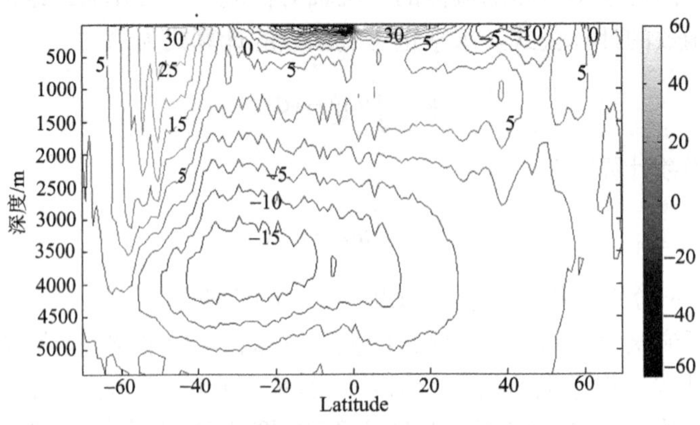

图 4.23　经向翻转流函数（单位：Sv）（陈美香，2009）

4.3.2　涡度

海洋与大气动力学中一个非常重要的动力学变量是涡度，其定义为速度场的旋度，即

$$\boldsymbol{\omega}=\nabla\times\boldsymbol{u} \tag{4.60}$$

涡度 $\boldsymbol{\omega}$ 是刻画流体旋转程度的物理量，它是一个矢量，所以又称涡度矢量。

在坐标为 (x,y,z) 和相应的速度分量为 u、v、w 的直角坐标系（图 4.24），从式（4.60）得出的涡度分量与速度分量之间的关系为

$$\omega_x=\frac{\partial w}{\partial y}-\frac{\partial v}{\partial z} \tag{4.61a}$$

$$\omega_y=\frac{\partial u}{\partial z}-\frac{\partial w}{\partial x} \tag{4.61b}$$

$$\omega_z=\frac{\partial v}{\partial x}-\frac{\partial u}{\partial y} \tag{4.61c}$$

当流体做逆时针旋转时涡度为正值，当流体做顺时针旋转时涡度为负值。海洋中最重要的涡度分量是垂直方向涡度分量，即 ω_z。

描写海洋最自然的坐标系，是以行星角速度 Ω 旋转的非惯性坐标系。由于非

惯性坐标系下速度大小等于惯性坐标系下的速度加上地球自转引起的速度，即

$$\boldsymbol{u}_i = \boldsymbol{u}_r + \boldsymbol{\Omega} \times \boldsymbol{r} \tag{4.62}$$

则其涡度可表示为

$$\boldsymbol{\omega}_a = \boldsymbol{\omega} + 2\boldsymbol{\Omega} \tag{4.63}$$

式中：$\boldsymbol{\omega}$是相对涡度，即相对速度的旋度。

作为一个例子，图 4.24 中只有$v(x)$不为零，它产生一个沿 z 轴方向大小为$\partial v/\partial x$的涡度矢量。对于作均匀旋转的流体，即像固体那样以均匀Ω角速度旋转的流体有

$$\boldsymbol{u} = \boldsymbol{\Omega} \times \boldsymbol{r}$$

而涡度为

$$\boldsymbol{\omega}_a = 2\boldsymbol{\Omega}$$

在这种简单的情况下，涡度仅是流体旋转角速度的两倍。

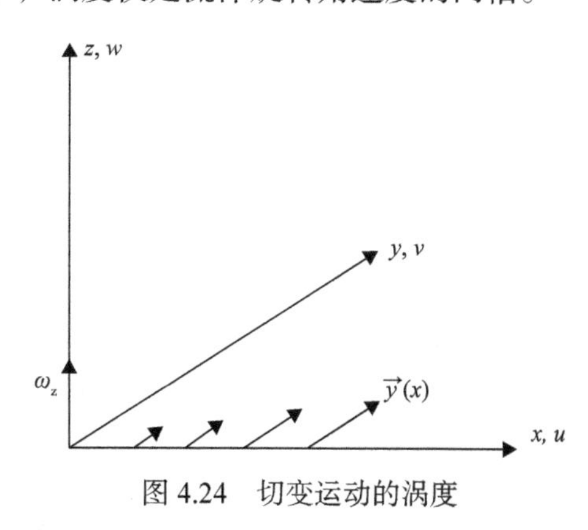

图 4.24　切变运动的涡度

4.3.3　热通量和盐通量

1. 海流输送的海洋热通量计算式

热通量，也称热流密度，可以表征热量转移的程度和方向。热通量是一个矢量，其大小为垂直于等温面单位时间单位面积输送的热量，方向由高温指向低温，单位为 W/m^2。

海洋中海水热量的输送，一方面通过海表面与大气发生热量交换，另一方面在其内部存在热量输送，以维持热量的平衡。本小节主要讨论海水内部的热量输

送，所以海洋热通量是根据海流和水温资料直接计算，而不涉及海-气之间的热量交换。在海洋中某一断面，由海流输送的海洋热通量 Q_T 为

$$Q_T = \iint C_P \rho v T \mathrm{d}z\mathrm{d}x \tag{4.64}$$

其中，C_P 为定压比热，ρ 是海水密度，T 为位温，v 为垂直于断面的流速分量，x 轴为所取断面方向，z 轴为垂直方向。

根据式（4.64）计算的台湾海峡海流输送的热通量分布如图 4.25 和图 4.26（傅子琅，1995）。台湾海峡夏季和冬季由海流输送的断面海洋热通量都是由南向北，即由南海的热通量经台湾海峡输入东海，夏季与冬季断面海洋热通量之比大约为 4∶1。比较东山—澎湖与平潭—富贵角两个断面的海洋热通量，夏季在两断面之间由于海流从南向北输送获取的热量为 0.25×10^{14} J/s，冬季为 0.54×10^{14} J/s，两者之比大约为 1∶2。

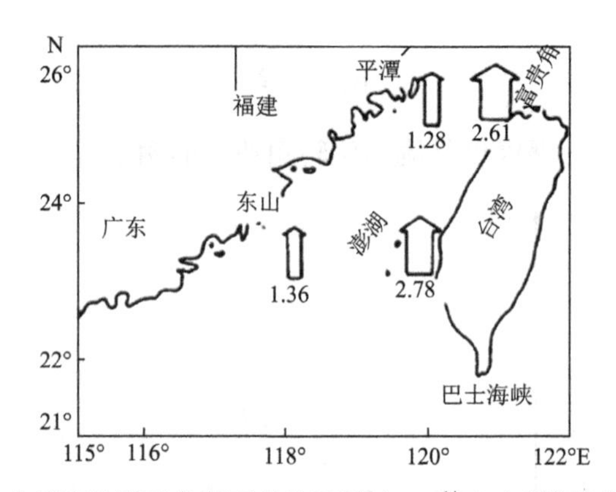

图 4.25　台湾海峡夏季各断面的热通量（$\times10^{14}$ J/s）（傅子琅，1995）

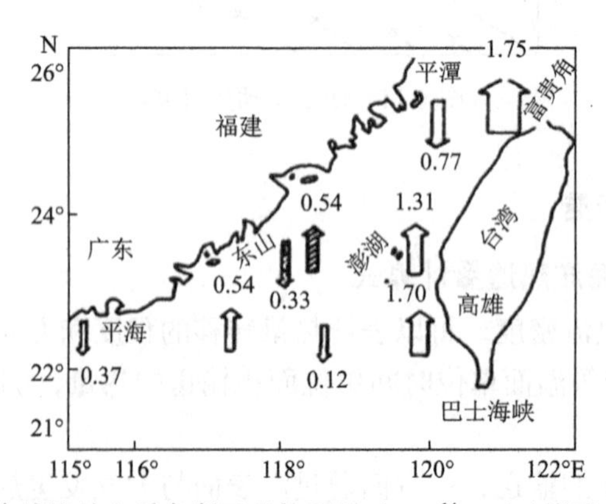

图 4.26　台湾海峡冬季各断面的热通量（$\times10^{14}$ J/s）（傅子琅，1995）

2. 海流输送的海洋盐通量计算式

在某一断面，由海流输送的盐通量 Q_S ，可以由下式算出：

$$Q_S = \iint S\rho v \mathrm{d}x\mathrm{d}z \qquad (4.65)$$

式中：S 为盐度，其他符号的意义与海洋热通量计算式相同。

根据式（4.65）采用与海流热通量相同的计算方法近似计算台湾海峡特定断面（傅子琅，1995），由海流输送的海流盐通量结果见图 4.27 和图 4.28。图 4.27 可以看出，夏季台湾海峡海流由南向北输送的净盐通量为 11.53×10^7 kg/s；图 4.28 可以看出，冬季由海流输送的净盐通量，也是由南向北，其值为 6.10×10^7 kg/s，两者之比大约为 2∶1。

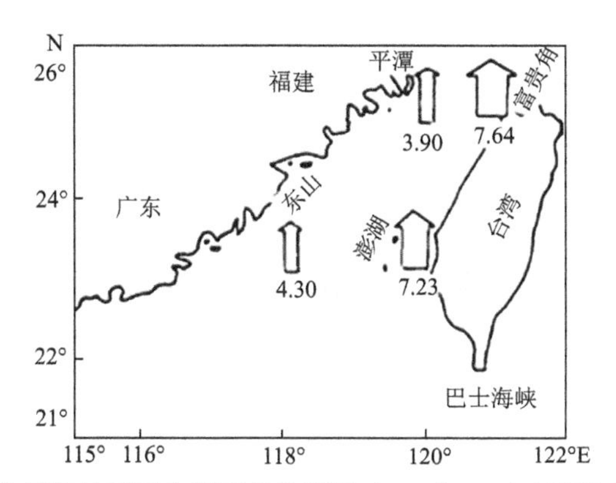

图 4.27　台湾海峡夏季各断面的盐通量（$\times10^7$kg/s）（傅子琅，1995）

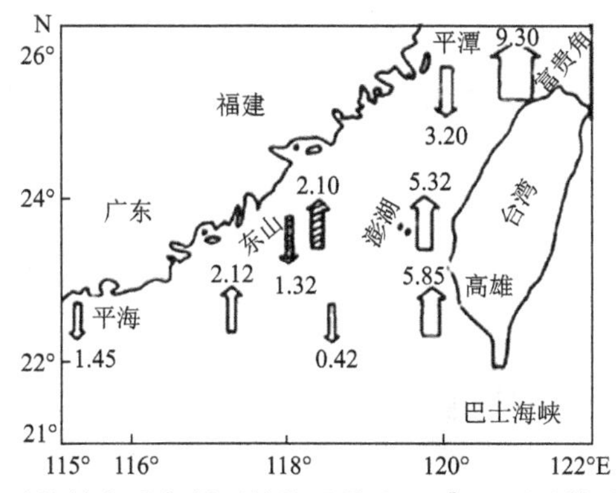

图 4.28　台湾海峡冬季各断面的盐通量（$\times10^7$kg/s）（傅子琅，1995）

海洋中其他的物质输送，如质量、泥沙、营养盐、污染物输送等，可以参照上述热盐通量的计算方法进行计算。

4.4 海流的观测分析实例

本节主要介绍利用海流的定点观测、剖面观测以及断面观测资料进行分析计算的过程。

4.4.1 单点观测资料的分析

单点海流观测资料中主要包含近惯性流以及由潮流和余流组成的次表层惯性流。

4.4.1.1 近惯性流

近惯性流可经过 Butterworth 滤波器进行滤波得到，带通周期为 15~22h。选择这个相对宽的频带是为了确保结果时间序列能包含所有的惯性运动（观测点为 18h15min）和近惯性运动。由于流的水平剪切、层化、次惯性漂移和涡度变化，振荡频率可能相对于局地惯性频率发生漂移（变大或变小）。

观测的海流时间序列验证了准惯性振荡的显著存在。传统功率谱和旋转谱（图 4.29）表明在局地惯性频率附近的频带存在很高的能量，北半球旋转谱为顺时针。在研究海域，惯性流的能量比全日潮和半日潮的能量要大得多。

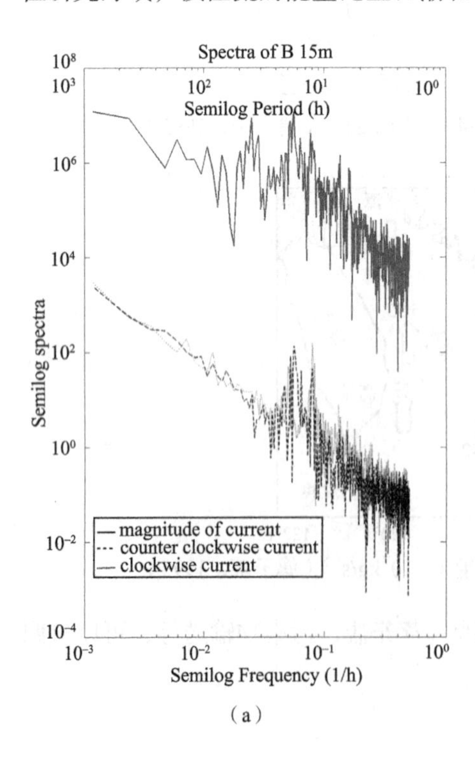

（a）

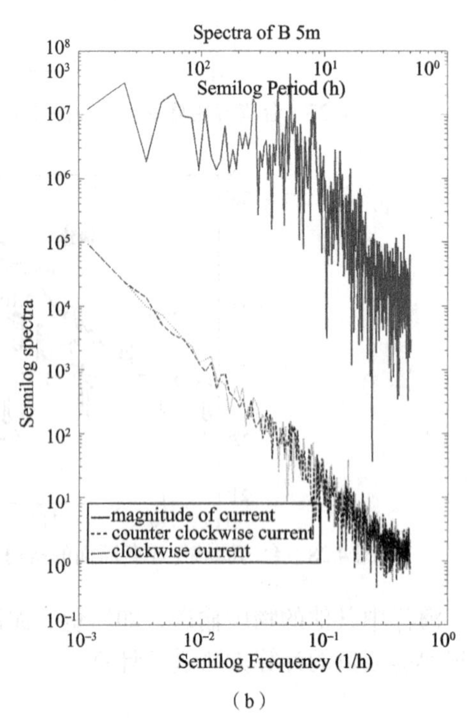

（b）

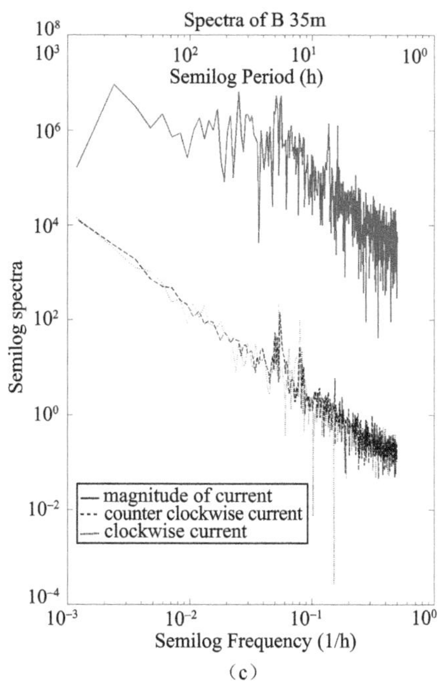

（c）

图 4.29　15m 层（a）、5m 层（b）和 35m 层（c）的流速功率谱

近惯性谱峰出现在 17h27 min 至 19h30 min 之间，观测到的最长周期出现在深层，最短的周期出现在表层。这里近惯性流的主要频率与相对涡度之间的关系不同于 Mooers（1975）提出的有效局地惯性频率。

海流中近惯性部分是从每小时海流资料中通过带通滤波提取出来的，截断频率 15~22h（图 4.30）。惯性分量在深层要强于上层。

弱惯性事件发生在强上升流时期，如 5 月 22 日、30 日和 6 月 7 日（图 4.30）。在这些时间段，水平速度的垂直剪切非常小，接近于零（图 4.31）。相反，强惯性振动出现在下降流或弱次惯性流期间，如 5 月 18 日和 26 日。5m 和 35m 层的近惯性流几乎在整个观测期间反相，但这种关系在不规则的弱风期间非常弱，如从 5 月 20 日至 23 日，从 6 月 2 日到 5 日等，这类似于 Vitorino（2002）所研究的情况。

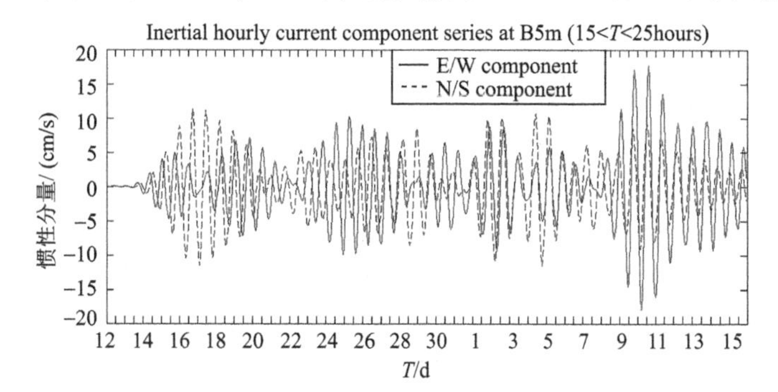

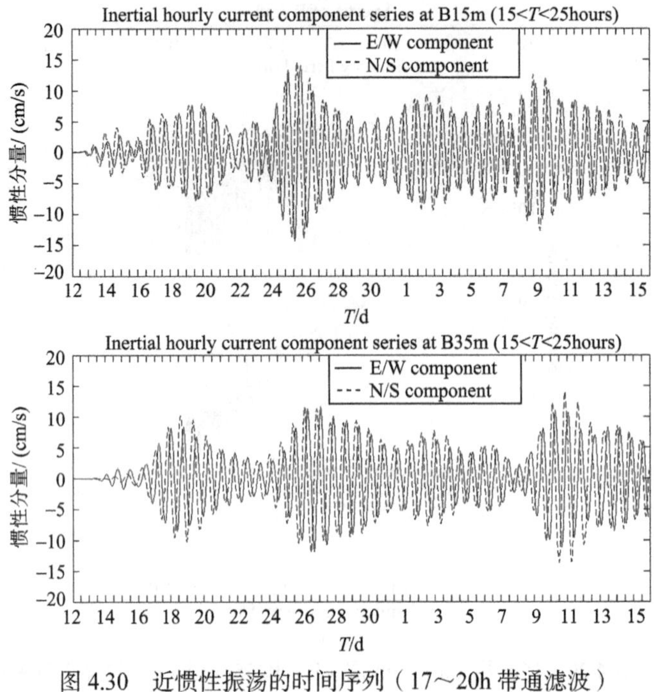

图 4.30　近惯性振荡的时间序列（17～20h 带通滤波）

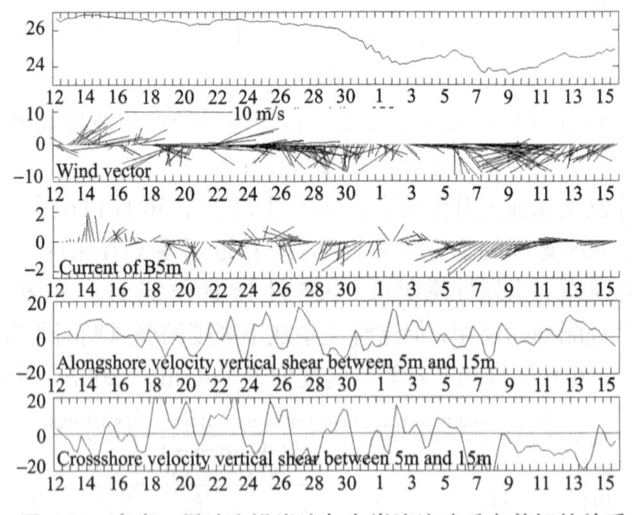

图 4.31　密度、风速和沿岸流与向岸流流速垂向剪切的关系

4.4.1.2　表层次惯性流

1）余流和次惯性流

5m 以上的表层流的特性不同于 15m 和 35m 的深层流（表 4.4）。表层的余流远大于深层，而且从表层到深层海流作逆时针旋转。

深层的余流较小，尤其是在 35m 层，余流只有 1.26cm/s。余流和潮流都随深度衰减。

由调和潮流分析得到的余流表明在表面 5 m 层存在很大的离岸流分量，在 15m 层已经较小，在 35m 层上东西方向的海流变为向岸，尽管这一流动非常弱，但这显示出余流随深度的逆时针旋转，同时显示出观测期间上升流的存在。

在观测的大部分时间里，向南的次惯性流（使用 Butterworth 滤波器，截止频率为 28h）在 3 个观测层上都起主导作用，但向北的次惯性流也能在较短的时间内间歇地出现。因为 M_m 、M_{sf} 、α_1 和 $2Q_1$ 分潮在表层非常强，表层的次惯性流显示出类似椭圆的形状，主半轴是 18cm/s，大约与等深线垂直。

从 2002 年 4 月 17 日至 6 月 15 日的整个航次是典型的夏季上升流季节。整个观测时期持续刮北风。对应于上升流，陆架中部存在一赤道向射流。在持续几天的强风应力（$\sim10^{-1}$Pa）作用下便会产生强赤道向射流（～25cm/s）。在上升流条件下，陆架中部的温度随时间增加（表层温度从 14℃增加到 17℃），盐度降低（表层盐度从 35.75 降到 34.8），这起因于沿岸暖淡水向西的输送（图 4.32，图 4.33）。35m 层的温度在观测期间只有很微弱地降低，表明这一层上已经存在向岸的补偿流来补偿上层离岸水的损失。由潮流的调和分析所得的余流可以验证这一现象。

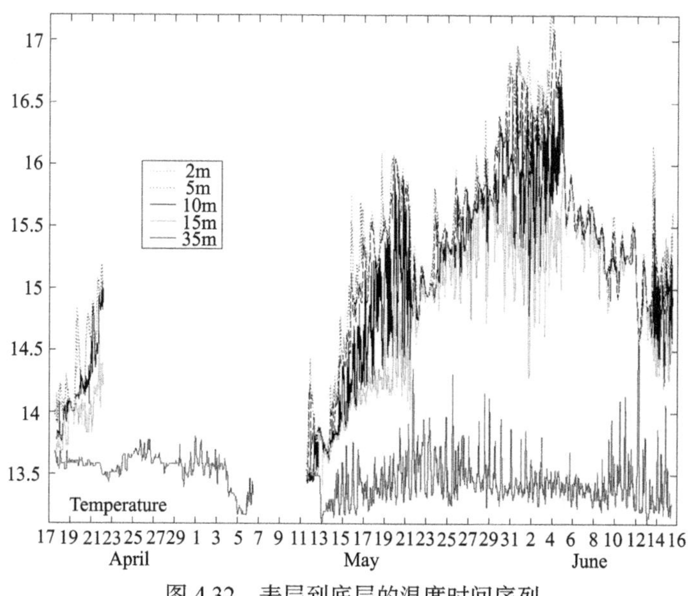

图 4.32　表层到底层的温度时间序列

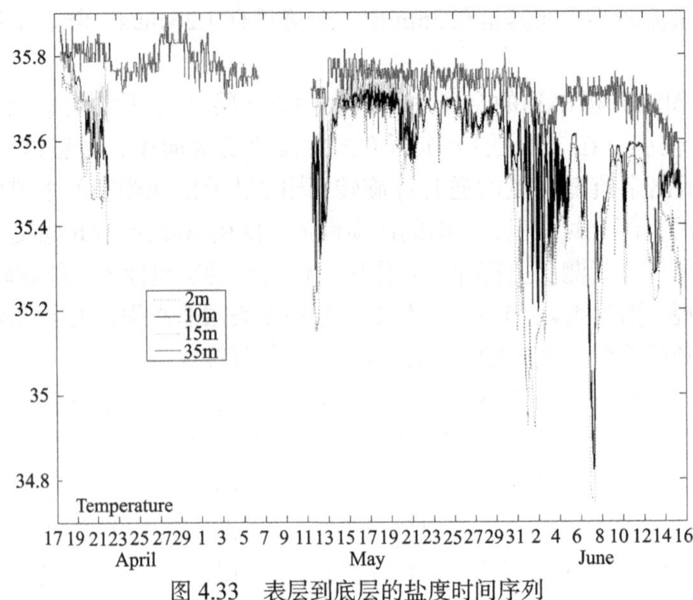

图 4.33　表层到底层的盐度时间序列

上升流被持续 3 天（从 2002 年 5 月 12～15 日）的风暴所修正。风暴强化了垂直混合，5～15 m 间的垂直剪切几乎降为零（图 4.34）。这种适于下降流的风导致冷洋水向岸渗透以及在陆架中部产生极向流。温度时间序列（图 4.35）显示出冷洋水在垂向穿透到至少 39 m 层。由于 Butterworth 滤波器在数据两端的滤波失真，此时的次惯性流可能存在误差。

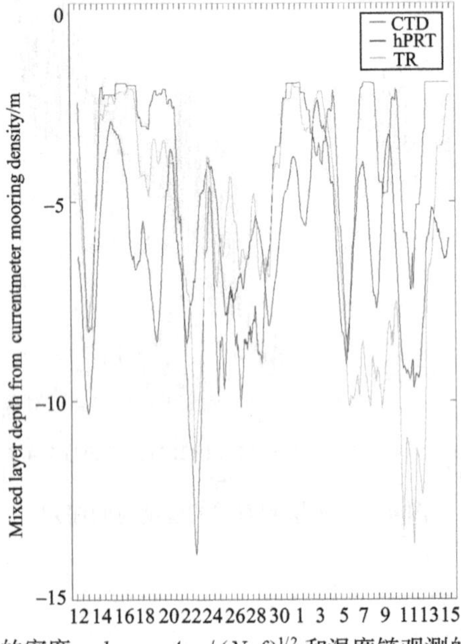

图 4.34　基于锚链观测的密度、$h_{\mathrm{PRT}} = Au_* / (N_1 f)^{1/2}$ 和温度链观测的温度计算的混合层深度

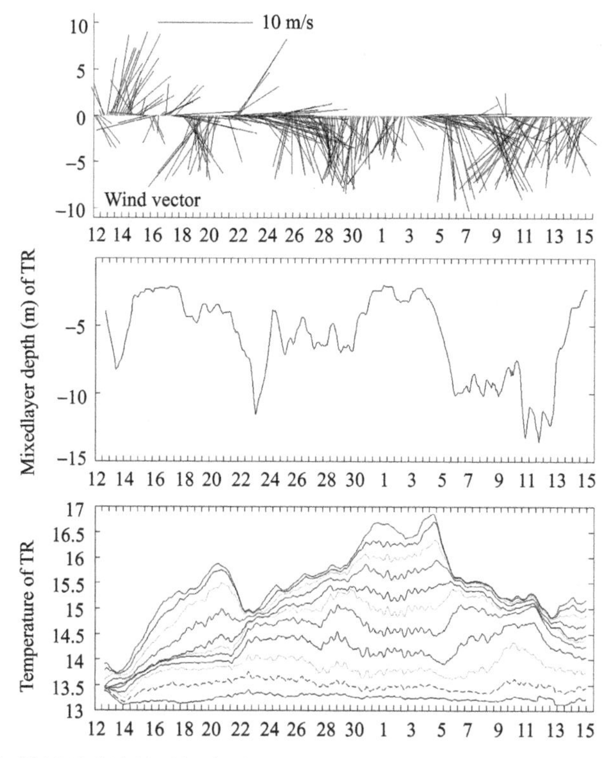

图 4.35　风矢量低通滤波的时间序列（上图）、由温度链计算的混合层深度（中图）和温度时间过程曲线（下图）

在观测期间的典型夏季条件下观测到一个重要的下降流事件。它始于 2002 年 5 月 13 日，导致一个持续 5 天的极向流。实际观测发现南风不一定引起极向流，这决定于风的强度和持续时间。即使风时很短，南风也总是导致强烈的温度混合和剧烈下降。观测期间观测到 3 次温度跃层的剧烈变化，分别在 5 月 13 日、22 日和 6 月 4 日发生。最强的变化出现在 6 月 4 日，表层温度一天内下降约 1.3℃；另一个剧烈的变化发生在 5 月 22 日，表层温度一天下降约 1℃。在从 5 月 12 日至 17 日最强南风的持续作用下，剧烈的降温层可下穿 39m 层以下（图 4.35），短期（一天或稍长）南风只能影响表面 10m 层。

从 5 月 12 日至 17 日的持续强南风（这期间大约存在一天的弱北风）导致显著的向岸水输送，并产生一个 x 方向（向东为正）的负压力梯度，相应地建立一个强正压极向射流，其表层速度可以超过 20cm/s。

2）次惯性流变化

不同层次惯性流与风的对应关系（图 4.36）。为了解水平速度场的垂直结构，绘出了速度的连续前进矢量图（图 4.37）。在次惯性频率段，近表层流很强，且方向更趋向西南，但 15m 和 35m 的深层流基本向南。同时，从上层到深层呈现逆时针旋转。所以风生流在整个海流中不起主导作用（风生流在混合层中从表至深层应为顺时针旋转），整个观测期间这个区域存在一个逆时针的大尺度海流。

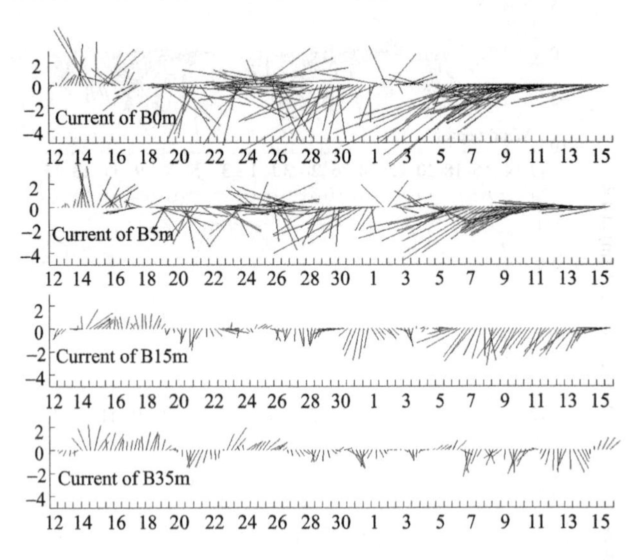

图 4.36　各层的近惯性流

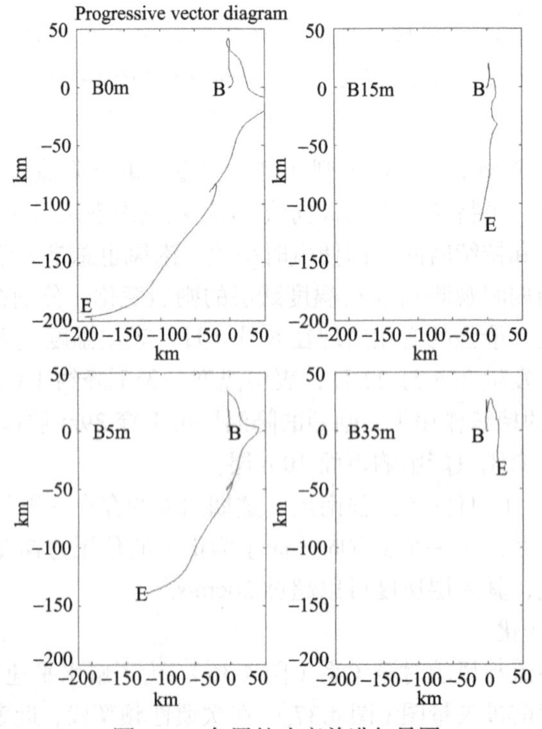

图 4.37　各层的速度前进矢量图

图 4.38 给出了不同层的风和次惯性流。在整个航次中，水柱是层化的，15m 以上的水柱间断地处于混合状态。

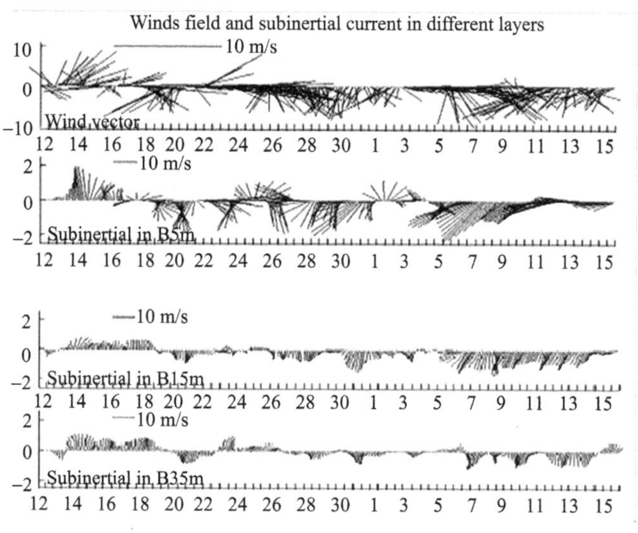

图 4.38 各层的风速和惯性流速

流和风应力的关系由风-流回归分析给出。首先减去时间平均值，然后将数据应用到如下模型：

$$V_y(t) = \bar{V}_y + a[W_y(t-\tau) - \bar{W}]$$

其中，V_y 是沿岸流，W_y 是沿岸风，上划线表示时间平均。对全部观测数据进行回归分析，系数由最小二乘法确定。

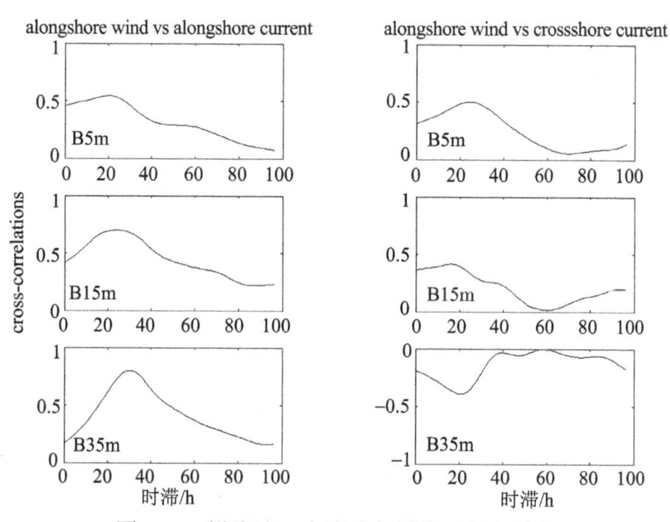

图 4.39 沿岸流、向岸流与沿岸风的相关性

分析指出上层和下层的次惯性流都与沿岸风密切相关（图 4.39）。35m 层的垂直于岸向的流与风之间的负相关表明引起上升流的风场会导致深层的向岸流，引起下降流的风场会导致深层的离岸流，这一点证实了前面实测资料的分析结论。对应于最大相关的时间延迟远大于时间滞后（5m，15m 和 35m 分别为 0h，6h 和 12h），这表明风既能引起次惯性流，还可能引起高频率波动。深层沿岸次惯性流与沿岸风应力的相关比上层更强，可能是因为沿岸风引起垂直于岸的输送和垂直于岸的压强梯度，所以形成沿岸正压流。在深层这一正压流相当稳定，而且与风的相关更大。在上层，风引起 Ekman 流和正压流，但这两种流存在一变化的夹角。

关于流对风的响应时间，沿岸流分量比垂直于岸的流响应更快，这是因为岸界作为边界限制了流的响应。沿岸流对沿岸风的最强相关在上层存在 20h 的延迟，而在下层大约 30h。

表 4.4　沿岸流与沿岸风以及向岸流与沿岸风的相关系数（正延迟表示流滞后于风应力）

层/m	沿岸流和沿岸风		垂直岸的流和沿岸风	
	最大相关	滞后/h	最大相关	滞后/h
5	0.54	20	0.50	25
15	0.70	24	0.41	16
35	0.80	30	−0.39	21

根据上面的线性回归分析公式，得到的线性回归系数如表 4.5。系数 a 的大小表示局地风变化引起的流变化幅度。例如，在海表面 5m 层，风速增加 4m/s，引起下游流增加大约 3cm/s。在 15m 层，相同的风引起流增加 4cm/s。存在平均沿岸风时（−1.1m/s 适宜于上升流的风），5m 层出现稳定的−4.25cm/s 沿岸流，15m 层是−2.58cm/s，35m 层为 0.0cm/s。只有适宜于下降流的风速度超过 4.8m/s 且持续超过 20h，5m 层的沿岸流才会转向，而对于 15m 层和 35m 层的流要发生转向分别需要 3.89m/s 持续 24h 的风和−1.1m/s 持续 30h 的风。

表 4.5　沿岸流与沿岸风的时间域回归

层/m	平均速度/（cm/s）	$\overline{V}_y$	a / $\left(\frac{\text{cm/s}}{\text{m/s}}\right)$	时间延迟/h
5	−6.86	2.61	0.72	20
15	−5.07	2.49	0.92	24
35	−1.68	1.64	0.61	30

由以上讨论可知，次惯性流与风应力密切相关。也就是说，在次惯性频率上，海流速度场的确有一部分是由当地风所驱动，但风是驱动表层流的决定因素吗?

观测的上层海流包括来自内潮、表面潮以及不是由风直接引起的准地转流涡旋的重要贡献。为了从其他成分（主要是压强引起的流）中分离出风生流，必须进行风应力和压力驱动的流的分析。假设相比其他的流（主要是压强驱动流），Ekman 层的海流更局限于表层（Price et al.，1987）。后者可由一个参考深度 Z_r 处的观测流进行估计，这一深度要位于预期的 Ekman 层深度的下面。从观测到的上层海流 $v_0(z)$ 减去参考深度处观测到的流便得到风生流的估计值

$$v(z) = v_0(z) - v_0(z_r)$$

当然这个简单分析过程不能保证排除所有的压力驱动流（尤其包括热成风海流）而保留所有的风生流。

在目前的情况下，参考层选在 35m 层，5m 与 35m 以及 15m 与 35m 层之间的流差如图 4.40，同时绘出了由热敏温度链资料得到的混合层深度。

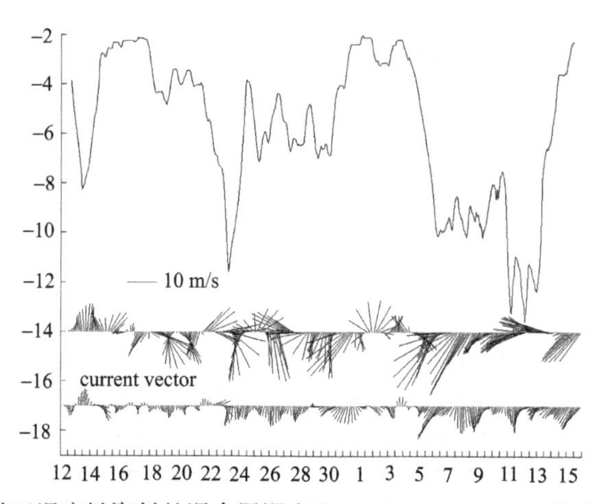

图 4.40　基于温度链资料的混合层深度和 5～35m、15～35m 的次惯性流流差

图 4.40 表明由上面简单的方法得到的 Ekman 速度与观测到的全部海流同样强，它是风生流吗？我们将进一步用 PWP 模式获得风生流，并对它们进行比较。

4.4.2　海流剖面观测分析

下面给出一个运用 ADCP 潜标数据分析海流剖面的实例。数据来自 2002 年 5 月南海西边界流科学考察航次（杜岩等，2004）。观测点位于（11°16′N，110°46′E），水深约为 1790m（表 4.6）。该潜标链在 550 m 挂放了一台向上观测的 ADCP 海流计，在 830、1040、1350 和 1665m 深度上悬挂 4 台 Aanderaa 海流计。资料起止时间为 2002 年 5 月 9 日 09 h 20 min 至 5 月 26 日 07h 40 min，采样间隔 5 min。ADCP 的观测深度 52～540m，观测间隔 8m，共 62 层。

表 4.6　观测点位置、地形（给出 0.2、1 和 2 km 等深线）以及观测期间 QuikScat 的平均风场（杜岩等，2004）

取样时分	月	日	测流时分	水深/m	测点相对位置	流速/（m/s）	流向角/（°）	含氯度/‰	取样时分
22:50	3	7	5:29	6.7	0.8	0.22	349	15.80	6:03
22:58			5:45		0.6	0.31	337	16.50	6:18
23:06			5:54		0.2	0.19	334	6.25	6:27
23:50			6:47		0.8	0.17	339	15.36	6:58
23:55			6:56	5.5	0.6	0.30	6	7.17	7:00
0:07			7:06		0.2	0.11	4	6.16	7:10
1:01			7:16	5.5	0.8	0.16	346	15.97	8:00
1:08			7:30		0.6	0.26	56	14.61	8:05
1:15			7:42		0.2	0.086	39	6.91	8:08
1:58			9:32	5.5	0.8	0.068	179	15.62	8:55

原始的 u 和 v 分量分布如图 4.41 所示。表层流速为 50～60 cm/s，底层流速为 20 cm/s 左右，并且具有明显的周期性。表层平均流速明显强于底层值，u 小于 v，基本为稍偏西的北向流（图 4.42）。5 月份夏季风爆发，南部环流结构反转，冬季环流从气旋式转变为反气旋式（徐锡祯等，1980），越南东南沿岸南向流变为北向流。观测的平均流速比较小，原因可能在于两个方面：一是观测点离边界相对较远，不是西边界流的主轴位置；二是五月份南海季风刚刚爆发，南部的环流尚未达到最强的稳态结构。

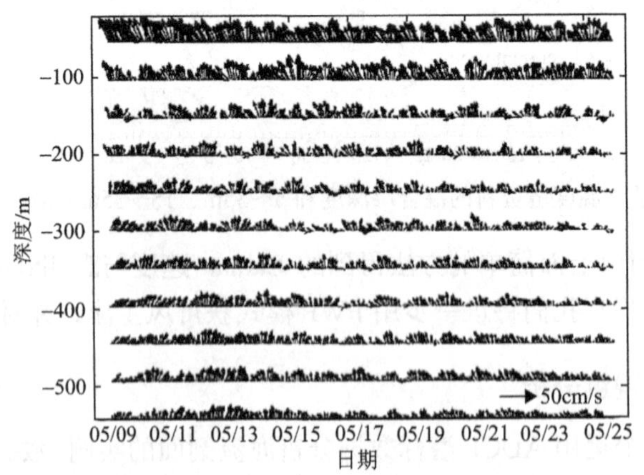

图 4.41　速度矢量分布（数据时间分辨率为 80 min，空间分辨率为 48 m）（杜岩等，2004）

海洋密度层结对流速结构的影响非常明显。以 v 为例，混合层底部（70m 左右）流速比较一致，主温跃层处（100m 上下）流速急剧减小，主温跃层以下（160m 以下）流速变化较小。这表明南海西边界流的动量受到密度层结分布的约束，主要位于表层的混合层和温跃层的上部。观测期间前、后段平均海流的结构也有差异，如图 4.42 所示。u 在观测前段 250 m 以上为西向流，250m 以下为弱的东向流，观测结束时整层为西向流，并且上层流有所减弱；v 则在整层都有减弱。在 80～150 m 左右的温跃层位置，流速变化最小。

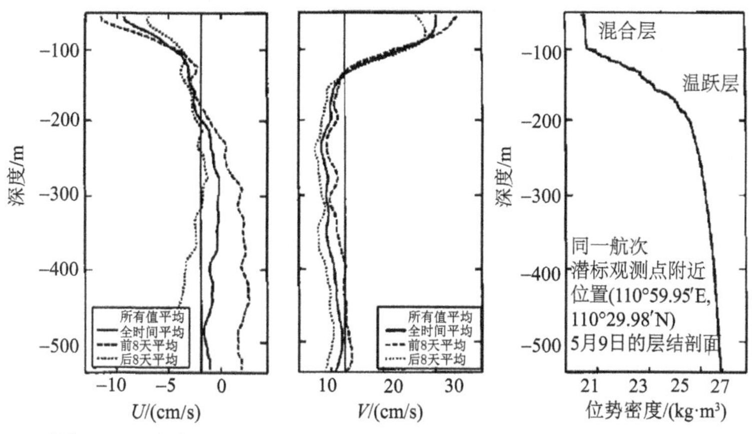

图 4.42　速度 u 、v 时间平均垂向分布以及邻近点的位势密度剖面

4.4.3　海流断面观测分析

下面给出一运用 ADCP 潜标数据分析海流断面的实例。观测数据来自 2009 年夏季中潮时胶州湾湾口薛家岛—团岛断面的走航 ADCP，观测中将 ADCP 仪器固定在水下 1m 处，采样间隔 10s，往返整个断面约 1h（图 4.43）。

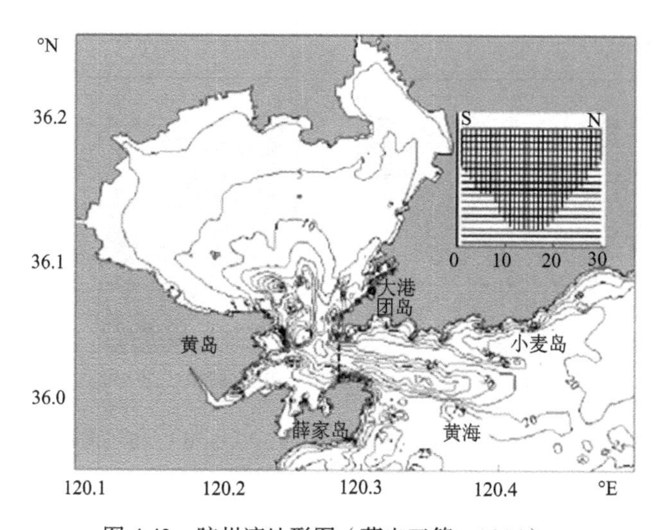

图 4.43　胶州湾地形图（蔡忠亚等，2014）

图中黑线为ADCP走航断面，湾口断面呈南北向，流速的东西分量决定了进出胶州湾水体通量。流速东西分量整体上表现为驻波的性质。以第一个观测的潮周期的流场为例，强流发生在涨急和落急时刻，在高潮和低潮时流速接近于0（图4.44a、b）。涨潮过程中，流向朝西，海水主要从湾口北侧进入胶州湾，最快可达130cm/s；落潮过程中，流向朝东，海水主要从南侧流出胶州湾。相对于断面北侧，南侧较深，因此落急流速（90cm/s左右）相对弱于涨急流速（图4.44c，d）。涨、落潮过程中流速东西分量在所测量的垂直范围内分布比较均匀，体现出潮流的正压特性。

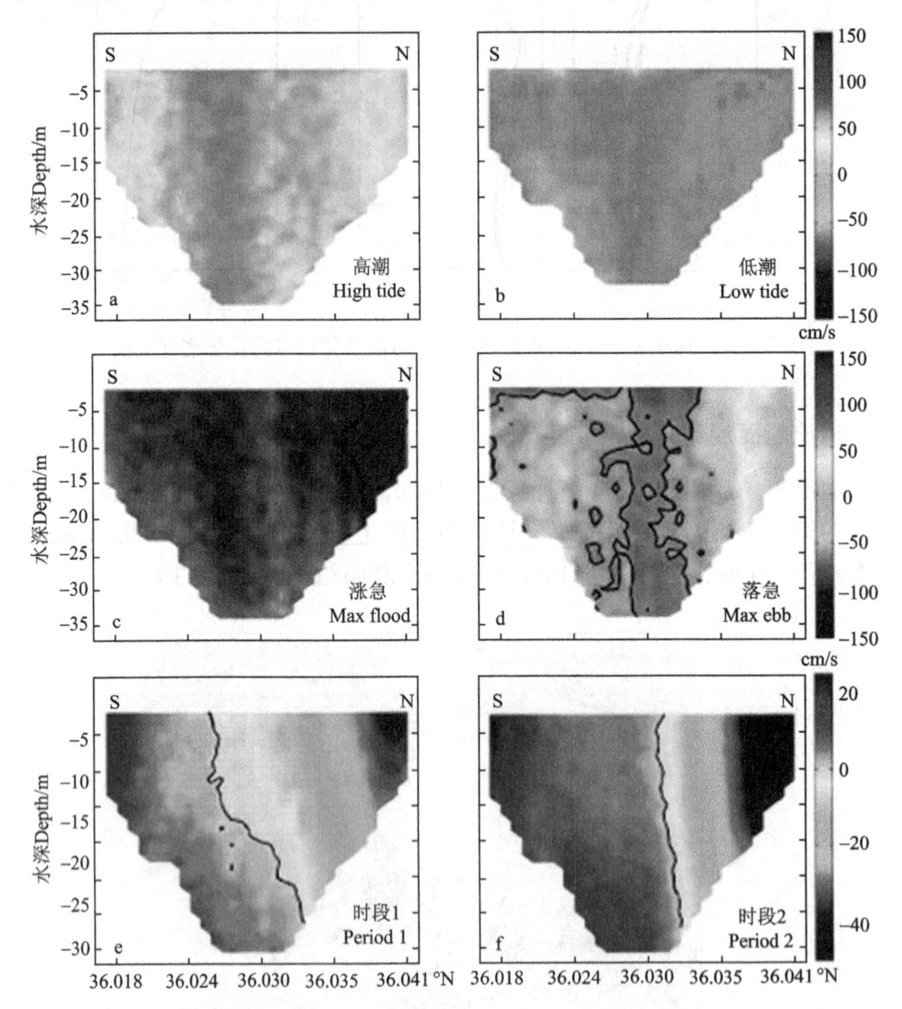

图4.44　四个典型潮时湾口断面瞬时流动东西分量（a，b，c，d）及断面东西向的欧拉余流（e，f）（蔡忠亚等，2014）

整个走航观测过程中主要风向发生了变化，在观测前半段以东南风为主，在后半段时间风速转向，主要表现为南风。为了分析风对湾口欧拉余流空间结构的影响，特选择两个时间段（时长均为 25h）分别考察欧拉余流形态，分别为 2009 年 8 月 17 日 13:30 至 18 日 14:30 和 2009 年 8 月 19 日 06:00 至 8 月 20 日 07:00，在两个时段东西向欧拉余流均体现出北进南出的空间分布特征（图 4.44e，f）。湾口北侧欧拉余流东西向分量水平梯度大于南侧，南北两侧欧拉余流最大值均位于断面表层。第一时段北侧入流最大值可达 35cm/s，而南侧流出最大值可达 20cm/s，第二时段欧拉余流强度有所加强，入流和出流最大可达 44cm/s 和 25cm/s。在垂直方向上两个时段东西向欧拉余流的空间结构存在明显区别。第一时段断面东西向欧拉余流在垂直方向上存在梯度，断面表层的入流区域（负值）向南侧延伸，底层的出流区域（正值）向北侧延伸，在中心区域表层和底层的欧拉余流方向相反，表层表现为入流而底层为出流；第二时段断面东西向欧拉余流在垂向上分布比较均匀，不存在显著的表底差异。

参 考 文 献

蔡忠亚, 刘哲, 陈子煜, 等. 2014. 胶州湾湾口夏季海流时空分布特征[J]. 中国海洋大学学报(自然科学版), 04: 86-92.

陈敦隆. 1982. 海洋科学研究中的概率统计方法. 北京: 海洋出版社.

陈美香. 2009. 北太平洋、东海黑潮及黑潮延伸体海域海平面变化机制研究 [D]. 青岛: 中国海洋大学.

陈上及, 马继瑞. 1991. 海洋数据处理分析方法及其应用. 北京: 海洋出版社.

陈宗镛, 汤恩祥, 周天华, 等. 1988a. “1985 国家高程基准”与中国平均海面. 军事测绘, 44-48.

陈宗镛, 汤恩祥, 周天华, 于宜法. 1989. 青岛验潮站的平均海面及其考证[J]. 海洋科学进展, 01.

陈宗镛, 周天华, 于宜法, 等. 1988b. 1985 国家高程基准的研究. 青岛海洋大学学报, 18(1): 9-13.

陈宗镛. 1980. 潮汐学. 北京: 科学出版社.

邓拥军, 王 伟, 钱成春等. 2001. EMD 方法及 Hilbert 变换中端点效应的处理. 科学通报, 46(3): 257-263.

董雷娟. 2013. 基于小波分析的海表温度变化特征研究 [D]. 青岛: 中国海洋大学.

杜爱明, 王彬, 杨润海. 2007. Hilbert-Huang 变换中的一种端点处理方法. 地震研究, 30(1): 54-58.

杜岩, 王东晓, 陈荣裕, 等. 2004. 南海西边界 ADCP 观测海流的垂直结构[J]. 海洋工程, 2: 31-38.

方国洪, 郑文振, 陈宗镛, 等. 1986. 潮汐和潮流的分析和预报. 北京: 海洋出版社.

方国洪. 1974. 潮汐分析和预报的准调和分潮方法 I. 准调和分潮. 海洋科学集刊, 9:1-15.

冯锦明, 赵天保, 张英娟. 2004. 基于台站降水资料对不同空间内插方法的比较. 气候与环境研究, 9(2): 261-277.

冯士筰, 李凤岐, 李少菁. 1999. 海洋科学导论. 北京: 高等教育出版社. 503.

傅子琅. 1995. 台湾海峡海流输送的海洋热盐通量[J]. 厦门大学学报: 自然科学版, 34(4): 664-666.

国家技术监督局. 1992. 海洋调查规范, 海洋调查资料处理(GB12763. 7-91). 北京: 中国标准出版社.

赫崇本, 汪园祥, 雷宗友, 徐斯. 1959. 黄海冷水团的形成及其性质的初步探讨. 海洋与湖沼, 2(1) : 11-15.

侯一筠, 段永亮, 陈更新, 等. 2009. 浅水非线性随机海浪的波高分布. 中国科学 D 辑: 地球科学, 39(12): 1-6.

黄大吉, 赵进平, 苏纪兰. 2003. 希尔伯特-黄变换的端点延拓[J]. 海洋学报, 25(1): 1–11.

黄永平. 2007. Hilbert-Huang 变换及其若干改进研究[D]. 哈尔滨: 哈尔滨工程大学.

乐肯堂. 1984. 长江冲淡水路径问题的初步研究: I. 模式. 海洋与湖沼, 15(2): 157-167.

李凤岐, 苏育嵩. 2000. 海洋水团分析. 青岛: 青岛海洋大学出版社.

梁兼霞, 庞重光, 白学志. 2005. 夏季南黄海风漂流的不同计算方法的对比分析[J]. 海洋科学, 29(9): 60-64.

林传兰. 1986. 东海黑潮的海洋学特征及其与渔场的关系. 东海海洋, 4(2): 8-16.

刘传玉. 2009. 中国东部近海温度锋面的分布特征和变化规律. 青岛: 中国科学院海洋研究所.

刘国昕. 2012. 海洋层化和海冰漂移速度变化对北极冰下海洋 Ekman 漂流的影响及北极次表层暖水的热通量与维持机制[D]. 青岛: 中国海洋大学.

刘慧婷, 张旻, 程家兴. 2004. 基于多项式拟合算法的 EMD 端点问题的处理[J]. 计算机工程与应用, 40(16): 84-86, 100.

刘先炳, 苏纪兰. 1991. 浙江沿岸上升流和沿岸锋面的数值研究. 海洋学报, 13(3): 305-314.

戚建华, 苏育嵩. 1998. 黄海潮生陆架锋的数值模拟研究. 海洋与湖沼, 29(3): 247-254.

邱章, 黄企洲. 1994. 南沙群岛海区温跃层时空分布的分析. 南沙群岛海区物理海洋学研究论文集 I. 北京: 海洋出版社: 64-80.

沈春, 杜凌, 左军成, 等. 2013. 南海海面高度异常与厄尔尼诺和大气环境的关系. 海洋预报, 30(2): 14-21.

施能. 1995. 气象科研与预报中的多元分析方法. 北京: 气象出版社.

侍茂崇, 高郭平, 鲍献文. 2000. 海洋调查方法. 青岛: 青岛海洋大学出版社.

苏纪兰, 袁业立. 2005. 中国近海水文[M]. 北京: 海洋出版社.

苏育嵩, 喻祖祥, 李凤岐. 1983. 聚类分析法在浅海水团分析中的初步研究. 海洋与湖沼, 14(1): 1- 12.

苏育嵩. 1980. 划分变性水团边界的温盐点聚对照法与东海西部海区变性水团的分析. 海洋学报, 2(1) :1-14.

孙晖, 朱善安. 2005. 基于时延自相关预处理的 Hilbert-Huang 变换解调[J]. 浙江大学学报(工学版), 39(12): 1998-2001.

汤毓祥, 1996. 东海温度锋的分布特征及其季节变异. 海洋与湖沼, 27(4): 436-444.

田晖, 陈宗镛. 1998. 中国沿岸近期多年月平均海面随机动态分析[J].海洋学报, 20(4): 9-16.

万邦君, 郭炳火, 陈则实. 1990. 黄海热结构的三层模式. 海洋学报, 12(3): 137-148 .

王斌, 翁衡毅. 1981. 地球物理流体动力学导论[M].青岛: 海洋出版社, 19-20.

王典鹤. 2012. 基于小波分析的海洋平台结构损伤检测技术研究 [D]. 青岛: 中国海洋大学.

王惠民, 王泽, 张淑君. 2010. 流体力学[M]. 南京: 河海大学出版社, 54-55.

王卫强, 陈宗墉, 左军成. 1999. 经验模态法在中国沿岸海平面变化中的应用研究[J]. 海洋学报, 21(6): 102-109.

王宗皓, 李麦村. 1974. 天气预报中的概率统计方法. 北京: 科学出版社.

魏凤英. 1999. 现代气候统计诊断与预测技术. 北京: 气象出版社.

翁学传, 王从敏. 1984a. 东海西北部海水温, 盐度结构初步探讨. 东海西北部海域中层冷水的初步分析. 海洋科学集刊, a. 21 集: 49-74.

翁学传, 王从敏. 1984b. 台湾暖流水(团)夏季 T-S 特征和来源的初步分析. 海洋科学集刊, b. 第 21 集: 113-133.

徐锡祯, 邱章, 陈惠昌. 1980. 南海水平环流概述[A]//中国海洋湖沼学会水文气象学会学术会议论文集[C]. 北京: 科学出版社. 137-145.

徐锡祯, 邱章, 龙小敏. 1993. 南海温跃层基本特征及一维预报模式. 海洋与湖沼, 24(5): 494-502.

叶安乐, 李凤岐. 1992. 物理海洋学. 青岛: 青岛海洋大学出版社.

尤芳湖, 郑义芳. 1959. 关于潮流的大面积预报问题. 海洋与湖沼, 2(3): 111-135.

袁业立, 李惠卿. 1993. 黄海冷水团环流结构及生成机制研究: I. 0 阶解及冷水团的环流结构. 中国科学(B 辑), 23(1): 93-103.

袁业立. 1979. 黄海冷水团环流 I. 冷水团中心部分的热盐结构和环流特征. 海洋与湖沼, 10(3): 187-199.

张立振. 2006. 快速滤波本征模态信号分解及其在海洋数据分析中的应用[D]. 青岛: 中国海洋大学.

张郁山, 梁建文, 胡聿贤. 2003. 应用自回归模型处理 EMD 方法中的边界问题. 自然科学进展, 13(10): 1054-1059.

赵保仁. 1987. 黄海潮生陆架锋的分布. 黄渤海海洋, 5(2): 16-23.

赵保仁. 1989. 渤黄海及东海北部强温跃层的基本特征及形成机制的研究. 海洋学报, 11(4): 401-410.

赵进平. 2001. 异常事件对 EMD 方法的影响及其解决方法研究[J]. 中国海洋大学学报(自然科学版), 31(6): 805-814.

赵永平, 林滋新. 1994. 冬季北太平洋西部上层海洋的热量输送[J]. 海洋与湖沼, 25(1): 9-14.

朱金龙, 邱晓晖. 2006. 正交多项式拟合在 EMD 算法端点问题中的应用[J]. 计算机工程与应用, 42(23): 72-74.

Allen S E, Thomson R E.1993. Bottom-trapped Subinertial Motions over Midocean Ridges in a Stratified Rotating Fluid. J. Phys. Oceanogr., 23: 566-581.

Boashash B. 1992. Estimating and interpreting the instantaneous frequency of a signal. Proceedings of the IEEE, 80(4): 520-568.

Bryan K, Lewis L J. 1979. A water mass model of the world ocean. J. Geophys. Res., 84(C5): 2503-2517.

Cartwright D E, Catton D B. 1963. On the Fourier analysis of tidal observations. Int. Hydrogr. Rev., XL, No. 1, 113-125.

Cartwright D E, Edden A C. 1973. Corrected tables of tidal harmonic. Geophys. J. R. Astr. Soc., 33, 253-263.

Cartwright D E, Taylor R J. 1971. New computations of the Dide-generating potential. Geophys. J. R. Astro. Soc., 23, 45-74.

Cheney R E, Winfrey D E. 1976. Distributions and classification of Ocean fronts. NAVOCEANO Technical Note. 3700-56-76: 1-21.

Cox M D. 1989. An idealized model of the world ocean: Part I. The global Scale water masses. J. Phys. Oceanogr, 19(11): 1730-1752.

Darwin G H. 1907. Ocean tides and lunar disturbance of gravity. Scientific Papers. I. Cambridge: Cambridge University Press.

Defant A. 1961. Physical oceanography. New York: Pergamon.

Dietrich G, Kalle K, Krauss W, Siedle G. 1980. General Oceanography. New York: Wiley.

Doodson A T, Warburg H D. 1941. Admirality Manual of Tides. London: H.M. Stationery Office.

Doodson A T. 1921. The harmonic development of the tide generating potential. Proc R Soc Lond A, 100: 305-329.

Doodson A T. 1928. The analysis of observations. Phil. Trans. Roy. Soc. London, A652, 223-279.

Doodson A T. 1954. The harmonic development of the tide-generating potential. Int. Hydrogr. Rev. XXXI No. 1: 37-61.

Ekman V W. 1905. On the influence of the earths rotation on ocean currents. Astronomi Och Fysik, 11: 1-53. Farge M. 1992. Wavelet Transforms and their Applications to Turbulence[J]. Annual Review of Fluid Mechanics, 24(1): 395-458.

Garrett C, Maas L R M. 1993. Tides and Their Effects. Oceanus, 36(1).

Godin G. 1972. The analysis of tides. Toronto: University of Toronto Press.

Groves G W, Reynolds R W. 1975. An orthogonalized convolution method of tides prediction, J. Geophys. Res., 80, No. 30, 4131-4138.

Gustafson T, Kullenberg B. 1936. Untersuchungen von Tragheitsstromungen in der Ostsee. Sv. Hydr. -Biol. Komm. Skr. Nyser. Hydro. No. 13.

Hsiung J, Newell R E, Houghtby T. 1989. The annual cycle of oceanic heat storage and oceanic meridional heat transport[J]. Quarterly Journal of the Royal Meteorological Society, 115(485): 1-28.

Huang N E, Shen S P. 2005. Hilbert-Huang Transform and Its Applications. Singapore: World Scientific.

Huang N E, Shen Z, Long S R, et al. 1998. The empirical mode decomposition and the Hilbert spectrum for nonlinear and non-stationary time series analysis. Proc Roy Soc, 454(1971): 903-955.

Kort V G. 1967. Frontogenesis in the southern ocean. Information Bulletin Soviet Antarctic Expedition, 65: 500-505.

Kundu P K, Allen J S. 1976. Some three-dimensional characteristics of low-frequency current fluctuations near the Oregon coast. J. Phys. Oceanogr., 6, 181-199.

Lian T, Chen D. 2012. An Evaluation of Rotated EOF Analysis and Its Application to Tropical Pacific SST Variability. Journal of Climate, 25(15):5361-5373.

Mantua N J, Hare S R, Zhang Y, Wallace J M, Francis R C. 1997. A Pacific Interdecadal Climate Oscillation with Impacts on Salmon Production. Bulletin of the American Meteorological Society, 78(6): 1069-1079.

Margules M. 1906. Uber Temperaturschichtung in stationiir Bewegter und in ruhender Luft. Meteorol. Z., Hann-Band, 243-254.

Mercier H, Arhan M, Lutjeharms J R E. 2003. Upper-layer circulation in the eastern Equatorial and South Atlantic Ocean in January–March 1995. Deep-Sea Research I, 50: 863-887.

Montgomery R B, Stroup E D. 1962. Equatorial waters and currents at 150°W in July-August 1952. Baltimore , Md: Johns Hopkins University Press.

Montgomery R B. 1958. Water characteristics of Atlantic Ocean and of world ocean. Deep Sea Research, 5(2-4):134-148.

Mooers C N K. 1975. Several effects of a baroclinic current on the cross - stream propagation of inertial-internal waves. Geophysical and Astrophysical Fluid Dynamics, 6 (3): 245-275.

Munk W, Cartwright D E. 1966. Tidal spectroscopy and prediction. Proceedings of the symposium on tidal instrumentation and predictions of tides, Paris, 3-7, Publication Scientific No. 27 De IAIOP, 193-242.

North G R, Bell T L, Cahalan R F, Moeng F J. 1982. Sampling errors in the estimation of empirical orthogonal functions. Mon. Wea. Rev., 110: 699-706.

Pacanowski R C, Philander S G H. 1981. Parameterization of vertical mixing in numerical models of tropical oceans.J. Phys. Oceanogr.,11, 1443-1451.

Pickard G L, Emery W J. 1990. Descriptive physical oceanography: An introduction. New York: Pregamon Press.

Price J F, Weller R A, Schudlich R R. 1987. Wind-driven ocean currents and ekman transport. Science, 238(4833):1534-1538.

Proudman J. 1953. Dynamical Oceanography. London: Methuen.

Robert H S. 2008. Introduction to physical oceanography. New York: Prentice Hall.

Schureman P W. 1941. Manual of harmonic analysis and prediction of tides, C & G S, Special Publication No. 98, U. S. Department of Commerce, Washington D. C.

Simpson J H, Hunter J R. 1974. Fronts in the Irish Sea. Nature, 250: 404-406.

Simpson J H. 1976. A boundary front in the summer regime of the Celtic Sea. Estuarine and Coastal Marine Science, 4(1): 71-81.

Stommel H, Arons A B. 1960. On the abyssal circulation of the World Ocean I. Stationary planetary flow patterns on a sphere. Deep Sea Res, 6(2): 140-154.

Stommel H, Arons A B. 1960. On the abyssal circulation of the World Ocean II. An idealized model of the circulation pattern and amplitude in oceanic basins. Deep Sea Res., 6(3): 217-233.

Stommel H, Arons A B. 1972. On the abyssal circulation of the World Ocean V. The influence of bottom slope on the broading of inertial boundary currents. Deep Sea Res., 19(10): 707-718.

Stommel H, Yoshida K. 1972 . Kuroshio: its physical aspects. Tokyo: University of Tokyo Press: 1-517.

Stommel H. 1958. The Gulf Stream: A physical and dynamical description. London: University of California Press, Cambridge University Press.

Stommel H. 1965. The Gulf Stream: A physical and dynamical description. 2nd ed. Berkeley and Los Angeles: University of California Press.

Taylor G I. 1921. Tidal oscillations in gulfs and rectangular basins. Proceeding of the London mathematical Society, Ser. 2, XX, 148-181.

Tchernia P. 1980. Descriptive regional oceanography. New York: Pergamon Press

UNESCO. 1983 . Algorithms for computation of fundamental properties of seawater. Tech. Pap. In Mar. Sci., No. 44, Paris. : 1-53.

Vitorino J, Oliveira A, Jouanneau J M, Drago T. 2002. Winter dynamics on the northern Portuguese shelf. Part 1: physical processes. Progress in Oceanography, 52(2-4): 129-153.

Weare B C, Nasstrom J N. 1982. Examples of extended empirical orthogonal function analyses. MonWeather Rev, 110: 784-812.

Worthington L V. 1969. An attempt to measure the volume transport of Norwegian Sea overflow water through the Denmark Strait. Deep-Sea Res., 16, 421-432.

Wunsch C. 1996. The ocean circulation inverse problem. Cambridge: Cambridge University Press .

Wüst G. 1935. Schichtung und Zirkulation des Atlantischen Ozeans. Die Stratosphäre des Atlantischen Ozeans. Wissenschaftliche Ergebnisse Deutschen Atlantischen Expedition auf dem Forschungs und Vermessungsschiff. "Meteor" 1925-1927, 6: 109-228.

Zelter B D, Munk W. H. 1975. The optimum wiggliness of tidal admittances. J. Mar. Res., 33, Supplement, 1-13.

Zetler B D. 1971. Radiational tides along the coasts of the United States. J. Phys. Oceanogr., 1, 34-38.

Zhao J P, Huang D J. 2001. Mirror extending and circular spline function for empirical mode decomposition method[J]. Journal of Zhejiang University(Science) , 2(3): 247-252.

ZUO Jun-cheng, ZHANG Min, XU Qing, MU Lin, LI Juan, CHEN Mei-xiang. 2012. Seasonal and interannual variabilities of mean velocity of Kuroshio based on satellite data[J]. Water Science and Engineering, 04: 428-439.

附表 1　基本天文数据

地球-太阳平均距离 $\bar{R}'$	0.1496×10^9 km
月球-地球平均距离 $\bar{R}$	0.38440×10^6 km
地球平均半径 a	0.637127×10^4 km
太平平均视差	8".794
月球平均赤道地平视差	57'02".61
地球轨道离心率 e'(1900 年 1 月 1 日)	0.01675
月球轨道离心率 e(1900 年 1 月 1 日)	0.05490
太阳质量/地球质量	332958
月球质量/地球质量	1/81.30
黄道与赤道交角 ω	23°27'08"
白道与黄道交角 i	5°08'43"

附表2 主要天文变量周期

恒星日($1/(1+f_h)$)	0.997270 平太阳日
太阴日($1/(2f_\tau)$)	1.035050 平太阳日
回归月($1/f_s$)	27.321582 平太阳日
朔望月($1/(f_s-f_h)$)	29.530588 平太阳日
平年	365.0000 平太阳日
回归年($1/(f_h)$)	365.2422 平太阳日
平均格里年	365.2425 平太阳日
平均儒略年	365.2500 平太阳日
闰年	366.0000 平太阳日
月球近地点周期($1/f_p$)	3231.48 平太阳日=8.84732 儒略年
白道交点周期($1/f_{N'}$)	6789.36 平太阳日=18.6129 儒略年
太阳近地点周期($1/f_{p'}$)	209 儒略世纪

附表3　引潮力的 Doodson 展开式

Doodson 代码		振幅系数 (平均值)	τ	s	h	p	N'	p'	角速率 (°/平太阳时)	周期 (平太阳时或日)	名称 Darwin
长周期分潮族（0，0分潮群）											
1	055.555.55	0.73806	0	0	0	0	0	0			
2	055.565.55	−0.06556	0	0	0	0	1	0	0.00220641	6798.364585 日	M_N
3	055.575.55	0.00064	0	0	0	0	2	0	0.00441282	3399.182292	
4	055.765.55	−0.00009	0	0	0	2	1	0	0.01149008	1305.473143	
5	056.544.55	0.00009	0	0	1	0	−1	−1	0.03886026	385.998397	
6	056.554.55	0.01156	0	0	1	0	0	−1	0.04106668	365.259639	Sa
7	056.556.55	−0.00062	0	0	1	0	0	1	0.0410706	365.224759	
8	056.564.55	−0.00011	0	0	1	0	1	−1	0.04327309	346.635741	
9	057.345.55	−0.00005	0	0	2	−2	−1	0	0.07064719	212.322666	
10	057.355.55	0.00074	0	0	2	−2	0	0	0.0728536	205.892353	
11	057.553.55	0.00029	0	0	2	0	0	−2	0.08213335	182.629819	
12	057.555.55	0.07281	0	0	2	0	0	0	0.08213728	182.621099	Ssa
13	057.565.55	−0.0018	0	0	2	0	1	0	0.08434369	177.84377	
14	057.575.55	−0.0004	0	0	2	0	2	0	0.0865501	173.310017	
15	058.554.55	0.00426	0	0	3	0	0	−1	0.12320395	121.749337	
16	058.564.55	−0.00007	0	0	3	0	1	−1	0.12541036	119.607334	
17	059.553.55	0.00017	0	0	4	0	0	−2	0.16427063	91.312729	
（0，1）分潮群											
18	062.646.55	−0.00005	0	1	−3	1	−1	1	0.42824799	35.026433 日	
19	062.656.55	0.00067	0	1	−3	1	0	1	0.43045441	34.846895	
20	063.435.55	−0.00006	0	1	−2	−1	−2	0	0.45782458	32.763639	
21	063.445.55	−0.00015	0	1	−2	−1	−1	0	0.460031	32.606498	
22	063.645.55	−0.00113	0	1	−2	1	−1	0	0.46931467	31.961497	
23	063.655.55	0.01579	0	1	−2	1	0	0	0.47152107	31.811938	Msm
24	063.665.55	−0.00103	0	1	−2	1	1	0	0.4737275	31.663772	

续表

Doodson 代码		振幅系数 (平均值)	τ	s	h	p	N'	p'	角速率 (°/平太阳时)	周期 (平太阳时或日)	名称 Darwin
25	064.456.55	0.00051	0	1	−1	−1	0	1	0.50330801	29.802823	
26	064.555.55	−0.00046	0	1	−1	0	0	0	0.50794789	29.530588	
27	064.654.55	−0.00011	0	1	−1	1	0	−1	0.51258776	29.263281	
28	065.435.55	0.00007	0	1	0	−1	−2	0	0.53996186	27.779739	
29	065.445.55	−0.00542	0	1	0	−1	−1	0	0.54216828	27.666686	
30	065.455.55	0.08254	0	1	0	−1	0	0	0.54437469	27.554550	Mm
31	065.465.55	−0.00536	0	1	0	−1	1	0	0.5465811	27.443319	
32	065.655.55	−0.00441	0	1	0	1	0	0	0.55365836	27.092519	
33	065.665.55	−0.00180	0	1	0	1	1	0	0.55586478	26.984980	
34	065.675.55	−0.00049	0	1	0	1	2	0	0.55807119	26.878291	
35	066.454.55	−0.00043	0	1	1	−1	0	−1	0.58544137	25.621694	
36	067.455.55	−0.00115	0	1	2	−1	0	0	0.62651197	23.942080	
37	067.465.55	−0.00058	0	1	2	−1	1	0	0.62871838	23.858058	
38	067.475.55	−0.00010	0	1	2	−1	2	0	0.63092479	23.774624	
39	068.454.55	−0.00005	0	1	3	−1	0	−1	0.66757864	22.469262	
(0，2)分潮群											
40	071.755.55	0.00026	0	2	−4	2	0	0	0.94304217	15.905969 日	
41	072.556.55	0.00090	0	2	−3	0	0	1	0.9748291	15.387312	
42	072.566.55	−0.00006	0	2	−3	0	1	1	0.97703551	15.352563	
43	073.545.55	0.00098	0	2	−2	0	−1	0	1.01368936	14.797432	
44	073.555.55	0.01369	0	2	−2	0	0	0	1.01589576	14.765294	Msf
45	073.565.55	−0.00088	0	2	−2	0	1	0	1.01810219	14.733295	
46	073.755.55	−0.00009	0	2	−2	2	0	0	1.02517945	14.631584	
47	074.756.55	0.00008	0	2	−1	−2	0	1	1.0476827	14.317311	
48	074.455.55	−0.00007	0	2	−1	−1	0	0	1.05232258	14.254184	
49	074.554.55	−0.00015	0	2	−1	0	0	−1	1.05696246	14.19161	
50	074.556.55	0.00048	0	2	−1	0	0	1	1.05696638	14.191558	
51	074.566.55	0.00010	0	2	−1	0	1	1	1.05917279	14.161995	
52	075.345.55	−0.00036	0	2	0	−2	−1	0	1.08654297	13.805252	
53	075.355.55	0.00676	0	2	0	−2	0	0	1.08874938	13.777275	
54	075.365.55	−0.00044	0	2	0	−2	1	0	1.09095579	13.749411	

续表

Doodson 代码		振幅系数 (平均值)	τ	s	h	p	N'	p'	角速率 (°/平太阳时)	周期 (平太阳时或日)	名称 Darwin
55	075.555.55	0.15647	0	2	0	0	0	0	1.09803306	13.66079	Mf
56	075.565.55	0.06483	0	2	0	0	1	0	1.10023947	13.633395	MfN
57	075.575.55	0.00606	0	2	0	0	2	0	1.10244588	13.60611	
58	075.585.55	−0.00013	0	2	0	0	3	0	1.10465229	13.578933	
59	076.354.55	−0.00007	0	2	1	−2	0	−1	1.12981606	13.276497	
60	076.554.55	−0.00054	0	2	1	0	0	−1	1.13909973	13.168293	
61	076.564.55	−0.00014	0	2	1	0	1	−1	1.14130615	13.142836	
62	077.355.55	−0.00047	0	2	2	−2	0	0	1.17088666	12.810804	
63	077.365.55	−0.00018	0	2	2	−2	1	0	1.17309307	12.786709	
64	077.575.55	−0.00007	0	2	2	0	2	0	1.18458326	12.662682	
（0，3）分潮群											
65	080.656.55	0.00005	0	3	−5	1	0	1	1.44635019	10.370932 日	Mt
66	081.655.55	0.00041	0	3	−4	1	0	0	1.48741687	10.084597	
67	082.456.55	0.00016	0	3	−3	−1	0	1	1.51920379	9.873593	
68	082.656.55	0.00027	0	3	−3	1	0	1	1.52848747	9.813623	
69	082.666.55	0.00011	0	3	−3	1	1	1	1.53069388	9.799477	
70	083.445.55	0.00022	0	3	−2	−1	−1	0	1.55806406	9.627331	
71	083.455.55	0.00217	0	3	−2	−1	0	0	1.56027047	9.613717	
72	083.465.55	−0.00014	0	3	−2	−1	1	0	1.56247688	9.600142	
73	083.655.55	0.00569	0	3	−2	1	0	0	1.56955414	9.556854	
74	083.665.55	0.00236	0	3	−2	1	1	0	1.57176056	9.543438	
75	083.675.55	0.00021	0	3	−2	1	2	0	1.57396697	9.53006	
76	084.456.55	0.00031	0	3	−1	−1	0	1	1.60134107	9.367148	
77	084.466.55	0.00010	0	3	−1	−1	1	1	1.60354748	9.354259	
78	084.555.55	−0.00017	0	3	−1	0	0	0	1.60598095	9.340085	
79	084.565.55	−0.00007	0	3	−1	0	1	0	1.60818736	9.327271	
80	084.654.55	−0.00005	0	3	−1	1	0	−1	1.61062082	9.313178	
81	085.255.55	0.00054	0	3	0	−3	0	0	1.63312407	9.18485	
82	085.264.55	−0.00009	0	3	0	−3	1	−1	1.63532853	9.172468	
83	085.266.55	−0.00009	0	3	0	−3	1	1	1.63533245	9.172446	
84	085.455.55	0.02996	0	3	0	−1	0	0	1.64240775	9.132933	

续表

Doodson 代码		振幅系数(平均值)	τ	s	h	p	N´	p´	角速率(°/平太阳时)	周期(平太阳时或日)	名称 Darwin
85	085.465.55	0.01241	0	3	0	−1	1	0	1.64461416	9.12068	
86	085.475.55	0.00115	0	3	0	−1	2	0	1.64682057	9.10846	
87	085.675.55	−0.00012	0	3	0	1	2	0	1.65610425	9.0574	
88	085.685.55	−0.00005	0	3	0	1	3	0	1.65831066	9.045349	
89	086.454.55	−0.00025	0	3	1	−1	0	−1	1.68347443	8.910144	
90	086.464.55	−0.00009	0	3	1	−1	1	−1	1.68568084	8.898481	
(0,4)分潮群											
91	091.555.55	0.0002	0	4	−4	0	0	0	2.03179156	7.382647 日	
92	091.755.55	0.00015	0	4	−4	2	0	0	2.04107523	7.349067	
93	091.765.55	0.00006	0	4	−4	2	1	0	2.04328165	7.341131	
94	092.556.55	0.00033	0	4	−3	0	0	1	2.07286216	7.236371	
95	092.566.55	0.00013	0	4	−3	0	1	1	2.07506857	7.228676	
96	093.355.55	0.00026	0	4	−2	−2	0	0	2.10464516	7.127092	
97	093.555.55	0.00478	0	4	−2	0	0	0	2.11392384	7.095792	
98	093.565.55	0.00198	0	4	−2	0	1	0	2.11613525	7.088393	
99	093.575.55	0.00018	0	4	−2	0	2	0	2.11834166	7.08101	
100	094.356.55	0.00007	0	4	−1	−2	0	1	2.14571576	6.990674	
101	094.554.55	−0.00007	0	4	−1	0	0	−1	2.15499552	6.960571	
102	095.355.55	0.00396	0	4	0	−2	0	0	2.18678244	6.859392	
103	095.365.55	0.00164	0	4	0	−2	1	0	2.18898885	6.852478	
104	095.375.55	0.00015	0	4	0	−2	2	0	2.19119527	6.845578	
（0，5）分潮群											
105	091.655.65	0.00023	0	5	−4	1	0	0	2.58544993	5.8016989 日	
106	093.455.65	0.00116	0	5	−2	−1	0	0	2.65830353	5.642696	
107	093.465.65	0.00048	0	5	−2	−1	1	0	2.66050994	5.638016	
108	095.255.65	0.00045	0	5	0	−3	0	0	2.73115713	5.492177	
109	095.265.65	0.00019	0	5	0	−3	1	0	2.73336355	5.487744	
（0，6）分潮群											
110	091.555.75	0.00012	0	6	−4	0	0	0	3.12982462	4.792600 日	
111	093.355.75	0.00019	0	6	−2	−2	0	0	3.20267822	4.68358	

续表

Doodson 代码		振幅系数 (平均值)	τ	s	h	p	N'	p'	角速率 (°/平太阳时)	周期 (平太阳时或日)	名称 Darwin
全日分潮族(1，-4)分潮群											
112	115.845.55	0.00020	1	-4	0	3	-1	0	12.30770508	1.218748 日	
113	115.855.55	0.00107	1	-4	0	3	0	0	12.3099115	1.21853	
114	116.656.55	-0.00005	1	-4	1	1	0	1	12.34169842	1.215391	
115	117.645.55	0.00053	1	-4	2	1	-1	0	12.38055869	1.211576	
116	117.655.55	0.00278	1	-4	2	1	0	0	12.3827651	1.211361	
117	118.654.55	0.00021	1	-4	3	1	0	-1	12.42383178	1.207356	
118	119.445.55	0.00010	1	-4	4	-1	-1	0	12.45341229	1.204489	
119	119.455.55	0.00054	1	-4	4	-1	0	0	12.4556187	1.204275	
120	119.454.56	0.00006	1	-4	5	-1	0	-1	12.49668538	1.200318	
（1，-3）分潮群											
121	124.756.55	-0.00013	1	-3	-1	2	0	1	12.81321951	1.170665 日	
122	125.535.55	-0.00006	1	-3	0	0	-2	0	12.84058969	1.16817	
123	125.735.55	-0.00006	1	-3	0	2	-2	0	12.84987336	1.167326	
124	125.745.55	0.00180	1	-3	0	2	-1	0	12.85207978	1.167126	
125	125.755.55	0.00955	1	-3	0	2	0	0	12.8542862	1.166925	$2Q_1$
126	126.556.55	-0.00016	1	-3	1	0	0	1	12.86607311	1.164047	
127	126.655.55	-0.0001	1	-3	1	1	0	0	12.89071299	1.163628	
128	126.754.55	0.00015	1	-3	1	2	0	-1	12.89535287	1.163209	
129	127.535.55	-0.00007	1	-3	2	0	-2	0	12.92272697	1.160745	
130	127.545.55	0.00217	1	-3	2	0	-1	0	12.92493338	1.160547	
131	127.555.55	0.01152	1	-3	2	0	0	0	12.92713981	1.160349	$б_1$
132	127.755.55	-0.0001	1	-3	2	2	0	0	12.93642347	1.159516	
133	128.544.55	0.00014	1	-3	3	0	-1	-1	12.96600006	1.156871	
134	128.554.55	0.00078	1	-3	3	0	0	-1	12.96820647	1.156674	
135	129.345.55	0.00007	1	-3	4	-2	-1	0	12.99778698	1.154042	
136	129.355.55	0.00035	1	-3	4	-2	0	0	12.9999934	1.153846	
137	129.555.55	-0.00011	1	-3	4	0	0	0	13.00927707	1.153023	
138	129.565.55	0.00005	1	-3	4	0	1	0	13.01148348	1.152827	
（1，-2）分潮群											
139	133.635.55	-0.00006	1	-2	-2	1	-2	0	13.31211078	1.126793 日	

续表

Doodson 代码		振幅系数 (平均值)	τ	s	h	p	N'	p'	角速率 (°/平太阳时)	周期 (平太阳时或日)	名称 Darwin
140	133.855.55	−0.00023	1	−2	−2	3	0	0	13.32580728	1.125635	
141	134.646.55	−0.00010	1	−2	−1	1	−1	1	13.35538779	1.123142	
142	134.656.55	−0.00061	1	−2	−1	1	0	1	13.3575942	1.122956	
143	135.425.55	−0.00005	1	−2	0	−1	−3	0	13.38275797	1.120845	
144	135.435.55	−0.00028	1	−2	0	−1	−2	0	13.38496438	1.12066	
145	135.635.55	−0.00041	1	−2	0	1	−2	0	13.39424806	1.119883	
146	135.556.55	0.00006	1	−2	0	0	0	1	13.39402101	1.119902	
147	135.645.55	0.01360	1	−2	0	1	−1	0	13.39645447	1.119699	
148	135.655.55	0.07217	1	−2	0	1	0	0	13.39866088	1.119514	Q_1
149	135.855.55	−0.00020	1	−2	0	3	0	0	13.40794456	1.118739	
150	136.456.55	−0.00014	1	−2	1	−1	0	1	13.43044781	1.116865	
151	136.545.55	−0.00007	1	−2	1	0	−1	0	13.43288127	1.116662	
152	136.555.55	−0.00039	1	−2	1	0	0	0	13.43508768	1.116479	
153	136.644.55	0.00011	1	−2	1	1	−1	−1	13.43752115	1.116277	
154	136.654.55	0.00066	1	−2	1	1	0	−1	13.43972756	1.116094	
155	137.435.55	−0.00008	1	−2	2	−1	−2	0	13.46710166	1.113825	
156	137.445.55	0.00258	1	−2	2	−1	−1	0	13.46930807	1.113642	
157	137.455.55	0.01371	1	−2	2	−1	0	0	13.47151451	1.11346	ρ_1
158	137.655.55	−0.00079	1	−2	2	1	0	0	13.48079816	1.112693	
159	137.665.55	0.00024	1	−2	2	1	1	0	13.48300457	1.112511	
160	138.444.55	0.00012	1	−2	3	−1	−1	−1	13.51037475	1.110257	
161	138.454.55	0.00063	1	−2	3	−1	0	−1	13.51258116	1.110076	
162	138.654.55	−0.00006	1	−2	3	1	0	−1	13.52186484	1.109314	
163	139.455.55	−0.00017	1	−2	4	−1	0	0	13.55365176	1.106712	
（1，−1）分潮群											
164	143.535.55	−0.00016	1	−1	−2	0	−2	0	13.85648547	1.082525 日	
165	143.745.55	−0.00020	1	−1	−2	2	−1	0	13.86797556	1.081628	
166	143.755.55	−0.00113	1	−1	−2	2	0	0	13.87018197	1.081456	
167	144.546.55	−0.00015	1	−1	−1	0	−1	1	13.89976248	1.079155	
168	144.556.55	−0.00130	1	−1	−1	0	0	1	13.9019689	1.078983	
169	144.655.55	0.00006	1	−1	−1	1	0	0	13.90660877	1.078623	

续表

Doodson 代码		振幅系数 (平均值)	τ	s	h	p	N'	p'	角速率 (°/平太阳时)	周期 (平太阳时或日)	名称 Darwin
170	145.535.55	−0.00218	1	−1	0	0	−2	0	13.93862275	1.076146	
171	145.545.55	0.07106	1	−1	0	0	−1	0	13.94082916	1.075976	
172	145.555.55	0.37694	1	−1	0	0	0	0	13.94303559	1.075805	O_1
173	145.745.55	0.00007	1	−1	0	2	−1	0	13.95011284	1.07526	
174	145.755.55	−0.00243	1	−1	0	2	0	0	13.95231925	1.07509	
175	145.765.55	−0.00039	1	−1	0	2	1	0	13.95452566	1.07492	
176	146.544.55	0.00012	1	−1	1	0	−1	−1	13.98189584	1.072815	
177	146.554.55	0.00109	1	−1	1	0	0	−1	13.98410225	1.072646	
178	147.355.55	−0.00022	1	−1	2	−2	0	0	14.01588918	1.070213	
179	147.545.55	0.00014	1	−1	2	0	−1	0	14.02296644	1.069673	
180	147.555.55	−0.00493	1	−1	2	0	0	0	14.02517285	1.069505	MP_1
181	147.565.55	0.00107	1	−1	2	0	1	0	14.02737927	1.069337	
182	147.575.55	0.00007	1	−1	2	0	2	0	14.02958568	1.069169	
183	148.554.55	−0.00033	1	−1	3	0	0	−1	14.06623953	1.066383	
184	149.355.55	−0.00009	1	−1	4	−2	0	0	14.09802646	1.063978	
（1，0）分潮群											
185	152.656.55	−0.00013	1	0	−3	1	0	1	14.37348999	1.043587 日	
186	153.645.55	−0.00063	1	0	−2	1	−1	0	14.41235025	1.040774	
187	153.655.55	−0.00278	1	0	−2	1	0	0	14.41455666	1.040614	
188	154.555.55	0.00006	1	0	−1	0	0	0	14.45098347	1.037991	
189	154.656.55	0.00015	1	0	−1	1	0	1	14.45562726	1.037658	
190	155.435.55	0.00017	1	0	0	−1	−2	0	14.48299744	1.035697	
191	155.445.55	−0.00197	1	0	0	−1	−1	0	14.48520385	1.035539	
192	155.455.55	−0.01066	1	0	0	−1	0	0	14.48741027	1.035381	
193	155.645.55	0.00086	1	0	0	1	−1	0	14.49448753	1.034876	
194	155.655.55	−0.02964	1	0	0	1	0	0	14.49669394	1.034718	NO_1
195	155.665.55	−0.00594	1	0	0	1	1	0	14.49890035	1.034561	
196	155.675.55	0.00016	1	0	0	1	2	0	14.50110677	1.034403	
197	156.555.55	0.00017	1	0	1	0	0	0	14.53312074	1.032125	
198	156.654.55	−0.00018	1	0	1	1	0	−1	14.53776062	1.031795	
199	157.445.55	0.00016	1	0	2	−1	−1	0	14.56734113	1.0297	

续表

Doodson 代码		振幅系数 (平均值)	τ	s	h	p	N'	p'	角速率 (°/平太阳时)	周期 (平太阳时或日)	名称 Darwin
200	157.455.55	−0.00567	1	0	2	−1	0	0	14.56954755	1.029544	χ_1
201	157.465.55	−0.00124	1	0	2	−1	1	0	14.57175396	1.029388	
202	158.454.55	−0.00024	1	0	3	−1	0	−1	14.61061422	1.02665	
203	158.464.55	−0.00006	1	0	3	−1	1	−1	14.61282064	1.026495	
						（1，1）分潮群					
204	161.557.55	0.00042	1	1	−4	0	0	2	14.876798	1.008281 日	
205	162.546.55	−0.00008	1	1	−3	0	−1	1	14.91565827	1.005654	
						（1，1）分潮群					
206	162.556.55	0.01028	1	1	−3	0	0	1	14.91786468	1.005505 日	π_1
207	163.535.55	0.00014	1	1	−2	0	−2	0	14.95451853	1.003041	
208	163.545.55	−0.00197	1	1	−2	0	−1	0	14.95672494	1.002893	
209	163.555.55	0.17543	1	1	−2	0	0	0	14.95893136	1.002745	P_1
210	163.557.55	−0.00007	1	1	−2	0	0	2	14.95893528	1.002745	
211	163.755.55	−0.00026	1	1	−2	2	0	0	14.96821503	1.002123	
212	163.765.55	−0.00005	1	1	−2	2	1	0	14.97042144	1.001975	
213	164.554.55	−0.00147	1	1	−1	0	0	−1	14.99999803	1	
214	164.556.55	−0.00416	1	1	−1	0	0	1	15.00000196	23.999996 时	S_1
215	164.566.55	0.00011	1	1	−1	0	1	1	15.00220837	23.996467	
216	165.345.55	−0.00010	1	1	0	−2	−1	0	15.02957855	23.952767	
217	165.535.55	−0.00006	1	1	0	0	−2	0	15.03665581	23.941493	
218	165.545.55	0.01051	1	1	0	0	−1	0	15.03886222	23.937981	
219	165.555.55	−0.53011	1	1	0	0	0	0	15.04106864	23.934469	K_1
220	165.565.55	−0.07186	1	1	0	0	1	0	15.04327505	23.930959	
221	165.575.55	0.00155	1	1	0	0	2	0	15.04548146	23.927449	
222	166.554.55	−0.00422	1	1	1	0	0	−1	15.08213531	23.869299	ψ_1
223	166.564.55	−0.00008	1	1	1	0	1	−1	15.08434173	23.865807	
224	167.355.55	−0.00026	1	1	2	−2	0	0	15.11392224	23.819098	
225	167.365.55	−0.00008	1	1	2	−2	1	0	15.11612865	23.815621	
226	167.553.55	−0.00010	1	1	2	0	0	−2	15.12320199	23.804482	
227	167.555.55	−0.00755	1	1	2	0	0	0	15.12320592	23.804476	φ_1
228	167.565.55	0.00029	1	1	2	0	1	0	15.12541233	23.801004	

续表

Doodson 代码		振幅系数(平均值)	τ	s	h	p	N'	p'	角速率(°/平太阳时)	周期(平太阳时或日)	名称 Darwin
229	167.575.55	0.00014	1	1	2	0	2	0	15.12761874	23.797532	
230	168.554.55	−0.00044	1	1	3	0	0	−1	15.16427259	23.740011	
（1，2）分潮群											
231	172.656.55	−0.00024	1	2	−3	1	0	1	15.47152305	23.268555 时	
232	173.445.55	−0.00017	1	2	−2	−1	−1	0	15.50109964	23.224158	
233	173.645.55	0.00018	1	2	−2	1	−1	0	15.51038331	23.210258	
234	173.655.55	−0.00567	1	2	−2	1	0	0	15.51258972	23.206956	θ_1
235	173.665.55	−0.00113	1	2	−2	1	1	0	15.51479614	23.203656	
236	174.456.55	−0.00018	1	2	−1	−1	0	1	15.54437665	23.1595	
237	174.555.55	0.00016	1	2	−1	0	0	0	15.54901653	23.152589	
238	175.445.55	0.00087	1	2	0	−1	−1	0	15.58323691	23.101747	
239	175.455.55	−0.02964	1	2	0	−1	0	0	15.58544334	23.098476	J_1
240	175.465.55	−0.00587	1	2	0	−1	1	0	15.58764974	23.095207	
241	175.475.55	0.00014	1	2	0	−1	2	0	15.58985615	23.091938	
242	175.655.55	0.00045	1	2	0	1	0	0	15.594727	23.084726	
243	175.665.55	0.00029	1	2	0	1	1	0	15.59693341	23.08146	
244	175.675.55	0.00017	1	2	0	1	2	0	15.59913983	23.078195	
245	176.454.55	0.00015	1	2	1	−1	0	−1	15.62651001	23.037773	
246	177.455.55	0.00012	1	2	2	−1	0	0	15.6675 8061	22.977382	
247	177.465.55	0.00009	1	2	2	−1	1	0	15.66978702	22.974147	
（1，3）分潮群											
248	181.755.55	−0.00009	1	3	−4	2	0	0	15.98411081	22.522366 时	
249	182.556.55	−0.00032	1	3	−3	0	0	1	16.01589774	22.477665	
250	182.566.55	−0.00006	1	3	−3	0	1	1	16.01810415	22.474569	
251	183.545.55	−0.00016	1	3	−2	0	−1	0	16.054758	22.423259	
252	183.555.55	−0.00492	1	3	−2	0	0	0	16.05696442	22.420177	SO_1
253	183.565.55	−0.00096	1	3	−2	0	1	0	16.05917083	22.417097	
254	184.554.55	0.00010	1	3	−1	0	0	−1	16.09803109	22.362983	
255	185.345.55	0.00006	1	3	0	−2	−1	0	16.12761161	22.321966	
256	185.355.55	−0.00243	1	3	0	−2	0	0	16.12981802	22.318912	
257	185.365.55	−0.00048	1	3	0	−2	1	0	16.13202443	22.31586	

续表

Doodson 代码		振幅系数(平均值)	τ	s	h	p	N′	p′	角速率(°/平太阳时)	周期(平太阳时或日)	名称 Darwin
258	185.555.55	−0.01624	1	3	0	0	0	0	16.13910169	22.306074	OO_1
259	185.565.55	−0.01039	1	3	0	0	1	0	16.14130811	22.303025	
260	185.575.55	−0.00218	1	3	0	0	2	0	16.14351452	22.299976	
261	185.585.55	−0.00014	1	3	0	0	3	0	16.14572093	22.296929	
262	186.554.55	0.00006	1	3	1	0	0	−1	16.18016837	22.249459	
（1，4）分潮群											
263	191.655.55	−0.00015	1	4	−4	1	0	0	16.52848551	21.780579 时	
264	192.456.55	−0.00006	1	4	−3	−1	0	1	16.56027243	21.738772	
265	193.455.55	−0.00078	1	4	−2	−1	0	0	16.60133911	21.684997	
266	193.465.55	−0.00015	1	4	−2	−1	1	0	16.60354552	21.682115	
267	193.655.55	−0.00059	1	4	−2	1	0	0	16.61062278	21.672877	
268	193.665.55	−0.00038	1	4	−2	1	1	0	16.6128292	21.669999	
269	193.675.55	−0.00008	1	4	−2	1	2	0	16.61503561	21.667121	
270	195.255.55	−0.00019	1	4	0	−3	0	0	16.67419271	21.59025	
271	195.455.55	−0.00311	1	4	0	−1	0	0	16.68347639	21.578236	
272	195.465.55	−0.00199	1	4	0	−1	1	0	16.6856828	21.575383	
273	195.475.55	−0.00041	1	4	0	−1	2	0	16.68788921	21.57253	
半日分潮族（2，−4）分潮群											
274	215.955.55	0.00027	2	−4	0	4	0	0	26.80660544	13.429525 时	
275	217.755.55	0.00111	2	−4	2	2	0	0	26.87945905	13.393126	
276	218.754.55	0.00009	2	−4	3	2	0	−1	26.92052572	13.372695	
277	219.555.55	0.00069	2	−4	4	0	0	0	26.95231265	13.356924	
278	219.554.56	0.00009	2	−4	5	0	0	−1	26.99337933	13.336603	
（2，−3）分潮群											
279	225.845.55	−0.00010	2	−3	0	3	−1	0	27.34877372	13.163295 时	
280	225.855.55	0.00259	2	−3	0	3	0	0	27.35098013	13.162233	
281	226.656.55	−0.00013	2	−3	1	1	0	1	27.38276706	13.146954	
282	226.854.55	0.00006	2	−3	1	3	0	−1	27.39204681	13.1425	
283	227.645.55	−0.00025	2	−3	2	1	−1	0	27.42162733	13.128323	
284	227.655.55	0.00671	2	−3	2	1	0	0	27.42383374	13.127267	
285	228.654.55	0.00051	2	−3	3	1	0	−1	27.46490042	13.107639	

续表

	Doodson 代码	振幅系数 (平均值)	τ	s	h	p	N'	p'	角速率 (°/平太阳时)	周期 (平太阳时或日)	名称 Darwin
286	229.445.55	−0.00005	2	−3	4	−1	−1	0	27.49448093	13.093536	
287	229.455.55	0.00013	2	−3	4	−1	0	0	27.49668734	13.092486	
288	229.454.56	0.00015	2	−3	5	−1	0	−1	27.53775402	13.072961	
（2，−2 分潮群）											
289	233.955.55	−0.00009	2	−2	−2	4	0	0	27.82250122	12.939167 时	
290	234.756.55	−0.00031	2	−2	−1	2	0	1	27.85428815	12.924401	
291	235.535.55	−0.00014	2	−2	0	0	−2	0	27.88165833	12.911714	
292	235.745.55	−0.00086	2	−2	0	2	−1	0	27.89314841	12.906395	
293	235.755.55	0.02301	2	−2	0	2	0	0	27.89535484	12.905374	$2N_2$
294	236.556.55	−0.00039	2	−2	1	0	0	1	27.92714175	12.890685	
295	236.655.55	−0.00025	2	−2	1	1	0	0	27.93178163	12.888544	
296	236.754.55	−0.00036	2	−2	1	2	0	−1	27.93642151	12.886403	
297	237.545.55	−0.00104	2	−2	2	0	−1	0	27.96600202	12.872773	
298	237.555.55	0.02776	2	−2	2	0	0	0	27.96820846	12.871757	μ_2
299	238.455.55	−0.00007	2	−2	3	−1	0	0	28.00463523	12.855014	
300	238.544.55	−0.00007	2	−2	3	0	−1	−1	28.0070687	12.853897	
301	238.554.55	0.00188	2	−2	3	0	0	−1	28.00927511	12.852885	
302	239.355.55	0.00085	2	−2	4	−2	0	0	28.04106204	12.838315	
303	239.553.55	0.00007	2	−2	4	0	0	−2	28.05034179	12.834068	
304	239.354.56	0.00008	2	−2	5	−2	0	−1	28.08212871	12.81954	
(2,−1 分潮群)											
305	243.635.55	−0.00015	2	−1	−2	1	−2	0	28.35317942	12.696988 时	
306	243.855.55	−0.00056	2	−1	−2	3	0	0	28.36687952	12.690858	
307	244.646.55	0.00005	2	−1	−1	1	−1	1	28.39645643	12.677638	
308	244.656.55	−0.00147	2	−1	−1	1	0	1	28.39866284	12.676653	
309	245.435.55	−0.00067	2	−1	0	−1	−2	0	28.42603302	12.664447	
310	245.556.55	0.00014	2	−1	0	0	0	1	28.43508964	12.660413	
311	245.635.55	0.00009	2	−1	0	1	−2	0	28.43531669	12.660312	
312	245.645.55	−0.00649	2	−1	0	1	−1	0	28.43752313	12.65933	
313	245.655.55	0.17386	2	−1	0	1	0	0	28.43972954	12.658348	N_2
314	246.456.55	−0.00032	2	−1	1	−1	0	1	28.47151645	12.644215	

续表

Doodson 代码		振幅系数 (平均值)	τ	s	h	p	N'	p'	角速率 (°/平太阳时)	周期 (平太阳时或日)	名称 Darwin
315	246.555.55	−0.00094	2	−1	1	0	0	0	28.47615632	12.642155	
316	246.644.55	−0.00005	2	−1	1	1	−1	−1	28.47858979	12.641075	
317	246.654.55	0.00163	2	−1	1	1	0	−1	28.4807962	12.640096	
318	247.445.55	−0.00123	2	−1	2	−1	−1	0	28.51037671	12.626981	
319	247.455.55	0.03302	2	−1	2	−1	0	0	28.51258316	12.66004	ν_2
320	247.655.55	0.00014	2	−1	2	1	0	0	28.5218668	12.621894	
321	247.665.55	−0.00012	2	−1	2	1	1	0	28.52407321	12.620918	
322	248.444.55	−0.00006	2	−1	3	−1	−1	−1	28.55144339	12.608819	
323	248.454.55	0.00153	2	−1	3	−1	0	−1	28.5536498	12.607845	
(2,0 分潮群)											
324	252.756.55	−0.00011	2	0	−3	2	0	1	28.87018393	12.469612 时	
325	253.535.55	−0.00039	2	0	−2	0	−2	0	28.89755411	12.457801	
326	253.745.55	0.00009	2	0	−2	2	−1	0	28.9090442	12.45285	
327	253.755.55	−0.00273	2	0	−2	2	0	0	28.91125061	12.451899	
328	254.546.55	0.00007	2	0	−1	0	−1	1	28.94083112	12.439172	
329	254.556.55	−0.00313	2	0	−1	0	0	1	28.94303754	12.438224	
330	254.655.55	0.00014	2	0	−1	1	0	0	28.94767741	12.43623	
331	255.535.55	0.00047	2	0	0	0	−2	0	28.97969139	12.422492	
332	255.545.55	−0.0339	2	0	0	0	−1	0	28.9818978	12.421546	
333	255.555.55	0.90809	2	0	0	0	0	0	28.98410424	12.420601	M_2
334	255.755.55	0.00053	2	0	0	2	0	0	28.99338789	12.416624	
335	255.765.55	0.00019	2	0	0	2	1	0	28.9955943	12.415679	
336	256.544.55	−0.00006	2	0	1	0	−1	−1	29.02296448	12.40397	
337	256.554.55	0.00277	2	0	1	0	0	−1	29.02517089	12.403027	
338	257.355.55	−0.00052	2	0	2	−2	0	0	29.05695782	12.389459	
339	257.555.55	0.00104	2	0	2	0	0	0	29.06624149	12.385502	MKS_2
340	257.565.55	−0.00051	2	0	2	0	1	0	29.0684479	12.384562	
341	257.575.55	0.00017	2	0	2	0	2	0	29.07065432	12.383622	
342	258.554.55	0.00007	2	0	3	0	0	−1	29.1073817	12.368027	
（2，1 分潮群）											
343	262.656.55	−0.00032	2	1	−3	1	0	1	29.41455862	12.238837 时	

续表

Doodson 代码		振幅系数 (平均值)	τ	s	h	p	N′	p′	角速率 (°/平太阳时)	周期 (平太阳时或日)	名称 Darwin
344	263.645.55	0.00030	2	1	−2	1	−1	0	29.45341889	12.222689	
345	263.655.55	−0.00670	2	1	−2	1	0	0	29.4556253	12.221774	λ_2
346	264.456.55	−0.00010	2	1	−1	−1	0	1	29.48741223	12.208599	
347	264.555.55	0.00016	2	1	−1	0	0	0	29.4920521	12.206678	
348	265.445.55	0.00094	2	1	0	−1	−1	0	29.52627249	12.192531	
349	265.455.55	−0.02567	2	1	0	−1	0	0	29.52847894	12.19162	L_2
350	265.645.55	−0.00012	2	1	0	1	−1	0	29.53555617	12.188698	
351	265.655.55	0.00643	2	1	0	1	0	0	29.53776258	12.187788	
352	265.665.55	0.00283	2	1	0	1	1	0	29.53996899	12.186878	
353	265.675.55	0.00040	2	1	0	1	2	0	29.54217541	12.185967	
354	267.455.55	0.00123	2	1	2	−1	0	0	29.61061618	12.157801	
355	267.465.55	0.00059	2	1	2	−1	1	0	29.6128226	12.156895	
356	267.475.55	0.00007	2	1	2	−1	2	0	29.61502901	12.15599	
（2，2 分潮群）											
357	271.557.55	0.00101	2	2	−4	0	0	2	29.91786664	12.032943 时	
358	272.556.55	0.02476	2	2	−3	0	0	1	29.95893332	12.016449	T_2
359	273.545.55	0.00095	2	2	−2	0	−1	0	29.99779358	12.000882	
360	273.555.55	0.42248	2	2	−2	0	0	0	30	12.	S_2
361	273.755.55	0.00006	2	2	−2	2	0	0	30.00928367	11.996287	
362	274.554.55	−0.00355	2	2	−1	0	0	−1	30.04106667	11.983595	R_2
363	274.556.55	0.00090	2	2	−1	0	0	1	30.0410706	11.983594	
364	274.566.55	−0.00005	2	2	−1	0	1	1	30.04327701	11.982714	
365	275.545.55	−0.00147	2	2	0	0	−1	0	30.07993086	11.968112	
366	275.555.55	0.11498	2	2	0	0	0	0	30.08213728	11.967234	K_2
367	275.565.55	0.03426	2	2	0	0	1	0	30.08434369	11.966357	
368	275.575.55	0.00372	2	2	0	0	2	0	30.0865501	11.965479	
369	276.554.55	0.00091	2	2	1	0	0	−1	30.12320395	11.950919	
370	277.555.55	0.00076	2	2	2	0	0	0	30.16427455	11.934648	
（2，3 分潮群）											
371	282.656.55	0.00005	2	3	−3	1	0	1	30.51259168	11.798407 时	
372	283.445.55	0.00008	2	3	−2	−1	−1	0	30.54216828	11.786982	

续表

Doodson 代码		振幅系数(平均值)	τ	s	h	p	N′	p′	角速率(°/平太阳时)	周期(平太阳时或日)	名称 Darwin
373	283.455.55	0.00006	2	3	−2	−1	0	0	30.54437469	11.78613	MSN_2
374	283.655.55	0.00123	2	3	−2	1	0	0	30.55365836	11.782549	
375	283.665.55	0.00054	2	3	−2	1	1	0	30.55586478	11.781698	
376	283.675.55	0.00006	2	3	−2	1	2	0	30.55807119	11.780848	
377	285.445.55	−0.00012	2	3	0	−1	−1	0	30.62430555	11.755368	
378	285.455.55	0.00643	2	3	0	−1	0	0	30.62651197	11.754521	KJ_2
379	285.465.55	0.00280	2	3	0	−1	1	0	30.62871838	11.753674	
380	285.475.55	0.00030	2	3	0	−1	2	0	30.63092479	11.752828	
381	285.655.55	−0.00005	2	3	0	1	0	0	30.63579564	11.750959	
（2，4 分潮群）											
382	292.556.55	0.00007	2	4	−3	0	0	1	31.05696638	11.591602	
383	293.555.55	0.00107	2	4	−2	0	0	0	31.09803306	11.576294	SKM_2
384	293.565.55	0.00046	2	4	−2	0	1	0	31.10023947	11.575473	
385	293.575.55	0.00005	2	4	−2	0	2	0	31.10244588	11.574652	
386	295.355.55	0.00053	2	4	0	−2	0	0	31.17088666	11.549238	
387	295.365.55	0.00023	2	4	0	−2	1	0	31.17309307	11.548420	
388	295.555.55	0.00169	2	4	0	0	0	0	31.18017033	11.545799	
389	295.565.55	0.00146	2	4	0	0	1	0	31.18237675	11.544982	
390	295.575.55	0.00047	2	4	0	0	2	0	31.18458316	11.544165	
391	295.585.55	0.00007	2	4	0	0	3	0	31.18678957	11.543349	
392	299.454.56	0.00015	2	4	5	−1	0	−1	31.38086973	11.471957	
以上是引潮式 Ω2 的展开，下面是 Ω3 的展开											
长周期分潮族（0，0 分潮群）											
393	055.655.55	0.00025	0	0	0	1	0	0	0.00464183	3231.479261 日	
394	057.455.55	0.00005	0	0	2	−1	0	0	0.07749544	193.559773	
（0，1 分潮群）											
395	063.555.55	−0.00005	0	1	−2	0	0	0	0.46687925	32.128221 日	
396	065.545.55	−0.00024	0	1	0	0	−1	0	0.54681011	27.431826	
397	065.555.55	0.00466	0	1	0	0	0	0	0.54901653	27.321581	
398	065.565.55	0.00074	0	1	0	0	1	0	0.55122294	27.21222	

续表

Doodson 代码		振幅系数 (平均值)	τ	s	h	p	N'	p'	角速率 (°/平太阳时)	周期 (平太阳时或日)	名称 Darwin
399	065.575.55	−0.00006	0	1	0	0	2	0	0.55342935	27.10373	
（0，2 分潮群）											
400	073.655.55	0.00015	0	2	−2	1	0	0	1.02053761	14.698135 日	
401	075.455.55	0.00076	0	2	0	−1	0	0	1.09339122	13.718785	
402	075.465.55	0.00012	0	2	0	−1	1	0	1.09559763	13.691157	
（0，3 分潮群）											
403	083.555.55	0.00013	0	3	−2	0	0	0	1.56491231	9.585201 日	
404	085.335.55	0.00009	0	3	0	−2	0	0	1.63776591	9.158818	
405	085.555.55	0.00038	0	3	0	0	0	0	1.64704959	9.107193	
406	085.565.55	0.00023	0	3	0	0	1	0	1.649256	9.09501	
407	085.575.55	0.00005	0	3	0	0	2	0	1.65146241	9.08258	
（0，4 分潮群）											
408	095.455.55	0.00010	0	4	0	−1	0	0	2.19142428	6.844863 日	
409	095.465.55	0.00006	0	4	0	−1	1	0	2.19363069	6.837978	
全日分潮族（1，−4 分潮群）											
410	115.755.55	−0.0001	1	−4	0	2	0	0	12.30526966	1.218989 日	
411	117.555.55	−0.0001	1	−4	2	0	0	0	12.37812326	1.211815	
（1，−3 分潮群）)											
412	125.645.55	−0.00023	1	−3	0	1	−1	0	12.84743794	1.167547 日	
413	125.655.55	−0.00058	1	−3	0	1	0	0	12.84964435	1.167347	
414	127.455.55	−0.00011	1	−3	2	−1	0	0	12.92249796	1.160766	
（1，−2 分潮群）											
415	135.535.55	−0.00007	1	−2	0	0	−2	0	13.38960622	1.120271 日	
416	135.545.55	−0.00083	1	−2	0	0	−1	0	13.39181263	1.120087	
417	135.555.55	−0.00211	1	−2	0	0	0	0	13.39401904	1.119902	
418	135.755.55	−0.00013	1	−2	0	2	0	0	13.40330272	1.119127	
419	135.555.55	−0.00018	1	−2	2	0	0	0	13.47615632	1.113077	
（1，−1 分潮群）											
420	145.455.55	0.00012	1	−1	0	−1	0	0	13.93839374	1.076164 日	
421	145.645.55	0.00016	1	−1	0	1	−1	0	13.945471	1.075618	

续表

Doodson 代码		振幅系数 (平均值)	τ	s	h	p	N'	p'	角速率 (°/平太阳时)	周期 (平太阳时或日)	名称 Darwin
422	145.655.55	−0.00108	1	−1	0	1	0	0	13.94767741	1.075447	
423	145.665.55	0.00014	1	−1	0	1	1	0	13.94988382	1.075277	
424	137.455.55	−0.00021	1	−1	2	−1	0	0	14.02053102	1.069859	
（1，0 分潮群）											
425	155.545.55	0.00098	1	0	0	0	−1	0	14.48984569	1.035207 日	
426	155.555.55	−0.00660	1	0	0	0	0	0	14.4920521	1.03505	
427	155.565.55	0.00086	1	0	0	0	1	0	14.49425852	1.034892	
（1，1 分潮群）											
428	163.655.55	−0.00007	1	1	−2	1	0	0	14.96357319	1.002434 日	
429	165.445.55	0.00005	1	1	0	−1	−1	0	15.03422038	23.945372 时	
430	165.455.55	−0.00036	1	1	0	−1	0	0	15.0364268	23.941858	
431	165.465.55	0.00005	1	1	0	−1	1	0	15.03863321	23.938345	
432	165.655.55	−0.00013	1	1	0	1	0	0	15.04571047	23.927085	
433	165.665.55	−0.00005	1	1	0	1	1	0	15.04791688	23.923577	
（1，2 分潮群）											
434	173.555.55	−0.00008	1	2	−2	0	0	0	15.50794789	23.213903 时	
435	175.545.55	0.00008	1	2	0	0	−1	0	15.58787875	23.094867	
436	175.555.55	−0.00242	1	2	0	0	0	0	15.59008516	23.091599	
437	175.565.55	−0.00098	1	2	0	0	1	0	15.59229158	23.088331	
438	175.575.55	−0.00008	1	2	0	0	2	0	15.59449799	23.085065	
（1，3 分潮群）											
439	183.655.55	−0.00008	1	3	−2	1	0	0	16.06160625	22.413698 时	
440	185.455.55	−0.00039			0	−1	0	0	16.13445986	22.312491	
441	185.465.55	−0.00016			0	−1	1	0	16.13666627	22.30944	
（1，4 分潮群）											
442	193.555.55	−0.00007	1	4	−2	0	0	0	16.60598095	21.678936 时	
443	195.555.55	−0.00009	1	4	0	0	0	0	16.68811822	21.572234	
444	195.565.55	−0.00008	1	4	0	0	1	0	16.69032464	21.569382	
半日分潮族（2，−4 分潮群）											
445	217.355.55	−0.00008	2	−4	2	1	0	0	26.87481721	13.395439 时	

续表

Doodson 代码		振幅系数 (平均值)	τ	s	h	p	N'	p'	角速率 (°/平太阳时)	周期 (平太阳时或日)	名称 Darwin
（2，−3 分潮群）											
446	225.755.55	−0.00027	2	−3	0	2	0	0	27.3463383	13.164468 时	
447	227.545.55	−0.00005	2	−3	2	0	−1	0	27.41698549	13.130546	
448	227.555.55	−0.00027	2	−3	2	0	0	0	27.4191919	13.129489	
（2，−2 分潮群）											
449	235.645.55	−0.00027	2	−2	0	1	−1	0	27.88850658	12.908543 时	
450	235.655.55	−0.00156	2	−2	0	1	0	0	27.89071299	12.907522	
451	237.445.55	−0.00005	2	−2	2	−1	−1	0	27.96136018	12.87491	
452	237.455.55	−0.00029	2	−2	2	−1	0	0	27.96356659	12.873894	
（2，−1 分潮群）											
453	245.535.55	0.00005	2	−1	0	0	−2	0	28.43067486	12.662379 时	
454	245.545.55	−0.00097	2	−1	0	0	−1	0	28.43288127	12.661397	
455	245.555.55	−0.00569	2	−1	0	0	0	0	28.43508768	12.660414	
456	245.755.55	0.00010	2	−1	0	2	0	0	28.44437136	12.656282	
457	247.555.55	0.00014	2	−1	2	0	0	0	28.51722496	12.632949	
（2，0 分潮群）											
458	253.655.55	0.00008	2	0	−2	1	0	0	28.90660877	12.453899 时	
459	255.445.55	0.00005	2	0	0	−1	−1	0	28.97725596	12.423536	
460	255.455.55	0.00032	2	0	0	−1	0	0	28.97946238	12.42259	
461	255.645.55	−0.00005	2	0	0	1	−1	0	28.98653964	12.419557	
462	255.655.55	0.00086	2	0	0	1	0	0	28.98874605	12.418612	
463	255.665.55	0.00016	2	0	0	1	1	0	28.99095246	12.417667	
464	255.455.55	0.00017	2	0	2	−1	0	0	28.06159965	12.38748	
（2，1 分潮群）											
465	265.545.55	−0.00031	2	1	0	0	−1	0	29.53091433	12.190614 时	
466	265.555.55	0.00525	2	1	0	0	0	0	29.53312074	12.189703	
467	265.565.55	0.00099	2	1	0	0	1	0	29.53532716	12.188793	
（2，2 分潮群）											
468	273.655.55	0.00005	2	2	−2	1	0	0	30.00464183	11.998143 时	
469	275.455.55	0.00028	2	2	0	−1	0	0	30.07749544	11.969081	

续表

Doodson 代码		振幅系数(平均值)	τ	s	h	p	N′	p′	角速率(°/平太阳时)	周期(平太阳时或日)	名称 Darwin
470	275.465.55	0.00005	2	2	0	−1	1	0	30.07970185	11.968203	
（2，3 分潮群）											
471	283.555.55	0.00006	2	3	−2	0	0	0	30.54901653	11.784340 时	
472	285.555.55	0.00048	2	3	0	0	0	0	30.6311538	11.752740	
473	285.565.55	0.00031	2	3	0	0	1	0	30.63336022	11.751893	
474	285.575.55	0.00006	2	3	0	0	2	0	30.63556663	11.751047	
（2，4 分潮群）											
475	295.455.55	0.00008	2	4	0	−1	0	0	31.1755285	11.547518 时	
1/3 日分潮族（3，−2 分潮群）											
476	355.755.55	−0.00057	3	−2	0	2	0	0	42.38740694	8.493088 时	
477	337.555.55	−0.00057	3	−2	2	0	0	0	42.46026054	8.478516	
（3，−1 分潮群）											
478	345.645.55	0.00018	3	−1	0	1	−1	0	42.92957522	8.385827 时	
479	345.655.55	−0.00326	3	−1	0	1	0	0	42.93178613	8.280821	
480	347.455.55	−0.00061	3	−1	2	−1	0	0	42.00463523	8.37119	
（3，0 分潮群）											
481	353.755.55	0.00007	3	0	−2	2	0	0	43.40330272	8.294299 时	
482	355.545.55	0.00067	3	0	0	0	−1	0	43.47394991	8.280821	
483	355.555.55	−0.01188	3	0	0	0	0	0	43.47615636	8.2804	M_3
（3，1 分潮群）											
484	363.655.55	0.00017	3	1	−2	1	0	0	43.94767741	8.191559 时	
485	365.455.55	0.00067	3	1	0	−1	0	0	44.02023102	8.178002	
486	365.655.55	−0.00025	3	1	0	1	0	0	44.02981469	8.176277	
487	365.665.55	−0.00011	3	1	0	1	1	0	44.0320211	8.175868	
（3，2 分潮群）											
488	375.545.55	0.00006	3	2	0	0	−1	0	44.57198297	8.076822 时	
489	375.555.55	−0.00155	3	2	0	0	0	0	44.57418938	8.076422	
490	375.565.55	−0.00068	3	2	0	0	1	0	44.5763958	8.076023	
491	375.575.55	−0.00007	3	2	0	0	2	0	44.57860221	8.075623	

附表4　分析年观测资料时选取的主要分潮

序号	分潮	杜德森数							f	u	包含的主要复合分潮
		n_1	n_2	n_3	n_4	n_5	n_6	n_0			
长周期分潮											
1	S_a	0	0	1	0	0	0	0	1	0	
2	S_{Sa}	0	0	2	0	0	0	0	1	0	$K\overline{P}_{sa}$，$k\overline{S}_{sa}$
3	M_m	0	1	0	-1	0	0	0	M_m	M_m	$M\overline{N}_m$，$O\overline{Q}_m$
4	$\overline{M}S_f$	0	2	-2	0	0	0	0	M_2	$-M_2$	$P\overline{O}_f$
5	M_f	0	2	0	0	0	0	0	$M_2 \cdot k_2$	$k_2 - M_2$	$k\overline{M}_f$，$K\overline{O}_f$
全日分潮											
6	$2Q_1$	1	-3	0	2	0	0	-1	O_1	O_1	$2O\overline{K}_1$
7	σ_1	1	-3	2	0	0	0	-1	O_1	O_1	$2O\overline{P}_1$
8	$Q\overline{A}_1$	1	-2	-1	1	0	0	-1	O_1	O_1	
9	Q_1	1	-2	0	1	0	0	-1	O_1	O_1	$N\overline{K}_1$
10	QA_1	1	-2	1	1	0	0	-1	O_1	O_1	
11	ρ_1	1	-2	2	-1	0	0	-1	O_1	O_1	$N\overline{P}_1$
12	$O\overline{B}_1$	1	-1	-2	0	0	0	-1	O_1	O_1	$OP\overline{K}_1$
13	$O\overline{A}_1$	1	-1	-1	0	0	0	-1	O_1	O_1	
14	O_1	1	-1	0	0	0	0	-1	O_1	O_1	$M\overline{K}_1$
15	OA_1	1	-1	1	0	0	0	-1	O_1	O_1	
16	$M\overline{P}_1$	1	-1	2	0	0	0	1	M_2P_1	$M_2 - P_1$	$KO\overline{P}_1$，OB_1
17	M_1	1	0	0	0	0	0	1	M_1	M_1	$2O\overline{Q}_1$，$N\overline{O}_1$
18	χ_1	1	0	2	-1	0	0	1	J_1	J_1	
19	$2P\overline{K}_1$	1	1	-4	0	0	0	1	$K_1P_1^2$	$2P_1 - K_1$	
20	π_1	1	1	-3	0	0	1	-1	P_1	P_1	$P\overline{A}_1$
21	P_1	1	1	-2	0	0	0	-1	P_1	P_1	$S\overline{K}_1$，$K\overline{B}_1$
22	S_1	1	1	-1	0	0	0	2	1	0	$K\overline{A}_1$，PA_1
23	K_1	1	1	0	0	0	0	1	K_1	K_1	$M\overline{O}_1$，$k\overline{K}_1$，$S\overline{P}_1$，$N\overline{Q}_1$
24	ψ_1	1	1	1	0	0	-1	1	1	0	KA_1
25	φ_1	1	1	2	0	0	0	1	1	0	KB_1，$2K\overline{P}_1$，$k\overline{P}_1$
26	θ_1	1	2	-2	1	0	0	1	J_1	J_1	
27	J_1	1	2	0	-1	0	0	1	J_1	J_1	$M\overline{Q}_1$，$KO\overline{Q}_1$
28	$2P\overline{O}_1$	1	3	-4	0	0	0	-1	$O_1P_1^2$	$2P_1 - O_1$	
29	$S\overline{O}_1$	1	3	-2	0	0	0	1	O_1	$-O_1$	$KP\overline{O}_1$
30	OO_1	1	3	0	0	0	0	1	OO_1	OO_1	$2K\overline{O}_1$，$k\overline{O}_1$
31	$S\overline{Q}_1$	1	4	-2	-1	0	0	1	O_1	$-O_1$	

续表

序号	分潮	杜德森数							f	u	包含的主要复合分潮
		n_1	n_2	n_3	n_4	n_5	n_6	n_0			
32	$2K\bar{Q}_1$	1	4	0	-1	0	0	-1	$O_1K_1^2$	$2K_1-O_1$	$k\bar{Q}_1$
半日分潮											
33	OQ_2	2	-3	0	1	0	0	2	O_1^2	$2O_1$	$MN\bar{k}_2$
34	$MN\bar{S}_2$	2	-3	2	1	0	0	0	M_2^2	$2M_2$	
35	$2N_2$	2	-2	0	2	0	0	0	M_2	M_2	O_2, $2M\bar{k}_2$, $2N\bar{M}_2$
36	μ_2	2	-2	2	0	0	0	0	M_2	M_2	$2M\bar{S}_2$
37	$N\bar{A}_2$	2	-1	-1	1	0	0	0	M_2	M_2	
38	N_2	2	-1	0	1	0	0	0	M_2	M_2	KQ_2
39	NA_2	2	-1	1	1	0	0	0	M_2	M_2	
40	ν_2	2	-1	2	-1	0	0	0	M_2	M_2	
41	$MS\bar{k}_2$	2	0	-2	0	0	0	0	M_2k_2	M_2-k_2	$M\bar{B}_2$, OP_2
42	$M\bar{A}_2$	2	0	-1	0	0	0	0	M_2	M_2	
43	M_2	2	0	0	0	0	0	0	M_2	M_2	KO_2
44	MA_2	2	0	1	0	0	0	0	M_2	M_2	
45	$Mk\bar{S}_2$	2	0	2	0	0	0	0	M_2k_2	M_2+k_2	MB_2
46	λ_2	2	1	-2	1	0	0	2	M_2	M_2	SNM_2
47	L_2	2	1	0	-1	0	0	2	L_2	L_2	$2M\bar{N}_2$
48	$S\bar{B}_2$	2	2	-4	0	0	0	0	1	0	$2S\bar{k}_2$
49	T_2	2	2	-3	0	0	1	0	1	0	$S\bar{A}_2$
50	S_2	2	2	-2	0	0	0	0	1	0	KP_2
51	R_2	2	2	-1	0	0	-1	2	1	0	$k\bar{A}_2$, SA_2
52	k_2	2	2	0	0	0	0	0	k_2	k_2	K_2, SB_2
53	kA_2	2	2	1	0	0	0	0	k_2	k_2	
54	$MS\bar{N}_2$	2	3	-2	-1	0	0	0	M_2^2	0	
55	KJ_2	2	3	0	-1	0	0	2	K_1J_1	K_1+J_1	$Mk\bar{N}_2$
56	$2S\bar{M}_2$	2	4	-4	0	0	0	0	M_2	$-M_2$	
57	$Sk\bar{M}_2$	2	4	-2	0	0	0	0	k_2+M_2	k_2-M_2	
58	$2S\bar{N}_2$	2	5	-4	-1	0	0	0	M_2	$-M_2$	
三分日分潮											
59	O_3	3	-3	0	0	0	0	1	O_1^3	$3O_1$	
60	MQ_3	3	-2	0	1	0	0	-1	M_2O_1	M_2+O_1	NO_3, $MN\bar{K}_3$
61	MO_3	3	-1	0	0	0	0	-1	M_2O_1	M_2+O_1	$2OK_3$, $2M\bar{K}_3$
62	M_3	3	0	0	0	0	0	2	$M_2^{3/2}$	$3/2M_2$	NK_3
63	SO_3	3	1	-2	0	0	0	-1	O_1	O_1	MP_3, $MS\bar{K}_3$, KOP_3
64	MK_3	3	1	0	0	0	0	1	M_2K_1	M_2+K_1	$2M\bar{O}_3$, $2KO_3$
65	SK_3	3	3	-2	0	0	0	1	K_1	K_1	
66	K_3	3	3	0	0	0	0	-1	K_1^3	$3K_1$	kK_3
四分日分潮											
67	$3M\bar{S}_4$	4	-2	2	0	0	0	0	M_2^3	$3M_2$	

续表

序号	分潮	杜德森数							f	u	包含的主要复合分潮
		n_1	n_2	n_3	n_4	n_5	n_6	n_0			
68	MN_4	4	-1	0	1	0	0	0	M_2^2	$2M_2$	
69	$2M\bar{A}_4$	4	0	-1	0	0	0	0	M_2^2	$2M_2$	
70	M_4	4	0	0	0	0	0	0	M_2^2	$2M_2$	MKO_4
71	$2MA_4$	4	0	1	0	0	0	0	M_2^2	$2M_2$	
72	SN_4	4	1	-2	1	0	0	0	M_2^2	M_2	
73	$MS\bar{A}_4$	4	2	-3	0	0	0	0	M_2^2	M_2	
74	MS_4	4	2	-2	0	0	0	0	M_2^2	M_2	MKP_4
75	MSA_4	4	2	-1	0	0	0	0	M_2^2	M_2	
76	Mk_4	4	2	0	0	0	0	0	M_2k_2	M_2+k_2	
77	S_4	4	4	-4	0	0	0	0	1	0	SKP_4
78	Sk_4	4	4	-2	0	0	0	0	k_2	k_2	
五分日分潮											
79	MNO_5	5	-2	0	1	0	0	-1	$M_2^2O_1$	$2M_2+O_1$	$2MQ_5$
80	$2MO_5$	5	-1	0	0	0	0	-1	$M_2^2O_1$	$2M_2+O_1$	$3M\bar{K}_5$
81	MSQ_5	5	0	-2	0	0	0	-1	M_2O_1	M_2+O_1	MNP_5, SNO_5
82	MNK_5	5	0	0	1	0	0	1	M_2K_1	$2M_2+K_1$	
83	MSO_5	5	1	-2	0	0	0	-1	M_2O_1	M_2+O_1	$2MS\bar{K}_5$, $2MP_5$
84	$2MK_5$	5	1	0	0	0	0	1	$M_2^2K_1$	$2M_2+K_1$	$3M\bar{O}_5$
85	MSP_5	5	3	-4	0	0	0	-1	M_2P_1	M_2+P_1	
86	MSK_5	5	3	-2	0	0	0	1	M_2K_1	M_2+K_1	$2MS\bar{O}_5$
六分日分潮											
87	$2MN_6$	6	-1	0	1	0	0	0	M_2^3	$3M_2$	
88	M_6	6	0	0	0	0	0	0	M_2^3	$3M_2$	
89	MSN_6	6	1	-2	1	0	0	0	M_2^2	$2M_2$	
90	$2MS_6$	6	2	-2	0	0	0	0	M_2^2	$2M_2$	
91	$2Mk_6$	6	2	0	0	0	0	0	$M_2^2k_2$	$2M_2+k_2$	
92	$2SM_6$	6	4	-4	0	0	0	0	M_2	M_2	
93	MSk_6	6	4	-2	0	0	0	0	M_2k_2	M_2+k_2	
七分日分潮											
94	$3MO_7$	7	-1	0	0	0	0	-1	$M_2^3O_1$	$3M_2+O_1$	
95	$2MSO_7$	7	1	-2	0	0	0	-1	$M_2^2O_1$	$2M_2+O_1$	
96	$3MK_7$	7	1	0	0	0	0	1	$M_2^3K_1$	$3M_2+K_1$	
97	$2MSK_7$	7	3	-2	0	0	0	1	$M_2^2K_1$	$2M_2+K_1$	
八分日分潮											
98	$3MN_8$	8	-1	0	1	0	0	0	M_2^4	$4M_2$	
99	M_8	8	0	0	0	0	0	0	M_2^4	$4M_2$	
100	$2MSN_8$	8	1	-2	1	0	0	0	M_2^3	$3M_2$	
101	$3MS_8$	8	2	-2	0	0	0	0	M_2^3	$3M_2$	
102	$MSNk_8$	8	3	-2	1	0	0	0	$M_2^2k_2$	$2M_2+k_2$	

续表

序号	分潮	杜德森数 n_1 n_2 n_3 n_4 n_5 n_6 n_0	f	u	包含的主要复合分潮
103	$2M2S_8$	8 4 -4 0 0 0 0	M_2^2	$2M_2$	
104	$2MSk_8$	8 4 -2 0 0 0 0	$M_2^2k_2$	$2M_2+k_2$	
		九分日分潮			
105	$3MSO_9$	9 1 -2 0 0 0 -1	$M_2^3O_1$	$3M_2+O_1$	
106	$2M2SO_9$	9 3 -4 0 0 0 -1	$M_2^2O_1$	$2M_2+O_1$	
107	$3MSK_9$	9 3 -2 0 0 0 1	$M_2^3K_1$	$3M_2+K_1$	
108	$2M2SK_9$	9 5 -4 0 0 0 1	$M_2^2K_1$	$2M_2+K_1$	
		十分日分潮			
109	$3MSN_{10}$	10 1 -2 1 0 0 0	M_2^4	$4M_2$	
110	$4MS_{10}$	10 2 -2 0 0 0 0	M_2^4	$4M_2$	
111	$2M2SN_{10}$	10 3 -4 1 0 0 0	M_2^3	$3M_2$	
112	$2MSNk_{10}$	10 3 -2 1 0 0 0	$M_2^3k_2$	$3M_2+k_2$	
113	$3M2S_{10}$	10 4 -4 0 0 0 0	M_2^3	$3M_2$	
		十一分日分潮			
114	$4MSO_{11}$	11 1 -2 0 0 0 -1	$M_2^4O_1$	$4M_2+O_1$	
115	$3M2SO_{11}$	11 3 -4 0 0 0 -1	$M_2^3O_1$	$3M_2+O_1$	
116	$4MSK_{11}$	11 3 -2 0 0 0 1	$M_2^4K_1$	$4M_2+K_1$	
117	$3M2SK_{11}$	11 5 -4 0 0 0 1	$M_2^3K_1$	$3M_2+K_1$	
		十二分日分潮			
118	$3M2SN_{12}$	12 3 -4 1 0 0 0	M_2^4	$4M_2$	
119	$3MSNk_{12}$	12 3 -2 1 0 0 0	$M_2^4k_2$	$4M_2+k_2$	
120	$4M2S_{12}$	12 4 -4 0 0 0 0	M_2^4	$4M_2$	
121	$2M2SNk_{12}$	12 5 -4 1 0 0 0	$M_2^3k_2$	$3M_2+k_2$	
122	$3M3S_{12}$	12 6 -6 0 0 0 0	M_2^3	$3M_2$	

附表 5　分析中期观测资料时选取的分潮

序号	分潮	杜德森数 n_1 n_2 n_3 n_4 n_5 n_6 n_0	f	u	κ	α
0-1	A_0	0 0 0 0 0 0 0	1	0		
1-1	M_m	0 1 0 −1 0 0 0	M_m	M_m		
2-1	$\bar{M}S_f$	0 2 −2 0 0 0 0	M_2	$-M_2$		
2	$\bar{M}K_f$	0 2 0 0 0 0 0	$M_2 \cdot k_2$	$k_2 - M_2$	k/S	0.081
3-1	$2O\bar{K}_1$	1 −3 0 0 0 0 1	$O_1^2 \cdot K_1$	$2O_1 - K_1$		
4-1	O_1	1 −2 0 1 0 0 −1	O_1	O_1		
2	ρ_1	1 −2 2 −1 0 0 −1	O_1	O_1	0.19	0.066
5-1	Q_1	1 −1 0 0 0 0 −1	O_1	O_1		
2	$2Q_1$	1 −3 0 2 0 0 −1	O_1	O_1	0.025	−0.992
3	σ_1	1 −3 2 0 0 0 −1	O_1	O_1	0.031	−0.925
6-1	M_1	1 0 0 0 0 0 1	M_1	M_1		
2	χ_1	1 0 2 −1 0 0 1	J_1	J_1	0.191	0.071
7-1	K_1	1 1 0 0 0 0 1	K_1	K_1		
2	π_1	1 1 −3 0 0 1 −1	P_1	P_1	0.019	−0.112
3	P_1	1 1 −2 0 0 0 −1	P_1	P_1	P/K	−0.075
4	ψ_1	1 1 1 0 0 −1 1	1	0	0.008	0.037
5	φ_1	1 1 2 0 0 0 1	1	0	0.014	0.075
8-1	J_1	1 2 0 −1 0 0 1	J_1	J_1		
2	θ_1	1 2 −2 1 0 0 1	J_1	J_1	0.191	−0.066
9-1	OO_1	1 3 0 0 0 0 1	OO_1	OO_1		
10-1	N_2	2 −1 0 1 0 0 0	M_2	M_2		
2	$2N_2$	2 −2 0 2 0 0 0	M_2	M_2	0.132	−0.536
3	ν_2	2 −1 2 −1 0 0 0	M_2	M_2	0.190	0.072
11-1	μ_2	2 −2 2 0 0 0 0	M_2	M_2		
12-1	M_2	2 0 0 0 0 0 0	M_2	M_2		
2	λ_2	2 1 −2 1 0 0 2	M_2	M_2	0.007	0.465
13-1	L_2	2 1 0 −1 0 0 2	L_2	L_2		
14-1	S_2	2 2 −2 0 0 0 0	1	0		
2	T_2	2 2 −3 0 0 1 0	1	0	0.059	−0.04
3	R_2	2 2 −1 0 0 −1 2	1	0	0.008	0.04
4	k_2	2 2 0 0 0 0 0	k_2	k_2	k/S	0.081
15-1	$MS\bar{N}_2$	2 3 −2 −1 0 0 0	M_2^2	0		

续表

序号	分潮	杜德森数 n_1 n_2 n_3 n_4 n_5 n_6 n_0	f	u	κ	α
2	$Mk\bar{N}_2$	2 3 0 −1 0 0 0	$M_2^2k^2$	k_2	k/S	0.081
3	$Nk\bar{M}_2$	2 1 0 1 0 0 0	$M_2^2k^2$	k_2	k/S	−0.991
16−1	$2S\bar{M}_2$	2 4 −4 0 0 0 0	M_2	$-M_2$		
2	$Sk\bar{M}_2$	2 4 −2 0 0 0 0	k_2M_2	k_2-M_2	$2k/S$	0.081
3	$2k\bar{M}_2$	2 4 0 0 0 0 0	$k_2^2M_2$	$2k_2-M_2$	k^2/S^2	0.162
17−1	MO_3	3 −1 0 0 0 0 −1	M_2O_1	M_2+O_1		
2	SQ_3	3 0 −2 1 0 0 −1	O_1	O_1	SQ/MO	0.429
3	NK_3	3 0 0 1 0 0 1	M_2K_1	M_2+K_1	NK/MO	0.504
18−1	M_3	3 0 0 0 0 0 2	$M_2^{3/2}$	$3/2M_2$		
19−1	MK_3	3 1 0 0 0 0 1	M_2K_1	M_2+K_1		
2	SO_3	3 1 −2 0 0 0 −1	O_1	O_1	SO/MK	−0.075
3	MP_3	3 1 −2 0 0 0 −1	M_2P_1	M_2+P_1	P/K	−0.075
20−1	SK_3	3 3 −2 0 0 0 1	K_1	K_1		
2	SP_3	3 3 −4 0 0 0 −1	P_1	P_1	P/K	−0.075
3	kK_3	3 3 0 0 0 0 1	k_2K_1	k_2+K_1	k/S	0.075
21−1	MN_4	4 −1 0 1 0 0 0	M_2^2	$2M_2$		
2	$M\nu_4$	4 −1 2 −1 0 0 0	M_2^2	$2M_2$	0.190	0.072
22−1	M_4	4 0 0 0 0 0 0	M_2^2	$2M_2$		
23−1	SN_4	4 1 −2 1 0 0 0	M_2	M_2		
2	ML_4	4 1 0 −1 0 0 2	M_2L_2	M_2+L_2	$0.148M/S$	0.072
3	$S\nu_4$	4 1 0 −1 0 0 0	M_2	M_2	0.190	0.072
4	Nk_4	4 1 0 1 0 0 0	M_2k_2	M_2+k_2	k/S	0.081
5	$k\nu_4$	4 1 2 −1 0 0 0	M_2k_2	M_2+K_2	$0.190K/S$	0.153
24−1	MS_4	4 2 −2 0 0 0 0	M_2	M_2		
2	Mk_4	4 2 0 0 0 0 0	M_2k_2	M_2+k_2	k/S	0.081
25−1	S_4	4 4 −4 0 0 0 0	1	0		
2	Sk_4	4 4 −2 0 0 0 0	k_2	k_2	$2k/S$	0.081
3	k_4	4 4 0 0 0 0 0	k_2^2	$2k_2$	k^2/S^2	0.162
26−1	$2MN_6$	6 −1 0 1 0 0 0	M_2^3	$3M_2$		
2	$2M\nu_6$	6 −1 2 −1 0 0 0	M_2^3	$3M_2$	0.190	0.072
27−1	M_6	6 0 0 0 0 0 0	M_2^3	$3M_2$		
2	$2NS_6$	6 0 −2 2 0 0 0	M_2^2	$2M_2$	$3N^2S/M^3$	−0.072
3	$2Nk_6$	6 0 0 2 0 0 0	$M_2^2k_2$	$2M_2+k_2$	$3N^2k/M^3$	0.609
28−1	MSN_6	6 1 −2 1 0 0 0	M_2^2	$2M_2$		
2	MNk_6	6 1 0 1 0 0 0	$M_2^2k_2$	$2M_2+k_2$	k/S	0.081
3	$Mk\nu_6$	6 1 2 −1 0 0 0	$M_2^2k_2$	$2M_2+k_2$	$0.190k/S$	0.153
4	$MS\nu_6$	6 1 0 −1 0 0 0	M_2^2	$2M_2$	0.190	0.072
29−1	$2MS_6$	6 2 −2 0 0 0 0	M_2^2	$2M_2$		

续表

序号	分潮	杜德森数	f	u	κ	α
		n_1 n_2 n_3 n_4 n_5 n_6 n_0				
2	$2Mk_6$	6 2 0 0 0 0 0	$M_2^2k_2$	$2M_2+k_2$	k/S	0.081
30-1	$2SM_6$	6 4 –4 0 0 0 0	M_2	M_2		
2	MSk_6	6 4 –2 0 0 0 0	M_2k_2	M_2+k_2	$2k/S$	0.081
3	$2kM_6$	6 4 0 0 0 0 0	$k_2^2M_2$	$2k_2+M_2$	k^2/S^2	0.162

附表 6　计算校核水位时所用龚贝尔 I 型极值分布所用的 λ_{pn} 值

n	频率 p /%																n
	0.1	0.2	0.5	1	2	4	5	10	25	50	75	90	95	97	99	99.9	
8	7103	6336	5321	4551	3779	3001	2749	1953	0842	−0130	−0897	−1.458	−1.749	−1.923	−2.224	−2.673	8
9	6909	6162	5174	4425	3673	2916	2670	1895	0814	−0133	−0879	−1.426	−1.709	−1.879	−2.172	−2.609	9
10	6752	6021	5055	4322	3587	2847	2606	1848	0790	−0136	−0865	−1.400	−1.677	−1.843	−2.129	−2.556	10
11	6622	5905	4957	4238	3516	2789	2553	1809	0771	−0138	−0854	−1.378	−1.650	−1.813	−2.095	−2.514	11
12	6513	5807	4874	4166	3456	2741	2509	1777	0755	−0139	−0844	−1.360	−1.628	−1.788	−2.065	−2.478	12
13	6418	5723	4802	4105	3404	2699	2470	1748	0741	−0141	−0836	−1.345	−1.609	−1.769	−2.040	−2.447	13
14	6337	5650	4741	4052	3360	2663	2437	1724	0729	−0142	−0829	−1.331	−1.592	−1.748	−2.018	−2.420	14
15	6266	5586	4687	4005	3321	2632	2408	1703	0718	−0143	−0823	−1.320	−1.578	−1.732	−1.999	−2.396	15
16	6196	5523	4634	3959	3283	2601	2379	1682	0708	−0145	−0817	−1.308	−1.564	−1.716	−1.980	−2.373	16
17	6137	5471	4589	3921	3250	2575	2355	1664	0699	−0146	−0811	−1.299	−1.552	−1.703	−1.965	−2.354	17
18	6087	5426	4551	3888	3223	2552	2335	1649	0692	−0146	−0807	−1.291	−1.541	−1.691	−1.951	−2.338	18
19	6043	5387	4518	3860	3199	2533	2317	1636	0685	−0147	−0803	−1.283	−1.532	−1.681	−1.939	−2.323	19
20	6006	5354	4490	3836	3179	2517	2302	1625	0680	−0148	−0800	−1.277	−1.525	−1.673	−1.930	−2.311	20
22	5933	5288	4435	3788	3138	2484	2272	1603	0669	−0149	−0794	−1.265	−1.510	−1.657	−1.910	−2.287	22
24	5870	5232	4387	3747	3104	2457	2246	1584	0659	−0150	−0788	−1.255	−1.497	−1.642	−1.893	−2.266	24

续表

n	频率 p /%																n
	0.1	0.2	0.5	1	2	4	5	10	25	50	75	90	95	97	99	99.9	
26	5816	5183	4346	3711	3074	2433	2224	1568	0651	−0151	−0783	−1.246	−1.486	−1.630	−1.879	−2.249	26
28	5769	5141	4310	3681	3048	2412	2205	1553	0644	−0152	−0779	−1.239	−1.477	−1.619	−1.866	−2.233	28
30	5727	5104	4279	3653	3026	2393	2188	1541	0638	−0153	−0776	−1.232	−1.468	−1.610	−1.855	−2.219	30
35	5642	5027	4214	3598	2979	2356	2153	1515	0625	−0154	−0768	−1.218	−1.451	−1.591	−1.832	−2.191	35
40	5576	4968	4164	3554	2942	2326	2126	1495	0615	−0155	−0762	−1.208	−1.438	−1.576	−1.814	−2.170	40
45	5522	4920	4123	3519	2913	2303	2104	1479	0607	−0156	−0758	−1.198	−1.427	−1.564	−1.800	−2.152	45
50	5479	4881	4090	3491	2889	2283	2086	1466	0601	−0157	−0754	−1.191	−1.418	−1.553	−1.788	−2.138	50
60	5410	4820	4038	3446	2852	2253	2059	1446	0591	−0158	−0748	−1.180	−1.404	−1.538	−1.770	−2.115	60
70	5359	4774	4000	3413	2824	2230	2038	1430	0583	−0159	−0744	−1.172	−1.394	−1.526	−1.756	−2.098	70
80	5319	4738	3970	3387	2802	2213	2022	1419	0577	−0159	−0740	−1.165	−1.386	−1.517	−1.746	−2.085	80
90	5287	4709	3945	3366	2784	2199	2008	1409	0572	−0160	−0737	−1.160	−1.379	−1.510	−1.737	−2.075	90
100	5261	4686	3925	3349	2770	2187	1998	1401	0568	−0160	−0735	−1.155	−1.374	−1.504	−1.720	−2.066	100
200	5130	4568	3826	3263	2698	2129	1944	1362	0549	−0162	−0723	−1.134	−1.347	−1.474	−1.694	−2.023	200
500	5032	4481	3752	3200	2645	2086	1905	1333	0535	−0164	−0714	−1.117	−1.326	−1.451	−1.668	−1.990	500
1000	4992	4445	3722	3174	2623	2069	1889	1321	0529	−0164	−0710	−1.110	−1.318	−1.442	−1.657	−1.976	1000
∞	4936	4395	3679	3137	2592	2044	1886	1305	0520	−0164	−0705	−1.110	−1.306	−1.428	−1.641	−1.957	∞